连山　编著

别让坏脾气害了你

浙江工商大学出版社
ZHEJIANG GONGSHANG UNIVERSITY PRESS

别让坏脾气害了你

连山　编著

头等人，有本事，没脾气；
中等人，有本事，有脾气；
末等人，没本事，有脾气。

浙江工商大学出版社
ZHEJIANG GONGSHANG UNIVERSITY PRESS

图书在版编目（CIP）数据

别让坏脾气害了你 / 连山编著 . — 杭州 : 浙江工
商大学出版社 , 2017.9
ISBN 978-7-5178-2209-7

Ⅰ . ①别⋯ Ⅱ . ①连⋯ Ⅲ . ①情绪—自我控制—通俗
读物 Ⅳ . ① B842.6-49

中国版本图书馆 CIP 数据核字（2017）第 132477 号

别让坏脾气害了你

连山 编著

责任编辑	周栩宇　谷树新	
封面设计	思梵星尚	
责任印制	包建辉	
出版发行	浙江工商大学出版社	
	（杭州市教工路 198 号　邮政编码 310012）	
	（E-mail: zjgsupress@163.com）	
	（网址：http://www.zjgsupress.com）	
	电话：0571-88904980，88831806（传真）	
排　版	北京东方视点数据技术有限公司	
印　刷	北京德富泰印务有限公司	
开　本	710mm×1000mm　1/16	
印　张	18	
字　数	276 千	
版 印 次	2017 年 9 月第 1 版　2017 年 9 月第 1 次印刷	
书　号	ISBN 978-7-5178-2209-7	
定　价	48.00 元	

浙江工商大学出版社营销部邮购电话　0571-88904970

前言

发脾气，是生活中常常碰到的现象。不少人脾气暴躁，遇事容易冲动，不能理智地控制自己的脾气，特别是对一些不顺心或自己看不惯的事，常常容易发怒，同周围的人争吵，说出一些使人难堪的话，既伤害别人，又伤害自己。发脾气，能解恨，但很可能会使人走极端，将人的感情撕碎，此后即使心灵的伤口愈合了，也抹不去留下的疤痕。很多人都是因一时的脾气而大动干戈，有导致伤害的，有结下仇恨的，有后悔终身的，有互不来往的，有遭受报复。有人因脾气不好，在家中气走了爱人，疏远了孩子；有人因脾气不好，在社会上得罪了朋友，失去了贵人；有人因脾气不好，在单位里惹怒了上司，丢掉了工作。一个人很可能因为脾气不好而掩盖掉自己身上所有的优点，使自己的人生一败涂地。因为脾气不好的人，常常给自己和别人带来苦恼，使别人觉得难以与之相处。有人做过调查，发现绝大多数男女青年在选择配偶时，都把对方脾气好作为条件之一。根据经验我们也知道，在一个家庭或一个单位里，如果有一两个脾气不好的人，常会使这个家庭或集体笼罩在不祥的气氛之中。一个脾气不好的人，走到哪里都会被别人视为害群之马，敬而远之。

心理学中有一个"野马结局"最能说明坏脾气的害处。非洲草原上有一种吸血蝙蝠，常叮在野马的腿上吸血。不管野马怎样暴怒、狂奔，就是拿这个小家伙没办法，吸血蝙蝠可以从容地吸饱再离开，而不少野马被活活折磨致死。动物学家发现吸血蝙蝠所吸的血量极少，远不足以使野马死去，野马的死因是暴怒和狂奔。对于野马来说，吸血蝙蝠只是一种外界的挑战，一种外因，而野马对这一外因的剧烈情绪反应才是造成它死亡的最直接原因。人在生活中难免会遇到不顺

1

心的事，如不能平和待之，一时情绪激动，甚至暴跳如雷、大发脾气，会严重危害自身健康。动辄发脾气的人很难健康、长寿，很多人其实是"气死的"。愤怒的情绪是一个误区、一种心理病毒，它同其他病毒一样，可以使你重病缠身、一蹶不振，甚至会影响到你的生活、工作、学习和命运。因为坏脾气而导致人生随之改写，走向失败的境地，实在是一种很愚蠢的行为。因此，我们一定要告诫自己，千万不要让坏脾气害了自己！包容人，包容事，忍下的是一时之气，得到的却是长久的安然、宁静、和谐与友好，可谓善莫大焉。

人生就是这样，只有脾气好了，才能获得成功和幸福。每当我们遇到不顺心的事时，我们实际上就站在了一个通向"祸"与"福"的十字路口，如果你大发脾气，火冒三丈，你人生的列车就会以最快的速度向"祸"的方向驶去，结果很可能是车毁人亡；相反，如果你忍住脾气，仍然以平和、理性的心态来对待不顺的遭遇，那么你人生的列车就会向"福"的方向驶去。老子说："祸兮，福之所倚。"上天在赐给你福之前，往往先派来祸，如果你在祸面前大发脾气，那么上天就判定你不配享有福，因为你的坏脾气不但伤害了你自己，还伤害了周围的许多人，不赐予你福是给你应有的惩罚；而如果你在祸面前心平气和，懂得反躬自省，那么你就能避过祸，得到倚伏在祸后面的福。

坏脾气是导致人生失败和不幸的根源，相反，好脾气具有正面的、令人积极进取的能量，能让我们拥有成功的人生和幸福的生活。改变自己的脾气，命运就可以随之发生改变。如果你想拥有健康的身体，首先你要有一个好脾气；如果你想拥有和谐的人际关系，首先你要有一个好脾气；如果你想拥有快乐的人生，首先你要有一个好脾气。

目录

第一章

跟坏脾气说"拜拜"，你的世界才不会沉沦

人的脾气有好有坏。脾气好的人无论到哪里，都会受到欢迎，别人喜欢同他合作、共事；脾气坏的人，则常常给自己和别人带来苦恼，使别人觉得难以与之相处。坏脾气往往是成功的大敌，一时的冲动可能会毁掉你一世的前程。遇激不动气，遭气不发怒，努力克制自己恶劣情绪，养成从容不迫的良好习惯。这样，坏脾气就会与你渐行渐远，并不会再成为影响和掣肘你人生前程的羁绊。

操纵你的是隐蔽在内心的信念

如果有人冒犯你，请先不要发脾气，发脾气是不能解决任何问题的，只会让自己过于激动，没有办法运用理性正确地看清问题，被愤怒蒙蔽了双眼、蒙蔽了心灵，从而不能正确地看清事物的本质、判断事物的好坏，这是毫无益处的。其实真正打扰我们的不是别人的行为，别人的行为不会直接作用于我们身上，真正打扰我们的是我们自己的意见，只有我们自己的意见才会对我们的行动产生影响。所以，先放弃你对一个行为的判断吧，尝试一下下面介绍的方法，也许可以让你回归理性。

第一，思考一下你和人类的关系。所有的人类都是被神明派到世上来相互合作的，而你的位置被放在他们之上，就像是牛群中领头的公牛、羊群中领头的公羊一样。如果万物都不只是原子的聚合，那么自然必定就是支配所有事物的力

量。那样的话，低级的事物必然是为高级的事物而存在的，而高级的事物之间又是彼此依存的。

第二，思考一下别人在用餐时、在睡觉时、在别的场合都是怎样的？他们遵从怎样的思想支配？在他们冒犯别人的时候，是带着怎样的骄傲？

第三，如果别人正在做着他们所做的事情时，我们不必感到不快；而人们有时候会出于无知而不知不觉地在做着不正当的事情。但对于他自己来说，他只是在追求他的真理，因为没有一个灵魂是会放弃追求真理的。他也不愿意被剥夺宇宙赐予他的为人处世的能力，所以当他由于无知犯错而被人指责不正直、背信弃义、贪婪的时候，他是很痛苦的。

第四，要想到，你自己也和他们一样，犯了很多不自觉的错误。也许你已经纠正了这种错误，但难保你不会再犯。何况你纠正这些错误，很大程度上还是出于不纯的动机，比如出于怯懦，或者害怕失去名誉，或者其他的原因。

第五，当你断定别人在做着不正当的事情时，你也要想一想你的判断是否正确，因为很多事情也许另有隐情。我们必须了解更多，才能对别人做出正确的判断。

第六，在你烦恼、发脾气和悲伤时，想一想生命是很短暂的，也许下一秒你就会死去。

第七，困扰你的实际上并不是别人的行为，而是你对于这些行为的看法。那么消除这种看法，放弃那些认为某件事情是极恶的东西的判断，你的怒火就能够得到平息。那么怎么才能消除这种判断呢？只需要明白一个道理：别人的行为并不是你的耻辱，只有你自做的恶行才是你的耻辱；如果你为别人的行为也感到耻辱，那你就是在代替那些强盗或恶人受过了。

第八，要想一想，由于这种行为引起的烦恼和愤怒带给我们的痛苦，比这种行为本身带来的痛苦要多得多。

第九，保持一种和善的气质是令任何人都无法拒绝的，但这种和善应该是真实的、发自内心的，而不是一种表面上故作的微笑。始终和善地对待他人，即使最暴躁无礼的人，也不会对你怎么样。在条件允许的情况下，你可以用一种温和的态度纠正他的错误，你要以这种语气说："孩子，不要这样，我们是被宙斯派到一起来共同合作的,他将不会让我受到伤害,而你却在伤害你自己。蜜蜂,还有其他的动物,都是这样,它们都不会像你这样伤害自己。"用这样的口吻,循循善诱地告诉他这些道理,不带着任何双重的意向,不带着任何斥责、怨恨的感情,亲切和善地关心他的感受,而不要做给旁人看。

按照上面的方法,你就会发现,只要自己恢复了平静和理性,那些打扰到我们内心的事物就几乎不存在了。

心平气和的智慧

真正影响到我们的生活的,只是我们隐藏在自己内心深处的信念。所以,只要能够控制住自己的内心,我们就掌握了人生的主动权。

暴躁是发生不幸的导火索

一个人性格暴躁的最直接表现就是非常容易发脾气,因此,发脾气是一种很常见的情绪表达方式,特别是年轻人。比如,血气方刚的小伙子,他们往往三两句话不对,或为了一点儿芝麻绿豆大的事情就大打出手,造成十分严重的后果。

其实,发脾气是一种很正常的情绪表达方式。它本身不是什么问题,但如何表达情绪则是个问题。有效地表达情绪会提高我们的自尊感,使我们在自己的生存受到威胁的时候能勇敢地战斗。

脾气暴躁,经常发火,不仅是诱发、加重心脏病的因素,而且会增加患其他病的可能性,它是一种典型的慢性自杀。因此为了确保自己的身心健康,必须学会控制自己,克服爱发脾气的坏毛病。

如何有效地抑制生气和不友好的情绪呢?这主要在于自己的修养,还需要来自亲人及朋友的帮助与劝慰。实验证明,在行为方式有改善的人中,死亡率和心脏病复发率会大大下降。为了控制或减少发火的次数和强度,必须对自己进行意识控制。当愤愤不已的情绪即将爆发时,要用意识控制自己,提醒自己应当保持理性,还可进行自我暗示:"别发火,发火会伤身体。"有涵养的人一般能控制住自己。同时,及时了解自己的情绪,还可向他人求得帮助,使自己遇事能够有效地克制愤怒。只要有决心和信心，再加上他人对你的支持、配合与监督，你的目标一定会达到。

一般来说，性格暴躁的人都有如下的一些表现：

（1）情绪不稳定。他们往往容易激动。别人有一点友好的表示，他们就会将其视为知己；而话不投机，就会怒不可遏。

（2）多疑，不信任他人。暴躁的人往往很敏感，把别人无意识的动作，或轻微的失误，都看成是对他们极大的冒犯。

（3）自尊心脆弱，怕被否定，以愤怒作为保护自己的方式。有的人希望和别人交朋友，而别人让他失望了，他就给人家以强烈的羞辱，以挽回自己的自尊心。这同时也就永远失去了和这个人亲近的机会。

（4）没有安全感，害怕失去。

（5）从小受娇惯，一贯任性，不受约束，随心所欲。

（6）以愤怒作为表达情感的方式。有的人从小父母的教育模式就是打骂，所以他也学会了将拳头作为表达情绪的唯一方式。甚至有时候，愤怒是他们表达爱的一种方式。

（7）将在别处受到的挫折和不满情绪发泄在无辜的人身上。应当说，脾气是一个人文化素养的体现。但凡有文化、有知识、有修养者，往往待人彬彬有礼，遇事深思熟虑，冷静处置，依法依规行事，是不会轻易动肝火的。而大发脾气者，大多是缺乏文化底蕴的人，他们似干柴般的思想修养，遇火便着，任凭自己的脾气脱缰奔驰，直至撞墙碰壁，头破血流，惹出事端。

所以，情绪容易暴躁的人，提高自己的素质修养刻不容缓。

下面的八条措施将帮助你完成改变暴躁性格这一心理、生理转变过程，使你的性格臻于完善。

（1）承认自己存在的问题。请告诉你的配偶和亲朋好友，你承认自己以往爱发脾气，决心今后加以改进，希望他们支持、配合和督促，这样有利于你逐步达到目的。

（2）保持清醒。当愤愤不已的情绪在你脑海中翻腾时，要立刻提醒自己保持理性，你才能避免愤怒情绪的爆发，恢复清醒和理性。

（3）推己及人。把自己摆到别人的位置上，你也许就容易理解对方的观点与举动了。在大多数场合，一旦将心比心，你的满腔怒气就会烟消云散，至少觉得没有理由迁怒于人。

（4）诙谐自嘲。在那种很可能一触即发的危险关头，你还可以用自嘲解脱："我怎么啦？像个3岁小孩，这么小肚鸡肠！"幽默是改掉发脾气的毛病的最好手段。

（5）训练信任。开始时不妨寻找信赖他人的机会。事实会证明，你不必设法控制任何东西，也会生活得很顺当。这种认识不就是一种意外收获吗？

（6）反应得体。受到不公平对待时，任何正常的人都会怒火中烧。但是无论发生了什么事，都不可放肆地大骂出口。而该心平气和、不抱成见地让对方明白，他的言行错在哪儿，为何错了。这种办法给对方提供了一个机会，能使双方在不受伤害的情况下解决问题。

（7）贵在宽容。学会宽容，放弃怨恨和报复，你随后就会发现，愤怒的包袱从双肩卸下来，显然会帮助你放弃错误的冲动。

（8）立即开始。爱发脾气的人常常说："我过去经常发火，自从得了心脏病，我认识到以前那些激怒我的理由根本不值得大动肝火。"请不要等到患上心脏病才想到要克服爱发脾气的毛病，从今天开始修身养性不是更好吗？

能够自我控制是人与动物的最大区别之一。脾气虽与生俱来，但可以调控。多学习，用知识武装头脑，是调节脾气的最佳途径。知识丰富了，修养提高了，法纪观念增强了，脾气这匹烈马就会被紧紧牵住，无法脱缰招惹是非，甚至刚刚露头，即被"后果不良"的意识所制约，最终把上窜的脾气压下，把不良后果消灭在萌芽状态。

心平气和的智慧

一位哲人说："谁自诩为脾气暴躁，谁便承认了自己是言行粗野、不计后果者，亦是没有学识、缺乏修养之人。"细细品味，煞是有理。愿我们都能远离暴躁脾气，做一个有知识、有文化、有修养的人。

用幽默和微笑来战胜不良情绪

平和宁静的心境不仅是衡量一个人心理是否健康的重要指标，同时也是我们保持心理健康的一个有效方法。心理学研究证明，幽默作为一种心理防卫机制，能使处于沮丧困苦中的人放松紧张的心理，降低心理压力，缓和内心冲突，排除内心的抑郁，解放被压抑的情绪，调节和保持心理健康。所以，心理学家主张用幽默和微笑来战胜不良情绪对人们心理的侵蚀和损害。

英国著名科学家法拉第曾经由于紧张的研究工作而导致经常性的头痛失眠，使他苦不堪言。一次他去看病，医生开给他的处方不是药名，而是一句英国谚语："一个丑角进城，胜过一打医生。"

法拉第马上悟出了其中的奥妙，于是经常去看喜剧、滑稽戏等表演，被逗得哈哈大笑。不久，他的健康状况明显好转。

20世纪70年代，在英国的一所大学里，创建了一个"幽默教室"，人们可以用各种手段在那里发笑，以便使自己心情舒畅、精神愉快，从而驱除疲劳、解除烦恼。现代生活节奏太快，有不少人得了抑郁症或其他类型的疾病，这时我们不妨也采用"笑疗"的方法，自己为自己治病。具体的做法是：

（1）当自己感觉苦闷、忧愁而又难以摆脱时，采取"逆向思维"法，多看看相声、小品、喜剧，在阵阵欢笑中化开心中的郁结，这或许比任何药物都管用。

（2）多和那些喜欢幽默，又好说笑话的朋友接触。与他们在一起，幽默的话语不绝于耳，一个个笑话让人心中充满欢悦，有时还能从笑声中得到不少人生的感悟。

（3）平时多看些欢乐的演出或电视节目。像文艺演出，还有电视及电台中的娱乐节目等，听着看着，你会沉浸在会心的笑声中，那些郁闷就会一扫而光。

（4）找友人聊天，和性格开朗的人相聚，把心中的不快说出来，给心灵来个"减负"，并从别人的劝解中释疑解惑，同时对方的幽默语言会让你发笑，从而获得好心情。

（5）找个环境幽雅之处，静下心来专门去想那些可乐的事，或一段相声，或一件让人捧腹的事，也可以使自己天马行空，假设出一些让人笑的事，这样你会情不自禁地笑出声来。"笑疗"可让朋友为你治"心病"，但大多还是自我治疗，不用去医院，更不用花钱，可谓简便易行，且无副作用。您若受到不良情绪的困扰不妨试一试。

心平气和的智慧

幽默和笑是消除坏脾气的一种有效的心理疗法，是"精神上的消毒剂"，是"抑制精神危险的武器"。

生气是拿别人的过错来惩罚自己

一位智者说过，生气是用别人的过错来惩罚自己的愚蠢行为。

从前，有一个妇人，常常为一些琐碎的小事生气。她也知道自己这样不好，便去求一位高僧为自己说禅解道，开阔心胸。

高僧听了她的讲述，一言不发地把她领到一座禅房中，落锁而去。妇人气得跳脚大骂，骂了许久，高僧也不理会。妇人又开始哀求，高僧仍置若罔闻。妇人终于沉默了。

高僧来到门外，问她："你还生气吗？"

妇人说："我在生自己的气，我怎么会到这地方来受这份罪。"

"连自己都不原谅的人怎么能心如止水？"高僧拂袖而去。

过了一会儿，高僧又来问她："还生气吗？"

"不生气了。"妇人说。

"为什么？"

"气也没有办法呀。"

"你的气并未消失，还压在心里，爆发后将会更加剧烈。"高僧又离开了。

高僧第三次来到门前，妇人告诉他："我不生气了，因为不值得生气。"

"还知道值不值得，可见心中还有衡量，还是有气根。"高僧笑道。

当高僧的身影迎着夕阳立在门外时，妇人问高僧："大师，什么是气？"高僧将手中的茶水倾洒于地。妇人视之良久，顿悟。叩谢而去。

何苦要气？气便是别人吐出而你却接到口里的那种东西，你吞下便会反胃，你不看它时，便会消散了。

20世纪三四十年代，一直敏于行、讷于言的巴金先生也曾受过无聊小报、社会小人的谣言攻击。巴金先生有一句斩钉截铁的话："我唯一的态度，就是不理！"因为受害者若起而反击，"小人"反倒高兴了，以为他们编造的谣言发生了作用。

学者胡适先生在给友人的一封信中写道："我受了十余年的骂，从来不怨恨骂我的人。有时他们骂得不中肯，我反替他们着急；有时他们骂得太过火，反损骂者自己的人格，我更替他们不安。如果骂我而使骂者有益，便是我间接于他有恩了，我自然很情愿挨骂。"

巴金、胡适面对他人的辱骂所表现出的平静、幽默、宽容，不失为排除心理困扰、享受慢生活的妙药良方。

心平气和的智慧

人生苦短，幸福和快乐尚且享受不尽，哪里还有时间去生气呢？人的一生难免会有不如意的事情，但不该动辄生气，将自己的精力耗费在不必要的事情上。

不生气等于消除坏脾气的源头

抱怨就好像是一种可以迅速传开的疾病，能够在最短的时间里在人群中扩散开来。所以像下面这样的事情，你也许也会经常看到：

张敏是某个公司的员工，已经在公司干了两年了，但是公司一直没有给她涨工资。老板总是说,公司的发展还没有上轨道,所以一些不必要的开销能省就省,所以很多时候连员工的饭补也省了。公司主管还经常在快要下班的时候开会,一开就是很长时间,占用了员工的很多私人时间。

这个月,张敏一直在领导的强制下加班,可是到了月末,公司并没有给加班费,这让张敏越想越气,所以公司之前种种不合理的做法,她也一起想起来了。

她越想越气,恰好赶上同事李佳走进了办公室,张敏就把所有的不满和牢骚都跟李佳说了。李佳一听,也觉得公司太过分了,明显的克扣工资,还总是占用他们那么多私人时间,实际上就是变相的加班,也觉得很生气,所以越说情绪越激动。

渐渐地,办公室里的人多了起来。大家都加入了张敏和李佳的行列,开始为张敏抱不平,也数落起公司的种种不是。你一言我一语的,说个没完。

看到这样的情形,你也许会很奇怪,刚开始的一个人的不满情绪,怎么会那么快就传染给了每一个人?下面我们来分析一下:

我们都知道,人类具有很强的模仿天性,而且具备很强的情绪传染共性。通常情况下,人们看到身边的人在做什么,很容易就跟着一起做。这样的行为是没有加入任何思考因素的,而是下意识的模仿。所以看别人在抱怨,就不自觉地跟着抱怨,是模仿的作用。而另一方面,人是很容易被感染的,比如你看见一个人哭得很伤心,那么你的心情也很难快乐起来,有时候甚至会跟着哭;工作中,你的同事觉得有些疲倦,他把这样的信息传达给你的时候,你也会逐渐地意识到自己有些累了……这就是相互感染。所以,当那些同事看到张敏和李佳很生气的时候,心里也会跟着产生不满和气愤的共鸣,所以导致大家都在跟着抱怨。

在生活中,我们说抱怨的话时,是不可能找跟我们无关的人说的。那些倾听我们怨言的人,往往都是跟我们比较亲近的人,或者是在某种利益上能够达成共识的人。所以,你的问题很可能也是他的问题,你说出来的话,尽管他当时没想到,可能在你说出来以后,他就会觉得:"对,事情就是这个样子的。"一旦这样在精神上达成了共识,那么你就成功地把抱怨的情绪传给他了。

所以说,抱怨就好像是一场传染病,一场瘟疫,能够在最短的时间内在人群中传播。而如果生活中的每一个人都不再去做这个传染源，那么我们的身边也就不存在抱怨了。

心平气和的智慧

如果我们能够摆正心态，将抱怨的心理从自己的身上剔除，那么我们等于是消灭了一个坏脾气的传播源头。

别顺着怨气燃烧自己

如果你很容易发怒的话，那么就说明你可能有一些还难以解决的问题压在心头。你需要找出这些问题，然后设法解决它们，以便继续前进。有人说，生气是拿别人的错误惩罚自己。真正聪明的人，懂得从他人的怒火中寻找温暖，而不是顺着自己的怨气燃烧自己。

下面这个故事中，富兰克林的经历也向我们说明了克制怒气的重要性：

有一次，有位管理员为了显示他对富兰克林一个人在排版间工作的不满，把屋里的蜡烛全部收了起来。这种情况一连发生了好几次。

有一天，富兰克林到库房里赶排一篇准备发表的稿子，却怎么也找不到蜡烛了。

富兰克林知道那个人干的，忍不住跳起来，奔向地下室，去找那个管理员。当他到那儿时，发现管理员正忙着烧锅炉，同时一面吹着口哨，仿佛什么事情也没发生。

富兰克林抑制不住愤怒，对着管理员就破口大骂，一直骂了足足有5分钟，他实在想不出什么骂人的语句了，只好停了下来。这时，管理员转过头来，脸上露出开朗的微笑，并以一种充满镇静与自制的声调说："呀，你今天有些激动，是吗？"

他的话就像一把锐利的短剑，一下子刺进了富兰克林的心里。

富兰克林的做法不但没有为自己挽回面子，反而增加了自己所受的羞辱感。他开始反省自己，认识到了自己的错误。

富兰克林知道，只有向那个人道歉，内心才能平静。他下定决心，来到地下室，把那位管理员叫到门边，说："我回来是为我的行为向你道歉的，如果你愿意接受的话。"

管理员笑了，说："你不用向我道歉，没有别人听见你刚才说的话，我不会把它说出去的，我们就把它忘了吧。"

这句话对富兰克林的影响更甚于他先前所说的话。他向管理员走去，抓住他的手，使劲握了握。他明白，自己不是用手和他握手，而是用心和他握手。

在走回库房的路上，富兰克林的心情十分愉快，因为他鼓足了勇气，弥补了自己所犯的错误。

从此以后，富兰克林下定决心，绝不再失去自制力，因为凡事以愤怒开始，必以耻辱告终。

你一旦失去自制之后，另一个人——不管是一名目不识丁的管理员，还是有教养的绅士，都能轻易将你打败。

在找回自制之后，富兰克林身上也很快发生了显著的变化，他的笔开始发挥更大的力量，他的话也更有分量，并且结交了许多朋友。这件事成为富兰克林一生当中最重要的一个转折点。后来，成功的富兰克林回忆说："一个人除非先控制自己，否则他将无法成功。"

众所周知，人与人之间的情绪是会相互感染的，有时自己控制得还不错的情绪，一下子就被别人破坏了，而别人的情绪也常常被自己"污染"。

心平气和的智慧

如果你总是走不出过去的阴影，愤愤不平、牢骚满腹、自怨自艾，那么就很难保持良好的自我控制力，你最终想掌握自己命运的希望就会破灭。

情绪化常常让人丧失理智

一个成功的人必定是有良好控制能力的人，控制自我不是说不发泄情绪，也不是不发脾气，过度压抑只会适得其反。

新的一届竞选又开始了，一位准备参加参议员竞选的候选人向自己的参谋讨教如何获得多数人的选票。

其中一个参谋说："我可以教你些方法。但是我们要先定一个规则，如果你违反我教给你的方法，要罚款10元。"

候选人说："行，没问题。"

"那我们从现在就开始。"

"行，就现在开始。"

"我教你的第一个方法是：无论人家说你什么坏话，你都得忍受。无论人家怎么损你、骂你、指责你、批评你，你都不许发怒。"

"这个容易，人家批评我、说我坏话，正好给我敲个警钟，我不会记在心上。"候选人轻松地答应。

"你能这么认为最好。我希望你能记住这个戒条，要知道，这是我教给你的规则当中最重要的一条。不过，像你这种愚蠢的人，不知道什么时候才能记住。"

"什么！你居然说我……"候选人气急败坏地说。

"拿来，10块钱！"

虽然脸上的愤怒还没退去，但是候选人明白，自己确实是违反规则了。他无奈地把钱递给参谋，说："好吧，这次是我错了，你继续说其他的方法。"

"这条规则最重要，其余的规则也差不多。"

"你这个骗子……"

"对不起，又是10块钱。"参谋摊手道。

"你赚这20块钱也太简单了。"

"就是啊，你赶快拿出来，你自己答应的，你如果不给我，我就让你臭名远扬。"

"你真是只狡猾的狐狸。"

"又10块钱，对不起，拿来。"

"呀，又是一次，好了，我以后不再发脾气了！"

"算了吧，我并不是真要你的钱，你出身那么贫寒，父亲也因不还人家钱而声誉不佳！"

"你这个讨厌的恶棍,怎么可以侮辱我家人!"

"看到了吧,又是 10 块钱,这回可不让你抵赖了。"

看到候选人垂头丧气的样子,参谋说:"现在你总该知道了吧,克制自己的愤怒情绪并不容易,你要随时留心,时时在意。10 块钱倒是小事,要是你每发一次脾气就丢掉一张选票,那损失可就大了。"

控制自己的情绪是件非常不容易的事情,因为我们每个人的心中都存在着理智与感情的斗争。人在不能自制时,会举止失常;激动总会使人丧失理智。此时应去咨询不为此情所动的第三方,因为当局者迷,旁观者清。当谨慎之人察觉到自己有冲动的情绪时,会即刻控制并使其消退,避免因热血沸腾而鲁莽行事。短暂的冲动情绪的爆发会使人不能自拔,甚至名誉扫地,更糟糕的则可能丢掉性命。

心平气和的智慧

情绪波动时,不要有所行动,否则你会将事情搞得一团糟。

做情绪的主人,才能做生活的主角

约瑟 17 岁时就被兄长卖至埃及,任何人处在同样的境遇下,都难免自怨自艾,并对出卖及奴役他的人愤愤不平。但约瑟不做此想,他专注于提升自己,不久便成了主人家的总管,掌管所有的产业,极获倚重。

后来他遭到诬陷,冤枉坐牢 13 年,可是依然不改其态,化怨恨为上进的动力。没过多久,整座监狱便在他的管理之下。到最后,约瑟掌管了整个埃及,成为法老之下、万人之上的大人物。

我们虽没有约瑟受奴役和被囚禁的经历,但是日常生活中的种种琐事,却使我们处在各种各样的不良情绪之中。想想约瑟的遭遇,就会知道不同的情绪将导致不同的人生。

许多人都有过受累于情绪的经历,似乎烦恼、压抑、失落甚至痛苦总是接二连三地袭来，于是，频频抱怨生活对自己不公平，期盼某一天欢乐从天而降。但要记住，你永远不会是世界上最不幸的那个人，只要我们用积极、乐观、向上的态度去面对，生活终会向你展示出它温情脉脉的一面！

其实，喜怒哀乐是人之常情，想让自己生活中不出现一点儿烦心事是不可能的，关键是如何有效地调整、控制自己的情绪，做生活的主人，做情绪的主人。人们常说，生活是一面镜子，你对它笑，它便对你笑；你对它哭，它也便对着你哭。我们想要拥有幸福快乐的人生，就要用一种乐观积极的情绪对待生活。

许多人都想控制自己的情绪，但遇到具体问题时又总是知难而退："控制情绪实在太难了。"言下之意就是："我是无法控制情绪的。"别小看这些自我否定的话，这是一种严重的不良暗示，它可以毁灭你的意志，使你丧失战胜自我的决心。

输入自我控制的意识是开始驾驭自己的关键一步。

晓敏不会控制自己的情绪，常常和同事发生矛盾。领导找她谈话，她还不服气，甚至和领导争执。领导没有动怒，只是和她讲道理，她嘴上没有说，却早已心悦诚服。从此她有了自我控制的意识，经常提醒自己，主动调整情绪，自觉注意自己的言行。久而久之她拥有了健康而成熟的心态。

其实调整控制情绪并没有你想象的那么难，只要掌握一些正确的方法，就可以很好地驾驭自己。控制情绪也是一个长期的过程，在平常就要把自己的心态调整好，把保持良好的情绪作为一种习惯。

1. 想法客观

学会坦然面对生活中的一切，不对生活有过多的非分之想，不抱太多不切实际的幻想。给心理留一个放松的空间，用平淡的心态去接受身边发生的事。

2. 学会发泄

每个人都会遇到许许多多的不如意，正所谓"人生不如意者，十有八九"。因此要想活得轻松快乐，就要找到适合自己的解压方式，把心中的不良情绪及时发泄出来。

3. 生活热情

平常要多参加一些户外的文体活动，多看一些轻松温馨的影视剧，多阅读一些时尚轻松的书籍杂志，让自己的思想见识跟上时代的发展；多发展一些兴趣爱好，不仅有助于消除不良情绪，还能帮助树立积极健康的心态，感受到生活更多的快乐。

4. 每天听半小时音乐

优美的音乐对放松身心有着非常大的作用，每天抽出一些时间，泡杯茶，放松地坐下来，挑自己喜爱的音乐听上一会儿，对缓解情绪、平衡身心都有着非常积极的作用。

5. 学会控制自己的愤怒

生活中我们都免不了遇到令自己愤怒的事，但是把愤怒全部发泄出来，对人对己都是没有任何好处的，所以，一定要控制住自己愤怒的情绪。当你觉得自己快要爆发的时候，先不要张口，在心里默默从一数到一百，然后再张口说话，这对避免把谈话闹僵会很有帮助的。甚至还有人说要从一数到三百后再张口，这要根据自己的愤怒程度，在心里给自己定个数。

可以转移情绪的活动有很多，你可以根据自己的兴趣爱好，以及外界事物对你的吸引度来选择。例如，各种文体活动，与亲朋好友倾谈，阅读研究，琴棋书画，等等。总之，将情绪转移到有意义的事情上来，尽量避免不良情绪的强烈撞击，减少心情波动，这样做非常有利于情绪的及时控制。

心平气和的智慧

情绪的转移关键是要主动积极，不要让自己在消极情绪中沉溺太久。立刻行动起来，你会发现自己完全可以战胜情绪，控制情绪，成为情绪的主人。

第二章

上帝要让一个人幸福，必先使他拥有好脾气

老子说："祸兮，福之所倚。"上天在赐给你福之前，往往先派来祸，如果你在祸面前大发脾气，那么上天就判定你不配享有福，因为你的坏脾气不但伤害了你自己，还伤害了周围的许多人，不赐予你福是给你应有的惩罚；而如果你在祸面前心平气和，懂得反躬自省，那么你就能避过祸，得到倚伏在祸后面的福。

心灵从容方富足

嫉妒心是美好生活中的毒瘤，是修行者悲心与慧命的绊脚石。

一棵树看着一棵树，
恨不得自己变成刀斧。
一根草看着一根草，
甚至盼望着野火延烧。

这是著名诗人邵燕祥的一首短诗《嫉妒》。寥寥四句就把嫉妒之情刻画得入木三分，揭露得淋漓尽致。

在果园的核桃树旁边，长着一棵桃树。桃树的嫉妒心很重，一看到核桃树上挂满的果实，心里就觉得很不是滋味。

"为什么核桃树结的果子要比我多呢？"桃树愤愤不平地抱怨着，"我有哪一点不如它呢？老天爷真是太不公平了！不行，明年我一定要和它比个高低，结出比它还要多的桃子！让它看看我的本事！"

"你不要无端嫉妒别人啦，"长在桃树附近的老李子树劝诫道，"难道你没有发现，核桃树有着多么粗壮的树干、多么坚韧的枝条吗？你也不动动脑子想一想，如果你也结出那么多的果实，你那瘦弱的枝干能承受得了吗？我劝你还是安分守己、老老实实地过日子吧！"

自傲的桃树可听不进李子树的忠告，嫉妒心蒙住了它的耳朵和眼睛，不管多么有理的规劝，对它都起不到任何作用了。桃树命令它的树根尽力钻得深些、再深些，要紧紧地咬住大地，把土壤中能够汲取的营养和水分统统都吸收上来。它还命令树枝要使出全部的力气，拼命地开花，开得越多越好，而且要保证让所有的花朵都结出果实。

它的命令生效了，第二年花期一过，这棵桃树浑身上下密密麻麻地挂满了桃子。桃树高兴极了，它认为今年可以和核桃树好好比个高低了。

充盈的果汁使得桃子一天天加重了分量，渐渐地，桃树的树枝、树杈都被压弯了腰，连气都喘不过来了。它们纷纷向桃树发出请求，赶快抖掉一部分桃子，否则就要承受不住了。可是桃树不肯放弃即将到来的荣耀，它下令树枝与树杈要坚持住，不能半途而废。

这一天，不堪重负的桃树发出一阵哀鸣，紧接着就听到"咔嚓"一声，树干齐腰折断了。尚未完全成熟的桃子滚落了一地，在核桃树脚下渐渐地腐烂了。

人生就像一场比赛，不管多么努力，技术运用得多么高超，总会有相对于第一名的落后者。享受欢呼的，仅仅是那成千上万名中第一个冲到终点的幸运儿。生活又何尝不是这样？相对于那些在某一领域中因出类拔萃而获得万众瞩目的人来说，绝大多数都是那些在平凡的工作、平凡的家庭中默默尽力的人。况且，人生风云变幻，又有多少人没有品尝过世事沧桑的滋味呢？

心平气和的智慧

从社会的需要说，只要每个人能做好自己的分内工作，不断创选价值，助力社会的繁荣，他就应该自豪。若从生活的价值来说，能够体味人生的酸甜苦辣，做了自己所喜欢的事，没有虚度这百岁年华的生命，心灵从容富足，就算这一生"功德圆满"了。

幸福不在外，而在自己的内心

美国钢铁大王卡内基说："一个对自己的内心有完全支配能力的人，对他自己有权获得的任何东西也会有支配能力。"把握好自己的内心，用积极的心态去面对生活中的各种问题，那么我们就开始成功了。

一个人只有用积极的心态去对待自己，他的生命价值才会随之得到更好的展现和升华。一个人能不能获得幸福关键在于自己的心态。积极的心态并非天生就能拥有，而是需要经过后天的培养、坚持、保护和强化。这就需要我们调整自己的心态，说服自己尽量用积极的心态面对人生。

美国著名心理学家马斯洛说过："心态若改变，态度跟着改变；态度改变，习惯跟着改变；习惯改变，性格跟着改变；性格改变，人生就跟着改变。"由此可见心态的重要性。保持积极心态的人，会时时刻刻寻找机遇，即使事情不是那么尽如人意，他们依然可以调整自己的心态，将遇到的困难转化成一次积累经验的过程。积极的心态会让你的行动变得积极，积极的思维让你的天地更加开阔。

人生在世难免会遭遇挫折、经历失败，这些事情来临的时候你无法阻止。如果想要生活得幸福，就需要持有积极的心态，并将这种心态转化为不屈不挠的进取心。对于拥有积极心态的人，挫折与失败不过是他们的人生的装饰。失败的经历往往会成为宝贵的财富，成为下一次前进的动力。这取决于我们如何去看待这个问题。

一位著名的网球运动员曾说过这样的话："不知怎么，在我们心中输的感觉总比赢的感觉更强烈。"而有的人会被失败打击得抬不起头，这就是心态的区别。

幸福不幸福，在于自己的内心怎样去看待。心态积极的人认为他是幸运的，上天给他的历练不过是想让他变得更加优秀；心态消极的人却认为这是上天对他的不公，自己却不愿付出、不愿争取。

态度决定成败，抱着积极的态度面对人生，人生也会为你开启多条光明大道。幸福不在于你拥有了多少外在的物质，而在于你是否能把握好自己的内心。

心平气和的智慧

突破内心的障碍，做起事来就会更加得心应手，让内心的曙光冲破各种阻碍，这样才能使自己离幸福更加近。

拥有一颗感受幸福的心

关于幸福，不同的人有不同的感受。有的人善于发现生活中的美好，那么，他对幸福就会比常人多些感悟，常常也会觉得更幸福。幸福无处不在，只是需要一颗善于发现幸福的心。

每个人都在追逐幸福，总觉得幸福对我们来说是可望而不可即的，总觉得幸福只是少数的幸运儿才拥有的。有人为了追逐所谓的幸福尝尽人生的悲喜和哀愁，却没有找到自己想要的幸福。在如今金钱至上的风气影响下，很多人越来越重视对金钱的追求和对外物的占有，他们认为那就是他们想要的幸福。有些人总以为所谓幸福就是事业有成，婚姻美满，生活小康，就是拥有更多的金钱、拥有别人仰慕的社会地位。

殊不知，这样的幸福并不是真正的幸福，真正的幸福是要用心去感受的。拥有了名利和金钱不一定会幸福，因为会担心有一天失去了这些就失去了幸福，这些物质上的东西只会给人们带来物质上的满足，却不能满足人们内心深处对幸福的渴望。

罗曼·罗兰曾经说过："一个人幸福与否，绝不依据获得了或失去了什么，而只在于自身感觉怎样，幸福是伴着汗水和泪水的那只鸟，它不喜欢喧嚣浮华，常常在暗淡中降临。"想要拥有幸福，就要有能够感受幸福的心灵，这样才能从生活的点点滴滴中发觉幸福所在。朋友写给你的一封书信，父母的一个电话，雨中为你撑伞的人，这些都是幸福，只要内心善于发现，幸福就会无处不在。

不要总是觉得别人比自己幸福，其实只要自己善于发现，或许你会比别人拥有更多的幸福。幸福只钟情于能感受到它的人。幸福是生活中的点点滴滴，幸福无处不在，却很难把握在我们手中。幸福常常是朦胧的，很有节制地向我们喷洒甘霖。但是，只要你有一颗敏感的心，善于捕捉，幸福就会悄然而至。

有时候，我们绞尽脑汁、耗尽心血去追求一些高不可攀的东西，以为那就是自己的幸福所在，可是往往得不到，或者机关算尽以后，得到的却不是我们想要的。

心平气和的智慧

培养一颗善于发现幸福的心，从平淡的生活中去感受幸福，那才是最真实、最能把握的幸福。

幸福，从心开始

在琐碎的生活中，总会有人抱怨生活过得平淡无奇，日子过得索然无味，抱怨幸福总是离他们太远。他们每天浑浑噩噩地度过，遭遇一点点挫折就会想要麻痹自己，于是在灯红酒绿中，多了些买醉的身影，可麻痹了的心灵却仍走不出痛苦的境地。

其实幸福真的不在于你得到了多少，失去了多少，幸福只是一种心态，一种用心去经营的信念，幸福是从心开始的。用心去倾听，于是在匆忙的旅途中，偶尔也会停下脚步，感悟一下内心所想，让幸福有一个酝酿的过程。从心开始，幸福才会变得更加温暖和可靠。

传说在很遥远的地方，有一个闻名遐迩的海岛——幸福岛，岛上有一座取之不尽的金山，岛上的居民都过着令人羡慕的幸福生活。

在一个小山村里，有一个勇敢的年轻人，他非常渴望过上幸福生活，于是他不顾亲友们的劝告和可能遇到的危险，离开家乡，开始寻找传说中的"幸福岛"。一路上他历经磨难和各种艰险，终于找到了幸福岛。他看到了岛上的金山，果然像传说中的一样！他开始不断地往袋子里塞大大小小的金块，直到拖不动为止。

年轻人原路返回，路途是一样的艰险，但他不但没有感到艰辛，反而心怀喜悦，带着美好的希望，一步步地接近心中幸福的目标。

终于，他历经千险把金子带回家，盖了新房，娶了老婆，实现了他以前想要但无力实现的奢华梦想，开始了他的幸福生活。可是没过多久，这种快乐、自豪、心满意足的幸福感变得越来越淡，一切都无法让他提起对生活的兴趣。他对生活的现状越来越不满意，于是他再赴幸福岛。这次他又背回了一大袋金子，重新装修房子、再起楼台，再购良马，再娶美妻……他再次找到了幸福生活的感觉，可是，这次幸福维持得比上次还要短。

万般无奈的年轻人再次回到了幸福岛，这次，他想知道是什么让岛上的居民如此幸福快乐地生活。他惊奇地发现，岛上的居民住的只是普通的房子，吃的也是粗茶淡饭，但是每个家庭都和和睦睦，幸福快乐。年轻人向岛上的居民讲述了他的烦恼，诚恳地请教幸福的秘方。岛上的居民听了哈哈大笑："幸福就在你心中啊，为什么还要到处寻找？"

年轻人愣了半晌，才幡然醒悟：幸福并不是拥有多少物质，而是一种感悟幸福的心态。

在现实生活中，又有多少人能够体悟？用物质换来的幸福感都是有"保鲜期"的，过了新鲜的尽头，物质还是那物质，"幸福"却早已无影无踪。

心平气和的智慧

幸福是需要用心感受的，物质换来的幸福是短暂的，只有用心感受的幸福才会永远新鲜。

修炼内心才能到达幸福的彼岸

幸福其实有很多种实现途径，不过最根本的还是在于自己的内心。因为自己的幸福只能自己把握，把握幸福的关键就在于内心的潜质。内心的修炼是一个艰难而漫长的过程，在这个过程中不是每个人都那么顺利，都能很快地涤荡心灵，找回纯真的本心。

一个人在面对理想与现实产生的差距时不应心存抱怨，而要勇于承受一切，豁达面对。只要抛开妄想与执着，一切的烦恼皆无由生起，一切的烦恼都产生于虚妄！正如佛家讲的，一切随缘，顺应自然，任何事不要外求而要内修。内修就是提高自己内心的感悟能力。可是如何去修呢？佛家说"众生皆苦"，抛开"贪、嗔、痴""因果报应"等，就能慢慢净化心灵。这是因为一个人只有内心清净，摒除权势、名利之心，才能用一颗澄净的心去体会幸福。

要想获得真正意义上的超脱，达到内心修炼的最高境界，就要走出自我封闭的枷锁。学会挣脱内心的牢笼，不要让自己的心被功名利禄牵绊而错过了得到幸福的机会。

自己是内心的主人，所有的人生境界都是由自己的心造成的。一个人内心的想法决定了他的表现。因此，要修炼自己的内心，就必须做到心无旁骛，坦然处世，放下对一些事物的偏见，让自己的心保持平静。

我们每天接触世俗的事物，内心难免会被诱惑，要保持一颗平常心，以自然的心态面对周围的一切，就能感知生命的真滋味。能征服精神的人，强过能攻占城池的人。的确，当你能控制自己的内心，控制自己的情绪，试着改变自己的内心状态，你就是在完善自己的内在，慢慢地接近幸福。

人只要内心装着世俗的东西，就可以被人洞察。只有心外无物，超然处之，才能达到真正的豁达境界。心外无物，才能摒除一切杂念，才能用心去体会幸福。

当然，生活中还有许多有形或无形的因素在干扰着我们，比如身体、心理、外界，等等，这些都可能导致我们心绪不宁，徒生烦恼。如能学会控制自己的内心情绪，这样才能让幸福留存在心中好好品味。

心平气和的智慧

我们要及时卸掉内心的包袱，用坦然的心态看待一切，有了这样轻松而澄明的心境，才能更好地感悟幸福。

幸福就在懂得放手的那一刻

智者说，以恨对恨，恨永远存在，以爱对恨，恨自然消失。当我们面对生活中的一些伤害时，不要在心里产生报复的想法，更不要采取报复的手段，心胸要开阔，争取用宽容化解一切怨恨，让所有人都能生存在宽容的阳光下。

人生在世，一定会在乎某些东西。于是，对于曾经伤害过你的人，你就希望去用几倍的伤害还给他们。在心理得以平衡之后，有一天你又被伤害，你又开始报复。周而复始，你终日被报复充斥，整个人就成了报复的囚徒，失去了信仰，空虚了精神，忘记了理想，损害了美德，最后留下来的只有伤害。当我们恨自己的仇人时，这种恨就化成了仇人们的力量，因为恨，会让我们寝食难安、魂不守舍、心烦意乱，最终有可能导致疾病和死亡。这样看来，报复不仅让我们无法实现对别人的打击，反倒是对自己的内心的一种摧残。

在古希腊神话传说中，有一位叫海格里斯的大英雄。一天，他走在坎坷不平的山路上，发现脚边有个袋子似的东西很碍脚，他踩了那东西一脚，谁知那东西不但没有被踩破，反而膨胀起来，加倍地扩大着。海格里斯恼羞成怒，操起一条碗口粗的木棒砸它，那东西竟然越长越大，最后长到把路都堵死了。

正在海格里斯无能为力的时候，从山中走出一位智者，他对海格里斯说："朋友，快别动它，忘了它，离它远去吧！它叫仇恨袋，你不侵犯它，它便小如当初；你侵犯它，它就会膨胀起来，挡住你的路，与你敌对到底！"

茫茫人世间，我们不免会与其他人产生误会、摩擦，如果轻易地就开始了仇恨，那么，仇恨袋便会在你身边悄悄成长，让你的心灵背负报复的重担而无法获得自由。报复会把一个好端端的人驱向疯狂的边缘，使你的心灵得不到片刻安宁。

有一位好莱坞女演员，她因失恋心中充满了怨恨，报复心使她的面孔变得僵硬而多皱，她找到了一位很有名气的化妆师，希望化妆师能够帮助她恢复美丽。而这位化妆师深知她的心理状态，告诉她："如果你不消除心中的怨和恨，我敢说全世界任何美容师也无法美化你的容貌。"

有人说："怀着爱心吃菜，也要比怀着怨恨吃牛肉好得多。"如果我们的仇人知道对他的怨恨使我们精疲力竭，使我们紧张不安，使我们的外表和内心受到伤害，甚至使我们折寿的时候，他们不是会更高兴吗？

即使不能爱上仇人，至少要爱自己。使仇人不再控制我们的快乐、我们的健康和我们的外表。就如莎士比亚所说的："不要因为你的敌人而燃起一把怒火，让心中的烈焰烧伤自己。"

要想生活中永远充满安静和欢乐，就不要去尝试报复别人。如果沉迷于报复这件事，受到伤害的只能是自己。

心平气和的智慧

不要浪费时间去做那些毫无意义的报复，更不要让自己的内心因为报复而更加痛苦。幸福就是放下，幸福就是让自己过得更好。

平常心，幸福是一种感觉

人生有八大平常心态，即成败之心、贫富之心、淡薄之心、幸福之心、宁静之心、仁爱之心、忍辱之心、生死之心。平常心其实是一种至高至纯的人生境界，是一个人生存的智慧哲学。凡事荣辱不惊，人生就要有"行到水穷处，坐看云起时"的态度和洒脱的心境。

到底怎么样才算拥有平常心呢？其实，所谓平常心，不过是我们在日常生活中处理周围事情的一种心态。平常心应该是生活中的一种"常态"，是必须具有的一种修养，人生达到一种境界之后方可获得它，它是一种有益终身的"处世哲学"。正如古诗文中的佳句："宠辱不惊，闲看庭前花开花落；去留无意，漫随天外云卷云舒。"人生就要有这样的豁达态度，有这样的平常心去面对前方所有未知的事情。

平常心其实就是无为、无争、不贪、知足等观念的汇合而已。作为一种处世态度，平常心也可进一步解释为：淡薄之心、忍辱之心或仁爱之心……但是，平常心并不是说对什么都毫不在意，也不能说吃了亏、受了气就自己忍着。有些人所奉行的醉生梦死，自诩为与世无争，其实只是麻痹自己，自欺欺人而已。有位作家曾说过："当这些人到了纯粹只顾自己醉生梦死的境界时，道德的评价就苍白无力了。"把平常心庸俗化、世俗化、简单化的大有人在，但都不过是对平常心本意的曲解，以此为借口做行乐之事。

人不能脱离社会现实而存在，没有任何欲望的人也是不存在的，关键在于，在面对众多的诱惑时，是否能够时时自省，保持平常之心，坚持自我的真性，追求一种平静自然的心态。《感悟平常心》中说过："保持自我的真性，不陷于贪欲和争斗，对于一个悟得平常心的人来说，即是正确而明智的抉择。"

平常心是一种重要的处世哲学，每个人唯有自如地运用，才不致在纸醉金迷的社会中迷失自我。平常心说起来容易，做起来很难，贵在守恒。保持一颗平常心，将它作为自己生活的准则督促自己。

心平气和的智慧

拥有一颗平常心，才能从中获取无限的欢乐与满足，才能拥有幸福的感觉。拥有平常心既需要有崇高的精神境界，又要有睿智的理性思考，希望人人都能将平常心归入自己的人生哲学加以运用。

宽容是开启幸福之门的钥匙

宽容精神是人类所有品质中最伟大的品质之一。宽容待人，就是让自己在心理上接纳别人，理解别人的做法，尊重别人的选择。我们看待一个人，既要发觉他的优点，又要接纳他的缺点，这样，我们才能与别人真正友好地相处。懂得宽容的人肯定是幸福的，因为宽容他人也是在善待自己。

2004 雅典奥运会上，男子单杠运动员 28 岁的俄罗斯选手涅莫夫为我们上了宽容的一课。涅莫夫在决赛中是第三个出场，比赛中，他以连续腾空抓杠的高难度动作征服了全场观众，在比赛中不仅出现了 6 个飘逸的空翻，而且几乎完美地完成了比赛，精彩的表演征服了现场的观众，赢得了满场的掌声与喝彩。但是在他落地的时候，出现了一个小小的失误——向前移动了一步，裁判因此只给他打了 9.725 分，仅仅排在第三位。

成绩公布时，全场观众都为涅莫夫感到不平。全场观众不停地喊着"涅莫夫、涅莫夫"，并且全部站了起来，不停地挥舞手臂，用持久而响亮的嘘声，表达自己对裁判的愤怒。比赛被迫中断，第四个出场的美国选手保罗·哈姆虽已准备就绪，却只能尴尬地站在原地。面对这样的情景，已退场的涅莫夫从座位上站起来，向朝他欢呼的观众挥手致意，并深深地鞠躬，感谢他们对自己的喜爱和支持。

可是，涅莫夫的大度进一步激发了观众的不满，整个体操馆内响彻着观众的嘘声，一部分观众甚至伸出双拳，拇指朝下，做出不文雅的动作来，以致比赛无法继续进行。当场裁判也围拢在一起，紧张地进行讨论。面对如此巨大的压力，裁判被迫重新给涅莫夫打了 9.762 分。可是，这个分数不仅未能平息观众的不满，反而使嘘声再次响成一片。

这时，涅莫夫显示出了他非凡的人格魅力和宽广胸襟。他重新回到赛场，举起右臂向观众致意，并深深地鞠了一躬，表示感谢。接着，他伸出右手食指做出噤声的手势，然后将双手下压，请求和劝慰观众保持冷静，给保罗·哈姆一个安静的比赛环境。

涅莫夫的宽容给了下一个选手一个安静的比赛环境，虽然他没有在比赛中拿到金牌，但是他以宽容的姿态、完美的表演赢得了所有观众的敬佩，他是观众心中当之无愧的冠军！

人与人的感情是相互的，我们既需要他人的体谅，又需要去谅解、宽容他人。事实告诉我们：能宽容他人的人，往往能得到快乐，能够获得成功。民族英雄林则徐曾在书房写下八字联："海纳百川，有容乃大；壁立千仞，无欲则刚。"做人要有大海一样的胸襟，要有能够容人之短的超常气度。

心平气和的智慧

学会宽容，朋友之间便会多几分理解，多几分感激；学会宽容，人世间便会多几分温暖，多几分关爱。

不必跟命运争吵，学会顺其自然

生活中有许多东西是可遇而不可求的，有些事还是顺其自然好一点儿，这样就不会有那么多的纷争和烦恼。不完美的人生才是真实的人生。徐志摩曾经说过："得之，我幸；失之，我命！"我们不必去跟命运计较什么，学会宽容地面对生活，顺其自然是我们应该追求的人生态度。

因为天气太热，寺院的草地枯黄了一大片，小和尚对老和尚说："师父，快撒点儿草种吧，现在的草地好难看啊。"

"等天凉了，"老和尚挥挥手，"随时。"

过完中秋，师傅买了一包草种，交给小和尚去播种，小和尚一边撒，草种就被秋风吹走了一部分。

小和尚喊道："不好了，草种被风吹走了。"

"没关系，风吹走的多半是空的，撒下去也发不了芽，"师傅说，"随性。"

刚撒完种子，就有几只小鸟来啄食。

小和尚急得直跳脚："草种都被鸟儿吃了！"

"没关系，种子多，吃不完，"师父说，"随遇。"

半夜，下了一场骤雨，小和尚冲进老和尚的禅房："师父，这下全完了，好多草种都被雨冲走了……"

"没关系，冲到哪儿就会在哪儿发芽的，"师父说，"随缘。"

一个星期过去了，原本枯黄光秃的地面，已经长出了许多青翠的草苗，一些原来没撒种的角落，也泛出了新的绿意。

小和尚开心地拍手叫好，师父说："随喜。"

如果有些东西属于你的，那么谁也夺不走，如果有些东西不属于你的，也强求不来的。生活就要"随性、随遇、随缘、随喜"。我们无需对命运苛求的太多，有时能有某种体验就足够了。只要我们敞开胸襟，乐观向上地对待一切，幸福的人生就会掌握在你手中。

顺其自然地面对一切，你会发现你的内心会变得宽阔，思想负担也会随之减轻。坦然地接受命运安排的一切吧，不要抱怨、不要争吵，就会有更多的时间去体会幸福，体会生命对你的眷顾。顺其自然，才能做真正的自己，才能体会到内心深处的需求。

心平气和的智慧

命运会赐给每个人不同的东西，但都有不同的用处，不要抱怨命运对你不公，凡事顺其自然，微笑着去面对生活中的一切烦恼和琐碎，这样的生活才会更加轻松、更加惬意。

建立幸福账户，给心灵多一点阳光

你有记账的习惯吗？给一天的收支记个账，小本本上记着你今天花了多少钱，又赚了多少钱。你肯定见过这种不起眼的小东西，但你见过给幸福记账的吗？我们能在这个小本上写下一些什么样的语言呢？

秋月是个多愁善感的女孩，一天，她悄悄跟朋友说，她开始给生活记账了。然后塞给朋友一个旧旧的本子，封皮上很认真地写着几个字：幸福账本。旁边有一行小字："有些生活，没必要过一遍再去回忆一遍，该遗忘的要尽快遗忘。只有快乐和幸福值得截留下来，去慢慢体味、享受，这才是人生的灵魂和精华。"

"这一段时间，明显的感觉到身体出了问题，忐忑许久终于决定去医院做个体检。体检完毕等待结果，等待的时间很难熬，生怕身体真出了什么问题。那日，体检报告终于下来了，一切正常。从那一刻我就开始感谢上苍，给了我这么一个健康的身体，使我可以做力所能及的事。直到现在才发现，健康是上苍对我们最大的恩惠。"

"今天晚上，母亲大人又打来电话。每天等待父母的电话已经成了习惯，电话大多是母亲打过来的，也有时候是我等不及了先打过去的。也没什么大事，无非就是聊几句家常，前前后后的也就那几句话，有没有好好吃饭？有没有好好睡觉？这电话虽然没有什么实质性的作用，但总让我心里感到踏实。父母衣食无忧、身体硬朗，这是作为子女的天大福分。"

"连续四五天了，一直在加班做一项很枯燥的工作，什么都懒得去做，平淡的日子真是无聊，还不如出去散散步。走到河边，到处都是绿柳和榕树，粉红翠绿，满目诗情画意，豁然开朗。人常说，人生不如意十之八九。这大约取决于人们对待生活的方法和态度，其实如果能够换个思维，说不定就变成了'人生如意之事十之八九'。"

"今天隔壁邻居做了一锅大盘鸡，送了一份过来，面对美味，一家人都吃得开心。"

"今天下雨了，真舒服。"

"今天淘到了一件不错的衣服。"

"今天一天平平静静、无忧无虑。并没有特别要记的事，但轻松、自在、高兴。"

这册"幸福账本"你看懂了吗？每个人，每天至少都会有一点儿幸福入账。一点点幸福加一点点幸福，慢慢地累积就会慢慢地增加，幸福这种东西不是 1 加 1 等于 2 这么简单，它是可以递增、可以增值的。而且，在你孤独无助，感觉不到身边的幸福的时候，翻翻这本用你自己的人生写出的幸福账本，说不定就能找回发掘幸福的能力呢？

心平气和的智慧

只要能从生活的点点滴滴中发现幸福的时刻，我们也能写出这样一本打动心灵的"幸福账本"。

心头若无烦恼事，便是人间好时节

"春有百花秋有月，夏有凉风冬有雪；若无闲事挂心头，便是人间好时节。"这是南宋神宗无门慧开禅师的一首诗，大意是说：只要我们能抛开俗念琐事，便能体会到春夏秋冬四季不同的美；只要心中不计较，以知足心和平常心过活，就日日是好日。无门慧开禅师是个受到很多人崇拜的人，他告诉人们，如果能够抛开内心的纷纷扰扰，那么心胸就会自然而然地宽广起来，然后，人们就能随时随地欣赏到美好的风景。

一年有四季，四季有365天，每天也都会有不同的风景！看！春天的花是多么的绚烂多彩，夏天的树是那样的荫天蔽日，秋果累累而令人欣喜，冬雪纷飞则净化人心。人如果能够以没有偏见的心去看待四季，有哪一个季节是不美的呢？那就以此借喻人生吧，若把人生的历程也分为四季，那人们若心头无"闲事"，年少的时候，就如春花般烂漫，无忧无虑；青年的时候，就如夏木繁茂，绿树浓荫；壮年时候就像是秋天，金秋果硕，香飘天外；年老蹉跎时候，也可比作是瑞雪着地而乐得其归宿。只要珍惜时光，积极进取，热爱生活，乐观处世，无论在哪个年龄段，都能活出精彩，活出成就，活出幸福，活出乐趣，活得有声有色，如此的人生方可谓富有诗意的幸福人生。若再从小处讲来，人生遇事总有顺逆之时，若能于得意时观照本无所得，于失意时领悟亦无所失，那么，他的一生就都是"好时节"了。

诗中所说的"闲事"，并非指那些不学无术的人或是无所事事的那些"事"，说的是一种造成我们心理障碍、影响心情的事。"闲事"也算是烦恼的事，是我们的无明、起惑、造业（行为）所产生的苦难和困顿。倘若这些苦难和困顿可以突然间烟消云散，"便是人间好时节"！每个人对"闲事"的定义的不同，也造就了每颗心欣赏四季变换的不同心情。人要想快乐，就要将自己置身于无的状态，这样才能使人生的四季常青，才能体会人生的真谛，才能不受任何外界的影响，才能不被生活中的琐事影响了心情，最终快快乐乐地过完一生。

"若无闲事挂心头，便是人间好时节"，是说世间的事皆是闲事，如果没有闲事挂在心头，就是过着人间赏心悦目的时光；日日是好日，时时是好时。因此，往好处想，心境就会豁达，人也就会自得其乐。难怪开悟的人只看到百花、明月、凉风、白雪，因为他没有闲事也无烦恼挂心头。

修学佛法的人往往是拥有大智慧的人，他们讲究随遇而安，随缘自在，贫则安，富则施，常存满足感，常怀感恩心。在生活中，要学习这种智慧，与家人和睦，与友人交流，与自然为伴，这样的生活岂不优哉、美哉？

心平气和的智慧

心中有景，处处花香。

第三章

愤怒是魔鬼，让你距离"幸福之城"越来越遥远

愤怒是一种最具破坏性的情绪，它给人带来的负面影响可能远远大于我们的想象。在生活中，将人们击垮的，有时并不是那些大的灾难，而是我们不善自控的性情。西方有一句古老的谚语："上帝欲毁灭一个人，必先使其疯狂。"一个无论多么优秀的人，在愤怒的时候，都难以做出正确的抉择。愤怒是人类情绪中的顽疾，历史中的很多悲剧里都可以找到它的影子。我们要想成就一番事业，就要想办法战胜它。

愤怒就是灵魂在摧残自身

人经常不能控制自己的怒气，以致为了生活中大大小小的事情勃然大怒或者愤愤不平，愤怒由对客观现实某些方面不满而生成。比如，遭到失败、遇到不平、个人自由受限制、言论遭人反对、无端受人侮辱、隐私被人揭穿、上当受骗等多种情形下人都会产生愤怒情绪。表面看起来这是由于自己的利益受到侵害或者被人攻击和排斥而激发的自尊行为，其实，用愤怒的情绪困扰灵魂，乃是一种自我伤害。

对身体健康的伤害只是其中一个方面，愤怒对于灵魂的摧残尤为严重。由灵魂而生的愤怒情绪，又回过头来伤害灵魂本身，让灵魂变得躁动不安，失去原有的宁静和提升自己的精力和时间，这是灵魂的一种自戕。

正如思想家蒲柏所说："愤怒是为了别人的过错而惩罚自己。"文学家托尔斯泰也说："愤怒对别人有害，但愤怒时受害最深者乃是本人。"

我们愤怒于别人的言行，让愤怒占据了大部分的灵魂空间，灵魂负载着重担，再无法关照自身，更不能得到任何形式的提升，反而在愤怒情绪的支配下更加容易丧失理智，甚至于越来越远离人的高贵，接近于动物的蒙昧和愚蠢。

结果，导致我们愤怒的人与事依然如故，他们继续做着错的事，享受着愉悦的心情；

结果，因为愤怒，我们无法专注于眼前的工作，没能很好地履行自己的职责；

结果，我们只顾着愤怒，而无暇体验生命中原本存在的其他美和善。

折磨我们的是自己的愤怒情绪，而非别人的一些令人愤怒的行为。控制自己的愤怒情绪，从而避免让灵魂受到伤害，是完全在我们的力量范围之内的。

有一位得道高人曾在山中生活30年之久，他平静淡泊，兴趣高雅，不但喜欢参禅悟道，而且喜爱花草树木，尤其喜爱兰花。他的家中前庭后院栽满了各种各样的兰花，这些兰花来自四面八方，全是年复一年地积聚所得。大家都说，兰花就是高人的命根子。

这天高人有事要下山去，临行前当然忘不了嘱托弟子照看他的兰花。弟子也乐得其事，上午他一盆一盆地认认真真浇水，等到最后轮到那盆兰花中的珍品——君子兰了，弟子更加小心翼翼了，这可是师父的最爱啊！他也许浇了一上午有些累了，越是小心翼翼，手就越不听使唤，水壶滑下来砸在了花盆上，连花盆架也碰倒了，整盆兰花都摔在了地上。这回可把弟子给吓坏了，愣在那里不知该怎么办才好，心想："师父回来看到这番景象，肯定会大发雷霆！"他越想越害怕。

下午师父回来了，他知道了这件事后一点儿也没生气，而是平心静气地对弟子说了一句话："我并不是为了生气才种兰花的。"

弟子听了这句话，不仅放心了，也明白了。

不管经历任何事情，我们都要制怒，在脉搏加快跳动之前，凭借理智的伟力平静自己。

想一想，如果惹你生气的人犯了错误，是由于某种他们不可控的原因，我们为什么还要愤怒呢？

如果不是这样，那么他们犯错一定是由于善恶观的错误。我们看到了这一点，说明在善恶观的问题上，我们的灵魂比他们优越，比他们更理性，更能辨明是非黑白。对于他们，我们应有怜悯，不应有一丝愤怒。

心平气和的智慧

对于犯了错误的人，尽己所能平静地劝诫他们，把他们当成理智生病的人一样医治，没有必要生气，心平气和地向他们展示他们的错误，然后继续做你该做的事，完成自己的职责。

冲动，是幸福的刽子手

在种种消极情绪中，冲动无疑是破坏力最强的情绪之一，它是低情商的表现。每个人在生活中都会遇到不合自己心意的事，这时候如果不保持冷静，不克制自己的冲动行为，就会为此付出代价。一个聪明的人，不应让坏情绪控制自己，而是应该自己去控制坏情绪，成为情绪的主宰者。

生活中许多人，往往控制不住自己的情绪，任性妄为，结果引火烧身，给自己和朋友带来不必要的麻烦。所以，你要学会控制自己的冲动。学会审时度势，千万不能放纵自己。每个人都有冲动的时候，而冲动是一种很难控制的情绪。

培根说："冲动就像地雷，碰到任何东西都一同毁灭。"如果你不注意培养自己冷静平和的性情，一旦碰到不如意的事就暴跳如雷，情绪失控，就会让自己陷入自我戕害的囹圄之中。

南南的爸爸妈妈大吵了一架，起因是妈妈放在自己外套里的 300 元钱不见了，妈妈认定是爸爸拿的，但爸爸却不承认。下班后，爸爸直接去保姆家接南南，保姆一边帮南南穿衣服，一边说："昨天我给南南洗衣服，从她口袋里找出 300 元钱，都被我洗湿了，晾在……"没等保姆把话说完，爸爸立刻就把南南拽了过去，狠狠打了她两个耳光，南南的嘴角立刻流血了。

"你竟敢偷钱！害得我和你妈妈大吵了一架，这样坏的孩子不要算了！"他丢下南南掉头就走了。

南南根本不知道发生了什么事，只觉得脸很痛就哭了起来。保姆对南南妈妈说："你家先生也太急躁了，不等我把话说完就打孩子，这么小的孩子怎么可能偷钱啊！100 元钱对她来说就是张花纸。一定是她拿着玩时顺手放到口袋里的。"南南被妈妈抱回家后，总是不停地哭闹，妈妈只好带她去医院做检查。

检查结果让夫妻俩完全呆住了：孩子的左耳完全失去听力，右耳只有一点听力，将来得戴助听器生活。由于失去听力，孩子的平衡感会很差，同时她的语言表达也将受到严重影响。

南南的爸爸简直痛不欲生，他一时冲动打出的两个巴掌竟然毁了女儿的一生，他永远也无法原谅自己，并将终生背负着对女儿的亏欠。

愚蠢的行为大多是在手脚转动得比大脑还快的时候产生的。每个父亲都是爱自己的孩子的，南南的爸爸也一定为女儿设想过前途，想过女儿美好的未来，但冲动却使他亲手毁了这一切。

大多数成功者都是对情绪能够收放自如的人。这时，情绪已经不仅仅是一种感情的表达，更是一种重要的生存智慧。如果不注意控制自己的情绪，随心所欲，就可能带来毁灭性的灾难。情绪控制得好，则可以帮你化险为夷。

所以，作为情绪的主人，我们应该培养自我心理调节能力，这是一种理性的自我完善。这种心理调节能力，在实际行为上显示出人的强烈的意志力和自制力。它使人以平和的心态来面对人生中的起起落落，保持与他人交往时的淡定从容。

在遇到与自己的主观意向发生冲突的事情时，若能冷静地想一想，不仓促行事，也就不会有冲动，更不会在事后懊悔了。

不要被怒火冲昏头脑

每个人都免不了动怒，对别人动怒必然会引起人际关系的矛盾冲突，而能不能消除愤怒情绪与你的情绪控制能力有关。

其实，并非人人都会不时地表露自己的愤怒情绪，愤怒这一习惯行为可能连你自己也不喜欢，更不用说他人感觉如何了。因此，你大可不必对它留恋不舍，它并不能帮助你解决任何问题。任何一个精神愉快、有所作为的人都不会让它跟随自己。

愤怒既是自主行为，又是一种习惯。它是你经历挫折的一种后天性反应。你以自己所不欣赏的方式消极地对待违背你主观意志的现实。事实上，极端愤怒是精神错乱——每当你不能控制自己的行为、失去理智时，你便有些精神错乱了。

愤怒是大脑思考后产生的一种结果，而不是无缘无故的。当你遇到不合意愿的事情时，你通常会认为事情不应该这样或那样，于是你感到沮丧、灰心，然后，你便会做出自己所熟悉的愤怒的反应，因为你认为这样利于解决问题。

世界杯足球赛决赛中，法国球星齐达内，在加时赛的最后10分钟用头冲撞对方球员，用一张红牌为自己的足球生涯画上了句号，并导致整个球队把冠军拱手让给意大利。据说当时他是由于受到对手挑衅才情绪失控，一失足成千古恨。

愤怒就像是在喝酒，一旦你喝了第一杯，就会一杯接着一杯地喝下去，越喝越醉，愤怒就像酒瘾一样，让易怒的人控制不得，一旦陷入愤怒的情绪里就无法自拔。

如果你仍然决定保留心中愤怒的火种，你也可以以不损害别人感情的方式来发泄愤怒。但是，请问问自己，是否可以在沮丧时以新的思维支配自己，且以一种更为健康的情感来取代使自己产生惰性的愤怒呢？虽然世界绝不会像你所期望的那样完美，你很可能会继续厌烦、生气或失望，但不管怎样，愤怒是完全可以清除的。

因此，你应当提高自己控制愤怒情绪的能力，时时提醒自己，有意识地控制自己情绪的波动。千万别动不动就指责别人，喜怒无常。改掉暴躁易怒的毛病，努力使自己成为一个容易接受别人和被人接受的性格随和的人，而只有这样的人才能成大事。

在愤怒的情况下，人很难控制自己的情绪。你制造的旋涡最终会将他人淹没。

愤怒容易让人失去理智，把一点小事看得像天一样大，过于认真让他们夸张了自身受到的伤害。他们以为愤怒可以让自己在别人眼中更具有权力，其实不是这样的。这样的人不仅不会被认为拥有权力，反而会被认为缺乏理智，难成大气候。

抑制自己的愤怒并不能从根本上解决问题。你的能量会在这个过程中消耗殆尽，你的心理也会严重受挫。要想解决这一问题，最好的办法就是时刻保持冷静和宽容。面对别人的愤怒不要多想，可能他的愤怒并不是针对你，让自己的心情轻松一些。

心平气和的智慧

怒气会让你失去别人对你的敬意，他们会认为你缺乏自制力而更加轻视你。

缺乏忍耐，容易冲动

冲动是一种突发的，很难控制的情绪。但尽管如此，你也一定要牢牢控制住它。否则一点细小的疏忽，可能贻害无穷。

有一个富人脾气很暴躁，常常得罪人，而事后又懊恼不已，所以一直想将这暴躁的坏脾气改掉。后来，他决定好好修行，改变自己，于是花了许多钱，盖了一座庙，并且特地找人在庙门口写上"百忍寺"三个大字。

这个人为了显示自己修行的诚心，每天都站在庙门口，一一向前来参拜的香客说明自己改过向善的心意。香客们听了他的说明，都十分钦佩他的用心良苦，也纷纷称赞他改变自己的决心。

这一天，他一如往常站在庙门口，向香客解释他建造百忍寺的意义时，其中一位年纪大的香客因为不认识字，向这个修行者询问牌匾上到底写了些什么。修行者回答香客，牌匾上写的三个字是"百忍寺"。香客没听清楚，于是又问了一次。这次，修行者有些不耐烦地又回答了一遍。等到香客问第三次时，修行者已经按捺不住，很生气地回答："你是聋子啊？跟你说上面写的是'百忍寺'，你难道听不懂吗？"

香客听了，笑着说："你才不过说了三遍就忍受不了了，还建什么'百忍寺'呢？"

修行者无语。

修行者修的是心宁性平和，首要的就是要会忍，如果连忍都做不到，又如何称得上是修行者。因此，只有在生活中懂得控制自己的情绪，懂得平和地对待他人，才能做到百忍而不怒。

业绩优秀的员工和业绩一般的员工，在"情绪控制能力"方面有明显差异，心理特征甚至对员工能否胜任某一岗位起到了决定性作用。近两年，美国心理学界也在进行相关的"情绪管理"研究。研究表明，能够控制情绪是大多数工作的一项基本要求，尤其在管理、服务行业更是如此。同样，在中国这样一个自古讲究"君子之交"的社会中，学会自我调节，是保持良好人际关系，获取成功的一个重要条件。

《黄帝内经》中说，人有七情六欲，喜伤心，怒伤肝，忧伤肺，思伤脾，恐伤肾。可见，情绪反应是人们的正常行为，但用情过度却会伤害身体。很少有人生来就能控制情绪，但日常生活中，人们应该学着去适应。首先，在遇到较强的情绪刺激时，应采取"缓兵之计"，强迫自己冷静下来，迅速分析一下事情的前因后果，再采取行动，尽量别让自己陷入冲动鲁莽、简单轻率的被动局面。

人不可能永远处在好情绪之中，生活中既然有挫折、有烦恼，就会有消极的情绪。一个心理成熟的人，不是没有消极情绪的人，而是善于调节和控制自己情绪的人。

冲动的情绪其实是最无力的情绪，也是最具破坏性的情绪。许多人都会在情绪冲动时做出使自己后悔不已的事情来，因此，应该采取一些积极有效的措施来控制自己冲动的情绪。

（1）首先，调动理智控制自己的情绪，使自己冷静下来。在遇到较强的情绪刺激时应强迫自己冷静下来，迅速分析一下事情的前因后果，再采取表达情绪或消除冲动的"缓兵之计"，尽量使自己不陷入冲动鲁莽、简单轻率的被动局面。比如，当你被别人无聊地讽刺、嘲笑时，如果你顿显暴怒，反唇相讥，则很可能使得双方争执不下，怒火越烧越旺，自然于事无补。但如果此时你能提醒自己冷静一下，采取理智的对策，如用沉默为武器以示抗议，或只用寥寥数语正面表达自己受到的伤害，指责对方无聊，对方反而会感到尴尬。

（2）用暗示、转移注意法。使自己生气的事，一般都是触动了自己的尊严或切身利益，很难一下子冷静下来，所以当你察觉到自己的情绪非常激动，眼看控制不住时，可以及时采取暗示、转移注意力等方法自我放松，鼓励自己克制冲动。言语暗示如"不要做冲动的牺牲品""过一会儿再来应付这件事，没什么大不了的"等，或转而去做一些简单的事情，或换一个安静平和的环境，这些都很有效。人的情绪往往只需要几秒钟、几分钟就可以平息下来。但如果不良情绪不能及时转移，就会更加强烈。比如，忧愁者越是朝忧愁方面想，就越感到自己有许多值得忧虑的理由；发怒者越是想着发怒的事情，就越感到自己发怒完全应该。根据现代生理学的研究，人在遇到不满、恼怒、伤心的事情时，会将不愉快的信息传入大脑，逐渐形成神经系统的暂时性联系，形成一个优势中心，而且越想越巩固，日益加重；如果马上转移，想高兴的事，向大脑传送愉快的信息，争取建立愉快的兴奋中心，就会有效地抵御、避免不良情绪。

（3）在冷静下来后，思考有没有更好的解决方法。在遇到冲突、矛盾和不顺心的事时，不能一味地逃避，还必须学会处理矛盾的方法。

只要你领悟了人类情绪变化的奥秘，对于自己千变万化的个性不再听之任之，积极主动地控制情绪，就能掌握自己的命运。

控制自己的情绪，掌握自己的命运，你就能成为世界上最伟大的成功人士！

心平气和的智慧

人们常说，"冲动是魔鬼"。日常生活中，许多人都会在情绪冲动时做出令自己后悔不已的事情来。因此，学会有效管理和调控自己的情绪，是一个人走向成熟的标志，也是职场上迈向成功的重要基础。

控制愤怒情绪

常言道：忍一忍，风平浪静；退一步，海阔天空。不必为一些小事而斤斤计较。人们不提倡无原则的让步，但有些事也没必要"火上浇油"，那只会使事情更糟，只会破坏你跟别人的感情。

有一家电脑公司，赶了一批货交给一家新开发的客户，交货之后，却迟迟不见客户将货款汇来。等了两个星期后，老板亲自到客户的公司拜访。老板在该公司等了很长一段时间之后，得到一张可立即兑现的现金支票。

老板拿着现金支票赶到银行，但是柜台小姐告诉他，这个账户内的存款不足，他的支票根本无法兑现。老板明白是那个客户故意耍诈，想习难自己，原本他想立刻冲回客户的公司和他大吵一架。但是，这个老板一向秉持着"和气生财"的经营原则，所以他压下自己的怒气，向银行的柜台小姐询问这张支票之所以无法兑现，到底差了多少钱。由于老板的态度很诚恳，柜台小姐也很热心地帮他查询。查询的结果是，户头内只剩下 98000 元，跟他的支票金额只差2000 元。

正如老板所料，这个客户是存心和他过不去。老板灵机一动，从身上拿出2000 元，请柜台小姐帮他存到客户的账号里，补足支票的面额 10 万元后，再将支票轧进去。这样，他就顺利地领到货款了。

其实，这位老板完全可以理直气壮、怒气冲冲地跑到客户的公司去抱怨，但是他没有这么做。因为他知道，要是他这么做，不但浪费自己的时间，而且会因此永远失去这个客户。所以，他把时间花在解决问题上，而不用来制造新的问题，用理智而不是情绪去处理问题。

想要很好地控制自己的情绪，可以从以下几个方面入手：

1. 深呼吸

从生理上看，愤怒需要消耗大量的能量，你的头脑此时处于一种极度兴奋的状态，心跳加快，血液流动加速，这一切都要求有大量的氧气来补充。深呼吸后，氧气的补充会使你的躯体处于一种平衡的状态，情绪会得到一定程度的抑制。虽然你仍然处于兴奋状态，但你已有了一定的自控能力，数次深呼吸可使你逐渐平静下来。

2. 理智分析

你将要发怒时，心里快速想一下：对方的目的何在？他也许是无意中说错了话，也许是存心想激怒别人。无论哪种情况，你都不能发怒。如果是前者，发怒会使你失去一位好朋友；如果是后者，发怒正是对方所希望的，他就是要故意毁坏你的形象，你偏不能让他得逞！这样稍加分析，你就会很快控制住自己。

3. 寻找共同点

虽然对方在这个问题上与你意见不同，但很可能在别的方面你们是有共同点的。你们可搁置争议，先就共同点进行合作。

4. 回想美好时光

想一想你们过去亲密合作时的愉快时光，也可回忆自己的得意之事，使自己心情放松下来。如果你仅仅是因为一个信仰上的差异而想动怒，你不妨把思绪带到一个令人快意的天地里：美丽的海滩、柔和的阳光、广阔的大海……你会觉得，人生是如此美好，大自然是如此包罗万象，人也应该有它那样博大的胸怀，不能执着于蝇头小利。想到这些，你就容易克制自己的怒气了。

心平气和的智慧

在怒火中放纵，无异于燃烧自己有限的生命。人生苦短，值得我们用心去品尝的东西实在太多，耗费时间和精力去生气，可以算是真正的愚行。

愤怒有信号，多加观察

有人这样说："如果你愤怒，就说明你遇到了麻烦，或者出现了问题。"但也有人说："只要愤怒是事出有因的，就不会有什么问题。"其实，愤怒情绪有迹象可循。不管愤怒的爆发是否意味着爆发者出现问题，只要留意愤怒爆发前的信号，并能对将要愤怒的反应和感觉保持高度敏感，就可能及早平息即将爆发的愤怒情绪。

因此，要随时留意愤怒的迹象，在愤怒的时候，人们的手往往会不知不觉地攥成拳头，不停地走来走去，或嘴里不停念叨、诅咒，或紧咬牙关，所以，我们应在平常多留心观察自己是否会流露出这些小动作。

吉姆的妻子希望丈夫可以变得更加善于表达自己的情感，以使他们的婚姻关系更加亲密。吉姆听从了妻子的建议，不久之后，他逐渐变得善于表达自己，他甚至把多年来压在心底的各种情绪都向妻子表达出来。

妻子对吉姆的做法感到非常不满，甚至愤怒。为此，二人前去咨询心理医生。妻子说："吉姆现在整天说我让他多么生气，我烦透了。""不是你希望他更善于表达自己吗？"医生反问说。吉姆的妻子解释说自己只是想听一些正面的情绪，而不是整天听丈夫说他自己有多生气，生气是他的问题，可以不要说出来。

医生说，其实，吉姆现在很难控制自己的情绪，特别是没有在愤怒初期就控制好它而导致大怒，他仍然不善于表达自己的情绪。医生建议他们努力去发现对方愤怒的信号，共同解决问题。在医生和妻子的帮助下，吉姆再也不会轻易地生气了。

像吉姆一样，留心捕捉愤怒的信号，才更有利于控制自己的情绪。俗话说：

"当断不断，必受其乱。"同样的道理，愤怒时应立即采取措施。当我们发现自己发怒的信号时，可以通过数数，从 1 数到 10，先让自己平静下来。但是，90% 的人在快要发怒时往往没有立即采取措施，以致愤怒很快就会升级到暴怒。不能任愤怒等情绪自然而然地发展，越早控制住自己的愤怒越好。

乔治和女朋友为一个周末共同制订了一些计划，但女朋友在未告知他的情况下擅自更改了计划，乔治为此感到闷闷不乐。他向一位心理专家咨询解决方法。专家听了他的诉说，说如果把生气的程度分为 10 个等级，问乔治当他听说女朋友改变主意时有多不高兴。乔治说大约 4 级。

专家把 1 到 3 级称为不高兴，把 4 到 6 级称为愤怒。那么，乔治的 4 级就是愤怒了。乔治当时也没有把那种生气的感觉告诉女朋友。他经常把怒火藏在心里。"接下来发生了什么？"专家问。

"后来我们一起出去吃饭，等了半天，餐厅的饭菜还没有上来，这时我越来越生气。"乔治说那时自己的生气程度已经达到 6 级或者 7 级，离暴怒只有一步之遥。"后来你怎么做？"专家又问。

乔治说他当时只想让自己平静下来，但并未采取任何措施。随后就和女朋友去看棒球比赛了。后来，他们就在车里吵了起来。乔治当时非常生气，愤怒地一拳打在汽车的通风口上，把它打碎了。乔治说那时他生气的程度肯定有 9 级或 10 级。

上述案例中，乔治没有注意到自己愤怒的信号，没有把自己生气的情绪告诉给他的女友，进而发生的一连串事情让他越来越生气，以致到最后完全爆发，情绪由愤怒变为暴怒。

在生气程度的 10 个等级中，"不悦"和暴怒分别处在等级序列的两端。通常情况下，你不必为自己的"不悦"而操心。感到不悦一般不是什么问题，但前提是这种感觉不会往前发展。那么，怎样才能抑制它的不断发展呢？不妨这样去做：不要把情况想得过分严重，用正确的眼光看待问题。不要把一些问题个人化。或许别人根本没有意识到给你带来的不快，你应该意识到这并不是针对你本人。不要只想着指责别人，应该换位思考，从别人的角度看问题。不要总想着报复。把某事归咎于某人后，下一步往往就是报复对方。

遇到不开心的事，要去想想怎样做才能不让这种不悦的感觉升级为愤怒。千万不要让负面情绪进一步发展，这样只会让你变得愈加愤怒。要告诉自己：不要因为这些小事情让自己的心情变得糟糕，让自己怒不可遏。

心平气和的智慧

随时随地留意愤怒，关注愤怒，化解愤怒，才能保持快乐和幸福。

不要落入别人挖设的陷阱

人的情绪中有两大暴君，其中之一就是愤怒，它常常与单枪匹马的理性抗衡，然而人的感性很多时候大于于人的理性。不去生气的人是聪明的，一个人必须学会自我调控，否则就会落入别人挖设的陷阱。

1809 年 1 月，拿破仑从西班牙战事中抽出身来匆忙赶回巴黎。他的间谍告诉他外交大臣塔里兰密谋造反。一抵达巴黎，他就立刻召集所有大臣开会。他坐立不安，含沙射影地点明塔里兰的密谋，但塔里兰却没有丝毫反应。这时候，拿破仑无法控制自己的情绪，忽然逼近塔里兰说："有些大臣希望我死掉！"但塔里兰依然不动声色，只是满脸疑惑地看着他，拿破仑终于忍无可忍了。

他对着塔里兰粗鲁地喊道："我赏赐你无数的财富，给你最高的荣誉，而你竟然如此伤害我，你这个忘恩负义的东西，你什么都不是，只不过是穿着丝袜的一只狗。"说完他转身离去了。其他大臣面面相觑，他们从来没有见过拿破仑如此暴怒。

塔里兰依然一副泰然自若的样子，他慢慢地站起来，转过身对其他大臣说："真遗憾，各位绅士，如此伟大的人物竟然这样没礼貌。"

皇帝的暴怒和塔里兰的镇静自若像瘟疫一样在人们中间传播开来，拿破仑的威望迅速降低了。

伟大的皇帝在盛怒下失去冷静，人们开始感觉到他已经走下坡路了，如同塔里兰事后预言："这是结束的开端。"

塔里兰激起了拿破仑的怒气，让他的情绪失控，这正是他的目的。人人都知道了拿破仑是一个容易发怒的人，他已经失去了作为一个领导的权威，这种负面效果影响了人民对他的支持。面对大臣企图密谋造反这样的事，焦躁和不安只能起到相反的作用，这说明他已经失去了主宰大局的绝对权力。

其实，在这种情况下，拿破仑如果采用不同的做法，那结果便会大相径庭。他首先应该思考：他们为什么会反对自己？他也可以私下探听，从手下的士兵身上了解自己的缺陷，更可以试着争取让他们回心转意支持自己，或者干脆杀掉他们，将他们下狱或处死，杀一儆百。所有这些策略中，最不明智的就是激烈攻击和孩子气的愤怒。

愤怒起不到威吓效果，也不会鼓励忠诚，只会引发疑虑和不安，暴露出自己的弱点，地位也因此摇摇欲坠。这种狂风暴雨式的爆发，往往是崩溃的先声，谋略和战斗力也会在愤怒的情绪中消散，所以永远保持客观与冷静的态度至关重要。

愤怒容易让人失去理智，愤怒者把一点小事看得像天一样大，过于认真让他们夸大了自身受到的伤害。他们以为愤怒可以让自己在别人眼中更具有权力，其实不是这样的。他们不仅不会被认为拥有权力，反而会被认为缺乏理智，难成大气候。怒气会让你失去别人对你的敬意，会认为你缺乏自制力而更加轻视你。

心平气和的智慧

如果愤怒的情绪已经产生，要做的不是控制和压抑，而是转变一个角度去思考，想想发怒的严重后果，这样你就能让自己冷静下来了。

总为无谓的小事抓狂

在生活中，经常动怒生气的人气量狭隘，不讨人喜欢，而"泰山崩于前而色不变"的人则备受人们喜爱。事实上，多数让我们产生急躁情绪进而发怒的事情只是一些不足挂齿的小事。

但生活中，人们往往容易为一点小事而使情绪失控，继而发怒，也正因为这样，往往会因小失大。

有一场举世瞩目的赛事，台球世界冠军已走到卫冕的门口。他只要把最后那个8号球打进球袋，凯歌就奏响了。就在这时，不知从什么地方飞来一只苍蝇。苍蝇第一次落在握杆的手臂上。有些痒，冠军停下来。苍蝇飞走了，这回竟飞落在了冠军锁着的眉头上。冠军只好不情愿地停下来，烦躁地去打那只苍蝇。苍蝇又轻捷地脱逃了。

冠军做了一番深呼吸再次准备击球。天啊！他发现那只苍蝇又回来了，像个幽灵似的落在了8号球上。冠军怒不可遏，拿起球杆对着苍蝇击去。苍蝇受到惊吓飞走了，可球杆触动了8号球，8号球当然也没有进袋。按照比赛规则，该轮到对手击球。对手抓住机会死里逃生，一口气把自己该打的球全打进了。

卫冕失败，冠军恨死了那只苍蝇。在观众的喧哗声中，冠军不堪重负，不久就结束了自己的生命。临终时他对那只苍蝇还耿耿于怀。

一只苍蝇和一个冠军的命运胶着在一起，也许是偶然的。倘若冠军能制怒，并静待那只苍蝇飞走，故事的结局或许可以重写。人们如果不能及时消除自己的愤怒情绪，必然也会被生活中的种种琐事困扰，为无谓的小事抓狂，甚至造成生命中的悲剧。

心智成熟的人必定能控制住自己的愤怒情绪与行为。当你在镜子前仔细地审思自己时，会发现你既是自己的最好朋友，也是你的最大敌人。

心平气和的智慧

当你生气时，你要问自己：一年后，生气的理由是否还那么重要？这会使你对许多事情得出正确的看法。

愤怒不能随心所欲

梁实秋说过："血气沸腾之际，理智不太清醒，言行容易逾分，于人于己都不宜。"富兰克林也曾说过："以愤怒开始，以羞愧告终。"《圣经》里也说："可以激动，但不可犯罪。可以愤怒，但不可含愤终日。"这就告诉我们要把握愤怒的度，愤怒要有底线，不可无顾忌地发怒，否则于人于己都不利。

我们都知道，愤怒往往是由于自己受到比较大的伤害，或者原本希望用理性的方式表达愿望，但在失望之后，才不得已采取了愤怒的方式。当然，社会允许你在一定范围内发泄情绪，也就是说愤怒是有底线的，因为极端的愤怒不是伤人就是伤己，有时还会造成两败俱伤的局面，甚至还会干扰人际关系，影响个人的思维判断，造成不可控制的后果。因而，正确理解愤怒的限度，才有可能把愤怒的苗头消灭在萌芽状态，特别是在愤怒发生时，正确地引导从而消解愤怒，解决矛盾，这才是最重要的。

伊凡四世是沙皇俄国的第一任沙皇，因为其执政手段残酷，他被后人称为"恐怖的伊凡"，他同样也将这种恐怖的手段施之于平民。

在他用军队征服了诺夫格罗德市之后，诺夫格罗德的居民因留恋自己独立开放的文明，他们仍习惯性地与立陶宛人、瑞典人进行贸易。尤其是在城市被侵占之后，这里的居民反抗、逃亡和袭击禁卫军的事件屡屡发生。伊凡知道这个小城市的居民袭击自己的军队之后，异常愤怒。他将其视为挑衅，并不停地咒骂，而且发布讨伐的命令。

他亲率禁卫军和1500名特种常备军弓箭手，于1570年1月2日来到诺夫格罗德城下。他命令士兵们在城市周围筑起栅栏，防止有人逃跑。教堂上锁，任何人不准入内避难。

之后在伊凡所在的广场，每天，大约有1000位市民，包括贵族、商人或普通百姓，被带到伊凡面前，不听取其任何的辩护，不管这些人有罪没罪，只要是诺夫格罗德城的人他就对其用刑。鞭打、裂肢、割舌头等各种残酷的刑法他都用尽。很多居民还被扔入冰冷的水里，浮出水面的人，伊凡就命令士兵用长矛将其活活地刺死。这场恐怖的屠杀共持续了 5 个星期，诺夫格罗德城大概有两万多人被屠杀，这场残酷的屠杀在历史上是非常罕见的，也是令人发指和痛斥的。

伊凡的残暴不仁，是因为他手中有可怕的权力，这是一个比较极端的例子，但是也能说明不受控制、没有底线的愤怒，就像愈烧愈烈的火焰一样，直到把身边的一切都烧毁。我们手中没有至高无上的权力，所以我们的愤怒不会大面积燃烧。但是，没有底线的愤怒还是会对我们身边的人造成伤害。

在愤怒的时候，人们往往容易冲动，大脑失去了理智的控制，就会造成不堪想象的后果。人们也常常用极端的方式来发泄自己的愤怒，以父母批评孩子为例，因为孩子的成绩不好或者表现不佳，父母有时对孩子大打出手，结果孩子不仅身体觉得疼痛，心理上也会受到伤害，他们可能会仇视父母，而且心理上还可能会埋下阴影，对其未来的发展非常不利。

因而，在"愤怒"的时候，要善于将愤怒的"冲动"变成"理性"的"思考"。当遇到不平的事情时，可以愤怒，但是不能表现得太过激烈。激愤的时候要懂得控制自己的情绪，避免出现丑态，更不能恶语伤人，甚至出现暴力等过激行为。由于情绪失控而做出伤害别人的事情，日后要想弥补就很困难了。

心平气和的智慧

愤怒可以用理智予以控制，对一些不开心的小事，与其憋在心里，让自己生闷气，不如把它抛在脑后，以保持心境的平静。确立了这种意识，就可以逐步实现控制愤怒情绪的目标，并且能够提高自己的忍耐力和毅力。

主动抑制愤怒情绪

也许有人会问，为什么我们现在的人常常要发怒，而古人却不像我们这样？花几分钟时间，让我们好好思考一下其中的原因。

现在，愤怒似乎成了现代人的一种通病。

现代人的生活节奏比以往任何时期都快，于是形成了一种张力，好像小提琴上的琴弦不断拉紧以致最后断裂。预期的目标未能实现——不管是生活中的琐事，学校里的成绩排名，还是工作中的种种不如意，所有这些及其他诸如此类的烦恼引起失望，一旦它得不到排解，人就会产生愤怒。

我们把日程表安排得愈来愈满，直到有一天生气之后才问自己："我干吗发这么大的脾气？"这很简单——你在短短的时间内要做的事情太多了，但你没有做好，事情出了点意外，于是你觉得懊恼，并因此而感到惭愧，因为你肯定"有修养的人"是不发怒的，而你却动怒，你就因此而讨厌自己了。

愤怒是一种不良和有害的情绪。一个人经常发火，不仅会影响与朋友或同事之间的团结，影响工作，还容易把矛盾激化，无助于问题的解决。对此，你可以试试下面的方法，在愤怒处于萌芽状态时就控制住它。

1. 容忍克制

俗话说："壶小易热，量小易怒。"动辄发脾气、动肝火是胸襟狭窄、气量狭小的表现。有一位心理学家忠告："气量大一点吧，如果我们每件事情都要计较，就无法在这大千世界里生活下去。"要做到克制怒气，就必须有很高的修养，有修养的人才是有克制力的人。一个胸怀坦荡的人，是绝不会为一些区区小事而随意发火的。即使遇到不顺心的事或受到不公正的待遇时，也能做到心平气和地讲道理，心态和平地解决矛盾和问题。

2. 保持沉默

有一位智者曾经这样说过："沉默是最安全的防御战略。"当意识到自己要发火时，最好的办法是约束自己的舌头，强迫自己不要讲话，采取沉默的方式，这样会有助于头脑冷静，让沉默成为一种保持身心平衡、抑制精神亢奋的灵丹妙药，不借外力而能化解怒气。

3. 及时回避

面对生活中可能刺激我们生气的人物和环境时，只要条件允许，不妨采取"三十六计，走为上策"的策略。这样，眼不见，心不烦，火气就消了一半。

4. 自我提醒

快要发火时，只要自己还能自我控制，就要试着用意识驾驭自己的情感，警告自己："我这时一定不能发火，否则会影响团结，把事情搞砸。"心中默念："不要发火，息怒、息怒。"这样坚持下去，就会收到一定的效果。

5. 转移注意力

根据一项心理学研究，在受到令人发火的刺激时，大脑会产生强烈的兴奋灶，这时如果有意识地在大脑皮质里建立另外一个兴奋灶，用它去取代、抵消或削弱引起发火的兴奋灶，就会使火气逐渐缓解和平息。例如，转移话题、找些开心快乐的事情干，听让自己愉快的音乐、戏曲，阅读引人入胜的小说、诗歌或出去走走，等等。

其实，做到不生气并不难。心理医学研究表明，一个人心情舒畅、精神愉快，中枢神经系统就处于最佳功能状态，这时内脏及内分泌活动在中枢神经系统调节下保持平衡，从而会使整个机体保持协调，充满活力，身体自然健康。

心平气和的智慧

生活中愤怒的情绪难以完全避免，但只要理智地对待，学会掌握各种制怒的方法，愤怒伤身的事是可以减少的。

第四章

想得开、放得下，别被坏脾气拖进痛苦的深渊

在这个世界上，为什么有的人活得轻松，有的人活得沉重？生活中的担忧和懊恼让我们心神不宁，迷茫和困惑让我们找不到人生方向，愤怒和冲动让我们控制不了自己，抱怨和焦躁让我们变得心浮气躁……这些不良情绪给我们的生活带来的困扰，该如何排解呢？其实，能否快乐的秘方很简单，就在于拿得起的同时是否依然能够放得下、想得开。

做人不可过于执着

宋代大文学家苏东坡善作带有禅境的诗，曾写过："人似秋鸿来有信，事如春梦了无痕。"这两句诗充分地将佛理中的"无常"现象告诉世人。南怀瑾对苏轼这首诗的解释非常有趣："人似秋鸿来有信"，即苏东坡要到乡下去喝酒，去年去了一个地方，答应了今年再来，果然来了；"事如春梦了无痕"，意思是一切的事情过了，像春天的梦一样，人到了春天爱睡觉，睡多了就梦多，梦醒了，梦留不住也无痕迹。

人生本来如大梦，一切事情过去就过去了，如江水东流一去不回头。老年人常回忆，想当年我如何如何……那真是自寻烦恼，因为一切事不能回头的，像春梦一样了无痕。

人世的一切事、物都在不断变幻。万物有生有灭，没有瞬间停留，一切皆是

51

"无常"，如同苏轼的一场春梦，繁华过后尽是虚无。

现代著名的女作家张爱玲，对繁华的虚无便看得很透。她的小说总是以繁华开场，却以苍凉收尾，正如她自己所说："小时候，因为新年早晨醒晚了，鞭炮已经放过了，就觉得一切的繁华热闹都已经过去，我没份了，就哭了又哭，不肯起来。"

张爱玲生于旧上海名门，她的祖父张佩纶是当时的文坛泰斗，外曾祖父是权倾朝野、赫赫有名的李鸿章。凭着对文字的先天敏感和幼年时良好的文化熏陶，张爱玲7岁时就开始了写作生涯，也开始了她特立独行的一生。

优越的生活条件和显赫的身世背景并没有让张爱玲从此置身于繁华富贵之乡，相反，正是这优越的一切让她在幼年便饱尝了父母离异、被继母虐待的痛苦，而这一切，却不为人知地掩藏在繁华的背后。

其实，纸醉金迷只是一具华丽的空壳，在珠光宝气的背后通常是人性的沉沦。沉迷于荣华富贵的人通常是肤浅的人，在繁华落尽时他会备受煎熬。转头再看，执着于尘俗的快乐，执着于对事物的追求，往往最受连累的就是自己，因为你通常会发现，你所执着的事物其实并不有趣，而且时有令你一无所得。

赵州禅师是禅宗史上有名的大师，他对执着也有很精彩的解释。一次，众僧们请赵州禅师住持观音院。某天，赵州禅师上堂说法："比如明珠握在手里，黑来显黑，白来显白。我老僧把一根草当作佛的丈六金身来使，把佛的丈六金身当作一根草来用。菩提就是烦恼，烦恼就是菩提。"有僧人问："不知菩提是哪一家的烦恼？"赵州禅师答："菩提和一切人的烦恼分不开。"又问："怎样才能避免？"赵州禅师说："避免它干什么？"

又有一次，一个女尼问赵州禅师："佛门最秘密的意旨是什么？"赵州禅师就用手掐了她一下，说："就是这个。"女尼道："没想到您心中还有这个？"赵州禅师说："不！是你心中还有这个！"

赵州禅师的话语给我们以足够的启示。人为什么放不下种种欲望？为什么追求种种虚华？就因为他们还没有看清事物的表象，心存欲念，执着不忘。

真正的虚空是没有穷尽的，它也没有分断昨天、今天、明天，也没有分断过去、现在、未来，永远是这么一个虚空。天黑又天亮，昨天、今天、明天是现象的变化，与这个虚空本身没有关系。天亮了把黑暗盖住，黑暗真的被光亮盖住了吗？天黑了又把光明盖住，互相更替。

心平气和的智慧

如果人们能体会到"事如春梦了无痕"的境界，那就不会生出这样那样的烦恼了，也就不会陷入怪圈不能自拔。

放掉无谓的固执

马祖道一禅师是南岳怀让禅师的弟子。他出家之前曾随父亲学做簸箕，后来父亲觉得这个行当太没出息，于是把儿子送到怀让禅师那里去学习禅道。在般若寺修行期间，马祖整天盘腿静坐，冥思苦想，希望能够有一天修成正果。有一次，怀让禅师路过禅房，看见马祖坐在那里面无表情，神情专注，便上前问道："你在这里做什么？"马祖答道："我在参禅打坐，这样才能修炼成佛。"怀让禅师静静地听着，没说什么走开了。第二天早上，马祖吃完斋饭准备回到禅房继续打坐，忽然看见怀让禅师神情专注地坐在井边的石头上磨些什么，他便走过去问道："禅师，您在做什么呀？"怀让禅师答道："我在磨砖呀。"马祖又问："磨砖做什么？"怀让禅师说："我想把他磨成一面镜子。"马祖一愣，道："这怎么可能呢？砖本身就没有光明，即使你磨得再平，它也不会成为镜子的，你不要在这上面浪费时间了。"怀让禅师说："砖不能磨成镜子，那么静坐又怎么能够成佛呢？"马祖顿时开悟："弟子愚昧，请师父明示。"怀让禅师说："譬如马在拉车，如果车不走了，你使用鞭子打车，还是打马？参禅打坐也一样，天天坐禅，能够坐地成佛吗？"

马祖一心执着于坐禅，所以始终得不到解脱，只有摆脱这种执着，才能有所进步。成佛并非执着索求或者静坐念经就可，必须要身体力行才能有所进步。一开始终日冥思苦想着成佛的马祖，在求佛之时，已经渐渐沦入歧途，偏离了参禅学佛的本意。马祖未能明白成佛的道理，就像他没有明白自己的本心一样，他不了解自己的内心如何与佛同在，所以他犯了"执"的错误。

百丈禅师每次说法的时候，都有一位老人跟随大众听法，众人离开，老人亦离开。忽然有一天老人没有离开，百丈禅师于是问："面前站立的又是什么人？"老人云："我不是人啊。在过去迦叶佛时代，我曾住持此山，因有位云游僧人问：'大修行的人还会落入因果吗？'我回答说：'不落因果。'就因为回答错了，使我被罚变成为狐狸身而轮回五百世。现在请和尚代转一语，为我脱离野狐身。"老人于是问："大修行的人还落因果吗？"百丈禅师答："不昧因果。"老人大悟，作礼说："我已脱离野狐身了，住在山后，请按和尚礼仪葬我。"百丈禅师真的在后山洞穴中，找到一只野狐的尸体，便依礼火葬。

这就是著名的"野狐禅"的故事，那个人为什么被罚变身狐狸并轮回五百世呢？就是因为他执着于因果，所以不得解脱。修佛也好，参禅也好，在认识和理解禅佛之前，修行者必须要先认识自己的本身，然后发乎情地做事，渐渐理解禅佛之意。如果执着于认识禅佛之道，最后连本身都不顾了，这就是本末倒置的做法。就像一个人做事之前，必须要理解自身所长，才能放手施为地去做事。如果只看到事物的好处而忽略了自身能力，又怎么可能将事情做好呢？这便是寻明心、安身心的魅力所在。

心平气和的智慧

执着就像一个魔咒，令人心存挂念，不能自拔，最后常令人不得其果，操劳心神，反而迷失了对人生、对自身的真正认识。

不要让小事情牵着鼻子走

在非洲草原上，有一种不起眼的动物叫吸血蝙蝠，它的身体极小，却是野马的天敌。这种吸血蝙蝠靠吸食动物的血生存。在攻击野马时，它常附在野马腿上，用锋利的牙齿迅速、敏捷地刺入野马腿里，然后用尖尖的嘴吸食血液。无论野马怎么狂奔、暴跳，都无法驱逐。吸血蝙蝠可以从容地吸附在野马身上，直到吸饱才满意而去。野马往往是在暴怒、狂奔、流血中无奈地死去。

动物学家们百思不得其解，小小的吸血蝙蝠怎么会让庞大的野马毙命呢？于是，他们进行了一项实验，观察野马死亡的整个过程。结果发现，吸血蝙蝠所吸的血量是微不足道的，远远不会使野马毙命。但通过进一步分析得出结论：一致认为野马的死亡是它暴躁的习性和狂奔所致，而不是因为吸血蝙蝠吸血致死。

一个理智的人，必定能控制住自己所有的情绪与行为，不会像野马那样为一点儿小事抓狂。

上班时堵车堵得厉害，交通指挥灯仍然亮着红灯，而时间很紧，你烦躁地看着手表的秒针。终于亮起了绿灯，可是你前面的车子迟迟不开动，因为开车的人思想不集中。你愤怒地按响了喇叭，那个似乎在打瞌睡的人终于惊醒了，仓促地挂上了一挡，而你却在几秒钟里把自己置于紧张而不愉快的情绪之中。

美国研究应激反应的专家理查德·卡尔森说："我们的恼怒有 80% 是自己造成的。"这位加利福尼亚人在讨论会上教人们如何不生气。卡尔森把防止激动的方法归结为这样的话："请冷静下来！要承认生活是不公正的，任何人都不是完美的，任何事情都不会按计划进行。"

"应激反应"这个词从 20 世纪 50 年代起才被医务人员用来说明身体和精神对极端刺激 (噪音、时间压力和冲突) 的防卫反应。

现在研究人员知道，应激反应是在头脑中产生的。即使是非常轻微的恼怒情绪中，大脑也会命令分泌出更多的应激激素。这时呼吸道扩张，使大脑、心脏和肌肉系统吸入更多的氧气，血管扩大，心脏加快跳动，血糖升高。

埃森医学心理学研究所所长曼弗雷德·舍德洛夫斯基说："短时间的应激反应是无害的。"他说，"使人受到压力是长时间的应激反应。"他的研究结果表明：61% 的德国人感到在工作中不能胜任；有 30% 的人因为觉得不能处理好工作和家庭的关系而有压力；20% 的人抱怨同上级关系紧张；16% 的人说在路途中精神紧张。

理查德·卡尔森的一条黄金规则是："不要让小事情牵着鼻子走。"他说："要冷静，要理解别人。"他的建议是：表现出感激之情，别人会感觉到高兴，你的自我感觉会更好。

学会倾听别人的意见，这样不仅会使你的生活更加有意思，而且别人也会更喜欢你；每天至少对一个人说，你为什么赏识他，不要试图把一切都弄得滴水不漏。不要顽固地坚持自己的主张，这会花费许多不必要的精力。不要老是纠正别人，常给陌生人一个微笑，不要打断别人的讲话，不要让别人为你的不顺利负责。要接受事情不成功的事实，天不会因此而塌下来；请忘记事事都必须完美的想法，你自己也不是完美的。这样生活会突然变得轻松许多。

现在，把你曾经为一些小事抓狂的经历写在这里，然后把你现在对这些事的看法也写下来，对比之下，相信你会有更深的认识。

心平气和的智慧

当你抑制不住自己的情绪时，你要学会问自己：一年前让你抓狂时的事情到现在来看还是那么重要吗？不为小事抓狂，你就可以对许多事情得出正确的看法。

换种思路天地宽

有位老婆婆有两个儿子，大儿子卖伞，小儿子卖扇。雨天，她担心小儿子的扇子卖不出去；晴天，她担心大儿子的生意难做，终日愁眉不展。

一天，她向一位路过的僧人说起此事，僧人哈哈一笑："老人家你不如这样想：雨天，大儿子的伞会卖得不错；晴天，小儿子的生意自然很好。"

老婆婆听了，破涕为笑。

悲观与乐观，其实就在一念之间。

世界上什么人最快乐呢？犹太人认为，世界上卖豆子的人应该是最快乐的，因为他们永远也不用担心豆子卖不完。

假如他们的豆子卖不完，可以拿回家去磨成豆浆，再拿出来卖给行人；如果豆浆卖不完，可以制成豆腐；豆腐卖不成，变硬了，就当作豆腐干来卖；而豆腐干卖不出去的话，就把这些豆腐干腌起来，变成腐乳。

还有一种选择是：卖豆人把卖不出去的豆子拿回家，加上水让豆子发芽，几天后就可改卖豆芽；豆芽如果卖不动，就让它长大些，变成豆苗；如果豆苗还是卖不动，再让它长大些，移植到花盆里，当作盆景来卖；如果盆景卖不出去，那么再把它移植到泥土中去，让它生长。几个月后，它结出了许多新豆子。一颗豆子现在变成了上百颗豆子，想想那是多么划算的事！

一颗豆子在遭遇冷落的时候，可以有无数种精彩选择。人更是如此，当你遭受挫折的时候，千万不要丧失信心，稍加变通，再接再厉，就会有美好的前途。

条条大路通罗马，不同的只是沿途的风景，而在每一种风景中，我们都可以发现独一无二的精彩。

有一位失败者非常消沉，他经常唉声叹气，很难调整好自己的心态，因为他始终难以走出自己心灵的阴影。他总是一个人待着，脾气也慢慢变得暴躁起来。他没有跟其他人进行交流，他更没有把过去的失败统统忘掉，而是全部锁在心里。但他并没有尝试着去寻找失败的原因，因此，虽然始终把失败揣在心里，却没有真正吸取失败的教训。

后来，失败者终于打算去咨询一下别人，希望能够帮自己摆脱困境。于是，他决定去拜访一名成功者，从他那里学习一些方法和经验。

他和成功者约好在一座大厦的大厅见面，当他来到那个地方时，眼前是一扇漂亮的旋转门。他轻轻一推，门就旋转起来，慢慢将他送进去。刚站稳脚步，他就看到成功者已经在那里等候自己了。

"见到你很高兴，今天我来这里主要是向你学习成功的经验。你能告诉我成功有什么窍门吗？"失败者虔诚地问。

成功者突然笑了起来，用手指着他身后的门说："也没有什么窍门，其实你可以在这里寻找答案，就是你身后的这扇门。"

失败者回过头去看，只见刚才带他进来的那扇门正慢慢地旋转着，把外面的人带进来，把里面的人送出去。两边的人都顺着同一个方向进进出出，谁也不影响谁。

"就是这样一扇门，可以把旧的东西放出去，把新的东西迎进来。我相信你也可以做得到，而且你会做得更好！"成功者鼓励他说。

失败者听了他的话，也笑了起来。

失败者与成功者的最大区别是心态的不同。失败者的心态是消极的，结果终日沉湎于失败的往事，被痛苦的阴影笼罩，无法解脱；而成功者的心态是开放的、积极的，能从一扇门领悟到成功的哲理，从而取得更多的成就。

心平气和的智慧

心随境转，必然为境所累；境随心转，红尘闹市中也有安静的书桌。人生像是一张白纸，色彩由每个人自己选择；人生又像是一杯白开水，放入茶叶则苦，放入蜂蜜则甜，一切都在自己的掌握中。

下山的也是英雄

人们习惯于对爬上高山之巅的人顶礼膜拜，把高山之巅的人看作是偶像、英雄，却很少将目光投放在下山的人身上。这是人之常理，但是实际上，能够及时主动地从光环中隐退的下山者也是"英雄"。

有人把"隐退"当成"失败"。曾经有过非常多的例子显示，对于那些惯于享受欢呼与掌声的人而言，一旦从高空中掉落下来，就像是艺人失掉了舞台，将军失掉了战场，往往因为一时难以适应，而自陷于绝望的谷底。

心理专家分析，一个人若是能在适当的时间选择做短暂的隐退（不论是自愿还是被迫），就能迎得新的转机，因为它能让你留出时间观察和思考，使你在独处的时候找到自己内在真正的世界。

唯有离开自己当主角的舞台，才能防止自我膨胀。虽然，失去掌声令人惋惜，但换一种思维看问题，心理专家认为，"隐退"就是进行深层学习。一方面挖掘自己的阴影，一方面重新上发条，平衡日后的生活。当你志得意满的时候，是很难想象没有掌声的日子的。但如果你要一辈子获得持久的掌声，就要懂得享受"隐退"。

作家班塞说过一段令人印象深刻的话："在其位的时候，总觉得什么都不能舍，一旦真的舍了之后，又发现好像什么都可以舍。"曾经做过杂志主编，翻译出版过许多知名畅销书的班塞，在他事业巅峰的时候退下来，选择当个自由人，重新思考人生的出路。

40岁那年，欧文从人事经理被提升为总经理。三年后，他自动"开除"自己，舍弃堂堂"总经理"的头衔，改任没有实权的顾问。

正值人生巅峰的阶段，欧文却奋勇地从急流中跳出，他的说法是："我不是退休，而是转进。"

"总经理"三个字对多数人而言，代表着财富、地位，是事业身份的象征。然而，短短三年的总经理生涯，令欧文感触颇深的，却是诸多的"无可奈何"与"不得而为"。

他全面地打量自己，他的工作确实让他过得很光鲜，周围想巴结他的人更是不在少数，然而，除了让他每天疲于奔命，穷于应付之外，他其实活得并不开心。这个想法，促使他决定辞职，"人要回到原点，才能更轻松自在。"他说。

辞职以后，司机、车子一并还给公司，应酬也减到最低。不当总经理的欧文，感觉时间突然多了起来，他把大半的精力拿来写作，抒发自己在广告领域多年的观察与心得。

"我很想试试看，人生是不是还有别的路可走。"他笃定地说。

事实上，欧文在写作上很有天分，而且多年的职场经历给他积累了大量的素材。现在欧文已经是某知名杂志的专栏作家，期间还完成了两本管理学著作，欧文迎来了他的第二个人生辉煌。

事实上，"隐退"很可能只是转移阵地，或者是为了下一场战役储备新的能量。但是，很多人认不清这点，反而一直缅怀着过去的光荣，他们始终难以忘却"我曾经如何如何"，不甘于从此做个默默无闻的小人物。

改变世界，从改变自己开始

在威斯敏斯特教堂地下室里，英国圣公会主教的墓碑上刻着这样的一段话：

当我年轻自由的时候，我的想象力没有任何局限，我梦想改变这个世界。

当我渐渐成熟明智的时候，我发现这个世界是不可能改变的，于是我将眼光放得短浅了一些，那就只改变我的国家吧！

但是我的国家似乎也是我无法改变的。

当我到了迟暮之年，抱着最后一丝努力的希望，我决定只改变我的家庭、我亲近的人——但是，唉！他们根本不接受改变。

现在在我临终之际，我才突然意识到：如果起初我只改变自己，接着我就可以依次改变我的家人。然后，在他们的激发和鼓励下，我也许就能改变我的国家。再接下来，谁又知道呢，也许我连整个世界都可以改变。

这段墓文令人深思。

大文豪托尔斯泰也说过类似的话："大多数人都想改变这个世界，但没有人想改变自己。"别说命运对你不公平，其实上帝给每个人都分配了美好的将来，关键在于你有没有把握住自己的人生了。有的人用习惯的力量让自己抓住了命运的手。有的人虽然最初与命运擦肩而过，但是他们改变了自己，又让命运转回了微笑的脸。

原一平，美国百万圆桌会议终身会员，被誉为日本的推销之神，但其实在他小的时候是以脾气暴躁、调皮捣蛋、叛逆顽劣而恶名昭彰的，被乡里人称为无药可救的"小太保"。

在原一平年轻时，有一天，他来到东京附近的一座寺庙推销保险。他口若悬河地向一位老和尚介绍投保的好处。老和尚一言不发，很有耐心地听他把话讲完，然后以平静的语气说："听了你的介绍之后，丝毫引不起我的投保兴趣。年轻人，先努力去改造自己吧！""改造自己？"原一平大吃一惊。"是的，你可以去诚恳地请教你的投保户，请他们帮助你改造自己。我看你有慧根，倘若你按照我的话去做，他日必有所成。"

从寺庙里出来，原一平一路思索着老和尚的话，若有所悟。接下来，他组织了专门针对自己的"批评会"，请同事或客户吃饭，目的是让他们指出自己的缺点。

原一平把种种可贵的逆耳忠言一一记录下来。通过一次次的"批评会"，他把自己身上那一层又一层的劣根性一点点剥落掉。

与此同时，他总结出了含义不同的39种笑容，并一一列出各种笑容要表达的心情与意义，然后再对着镜子反复练习。

他开始像一条成长的蚕，在悄悄地蜕变着。

最终，他成功了，并被日本国民誉为"练出价值百万美金笑容的小个子"，被美国著名作家奥格·曼狄诺称之为"世界上最伟大的推销员"。

"我们这一代最伟大的发现是，人类可以由改变自己而改变命运。"原一平用自己的行动印证了这句话，那就是：有些时候，迫切应该改变的或许不是环境，而是我们自己。

心平气和的智慧

也许你不能改变别人，改变世界，但你可以改变自己。幸福、成功的第一步，从改变自己开始。

条条大路通罗马

鲁迅曾说："其实世上本没有路，走的人多了，也便成了路。"从另一方面来说，生活中，只会盲从他人，不懂得另辟蹊径者，将很难赢取属于自己的成功和荣耀。

其实，不一定非要拘泥于有没有人走过。人生的道路本来就有千条万条，条条大路都能通向"罗马"，每条路都是我们的选择之一。所以一旦这条路行不通，不要犹豫，立即换一条路，即使这条道上行人稀少、环境恶劣，但这往往就是通向成功宝殿的大门。行行出状元，在无力接受某一课程时，千万不要强求自己，否则只会越来越糟，耽误时间不说，还误了美好前程。

一位叫王丽的姑娘，长得端庄、秀丽。她表姐是外企职工，收入颇高，工作环境也很好，她对王丽的影响很大。王丽也想走进这个阶层，像表姐一样找到外企的工作，过上优越的生活。无奈她的外语水平太差，单词总是记不住，语法也总是弄不懂。马上要面临高考了，她想报考外语专业，可越着急越学不好。她整天想着白领阶层的生活，不知不觉便沉浸其中。

她将所有时间都押在外语上了，其他科目全部放弃。由于只有一条路，她更担心一旦考不上外语系，那就全完了。整天就想着考上以后的生活，考不上又怎么办，而全无心思专心学习。

人生很多时候都是这样的，当你专注于一条路，你往往会忽略了其他的选择。而如果你选择的那条路不是自己擅长走的，那么心理上的压力会让你变得更加茫然，更加找不到方向，你可能因此而进入了一种选择上的误区。

虽然"白日梦"是青春期常见的心理现象，但整天沉醉于其中的，往往是那些对现状不满意又无力改变的人。因为"白日梦"可以使人暂时忘记不如意的现实，摆脱某些烦恼，在幻想中满足自己被人尊敬、被人喜爱的需要，在"梦"中，"丑小鸭"变成了"白天鹅"。做美好的梦，对智者来说是一生的动力，他们会由此梦出发，立即行动，全力以赴朝着这个美梦发展，而一步步使梦想成真；但对于弱者来说，"白日梦"不啻一个陷阱，他们将在此处滑下深渊，无力自拔。

如何走出深渊呢？首先，要有勇气正视不如意的现实，并学会管理自己。这里教给你一个简单而有效的方法，就是给自己制订时间表。先画一张周计划表，把第一天至少分为上午、下午和晚上三格，然后把你在这一周中需要做的事统统写下来，再按轻重缓急排列一下，把它们填到表格里。每做完一件事情，就把它从表上划掉。到了周末总结一下，看看哪些计划完成了，哪些计划没有完成。这种时间表对整天不知道怎么过的人有独特的作用，因为当你发现有很多事情等着做，而且，当你做完一件事有一种踏实的感觉时，就比较容易把幻想变为行动了。你用行动挤走了幻想，并在行动中重塑了自己，增强了自信。

心平气和的智慧

做人要有敢于放弃的勇气和决心，梦是美好的，但毕竟是梦。与其在美梦中遐想，不如另辟他途，走出一条适合自己的路。所以该放弃就放弃，千万不要有丝毫的犹豫和留恋，并迅速踏上另一条通向"罗马"的旅途。

人生处处有死角，要懂得转弯

任何事物的发展轨迹都不是一条直线，聪明人能看到直中之曲和曲中之直，并不失时机地把握事物迂回发展的规律，通过迂回应变，达到既定的目标。

顺治元年（1644年），清王朝迁都北京以后，摄政王多尔衮便着手进行武力统一全国的战略部署。当时的军事形势是：农民军李自成部和张献忠部共有兵力四十余万；刚建立起来的南明弘光政权，汇集江淮以南各镇兵力，也不下五十万人，并雄踞长江天险；而清军不过二十万人。如果在辽阔的中原腹地同诸多对手作战，清军兵力明显不足。况且迁都之初，人心不稳，弄不好会造成顾此失彼的局面。

多尔衮审时度势，机智灵活地采取了以迂为直的策略，先怀柔南明政权，集中力量攻击农民军。南明当局果然放松了对清的警惕，不但不再抵抗清兵，反而派使臣携带大量金银财物，到北京与清廷谈判，向清求和。这样一来，多尔衮在政治上、军事上都取得了主动地位。顺治元年七月，多尔衮对农民军的进攻取得了很大进展，后方亦趋稳固。此时，多尔衮认为最后消灭明朝的时机已经到来，于是，发起了对南明的进攻。当清军在南方的高压政策和暴行受阻时，多尔衮又施以迂为直之术，派明朝降将、汉人大学士洪承畴招抚江南。顺治五年，多尔衮以他的谋略和气魄，基本上完成了清朝在全国的统治。

迂回的策略，十分讲究迂回的手段。特别是在与强劲的对手交锋时，迂回的手段高明、精到与否，往往是能否在较短的时间内由被动转为主动的关键。

美国当代著名企业家李·艾柯卡在担任克莱斯勒汽车公司总裁时，为了争取到10亿美元的国家贷款来解公司之困，他在正面进攻的同时，采用了迂回包抄的办法。一方面，他向政府提出了一个现实的问题，即如果克莱斯勒公司破产，将有60万左右的人失业，第一年政府就要为这些人支出27亿美元的失业保险金和社会福利开销，政府到底是愿意支出这27亿呢，还是愿意借出10亿极有可能收回的贷款？另一方面，对那些可能投反对票的国会议员们，艾柯卡吩咐手下为每个议员开列一份清单，单上列出该议员所在选区所有同克莱斯勒有经济往来的代销商、供应商的名字，并附有一份万一克莱斯勒公司倒闭，将在其选区产生的经济后果的分析报告，以此暗示议员们，若他们投反对票，因克莱斯勒公司倒闭而失业的选民将怨恨他们，由此也将危及他们的议员席位。

这一招果然很灵，一些原先激烈反对向克莱斯勒公司贷款的议员们不再说话了。最后，国会通过了由政府支持克莱斯勒公司15亿美元的提案，比原来要求的多了5亿美元。

有更好的机会就赶快抓住，不能一条路走到黑，生活不是一成不变的，有时候我们转过身，就会突然发现，原来我们的身后也藏着机遇，只是当时的我们赶路太急，把那些美好的事物给忽略掉了。

心平气和的智慧

俗话说："变则通，通则久！"所以在一些暂时没有办法解决的事情面前，我们应该学着变通，不能死钻牛角尖，此路不通就换条路。

换个角度，世界就会不一样

在现实生活中，情绪失控有很多原因，其中最常见的就是认为生活不如意，大事小事都与自己理想中的景象相去甚远。其实这种情况下，你大可不必死钻牛角尖，不妨换个角度来看问题，或许你就会有意料不到的收获，你的生活也就会不断充满希望与喜悦。

有这样一个故事：

在波涛汹涌的大海中，有一艘船在波峰浪谷中颠簸。一位年轻的水手顺着桅杆爬向高处去调整风帆的方向，他向上爬时犯了一个错误——低头向下看了一眼。浪高风急顿时使他恐惧，腿开始发抖，身体失去了平衡。这时，一位老水手在下面喊："向上看，孩子，向上看！"这个年轻的水手按他说的去做，重新获得了平衡，终于将风帆调整好。船驶向了预定的航线，躲过了一场灾难。

换个角度看问题，视野会开阔得多，即使处在同一个位置。我们未尝不可从多个角度去分析事物、看待事物。换个角度，其实也是一种控制情绪的好方法。

如果我们能从另一个角度看人，说不定很多缺点恰恰是优点。一个固执的人，你可以把他看成是一个"信念坚定的人"；一个吝啬的人，你可以把他看成是一个"节俭的人"；一个城府很深的人，你可以把他看成是一个"能深谋远虑的人"。

我们常常听到有人抱怨自己容貌不是国色天香，抱怨今天天气糟糕透了，抱怨自己总不能事事顺心……刚一听，还真认为上天对他太不公了，但仔细一想，为什么不换个角度看问题呢？容貌天生不能改变，但你为什么不想一想展现笑容，说不定会美丽一点儿；天气不能改变，但你能改变自己的心情；你不能样样顺利，但可以事事尽心。你这样一想是不是心情好很多？

所以，我们不妨学会淡泊一些。不要总想着"我付出了那么多""我将会得到多少"这类问题。一个人身心疲惫，情绪波动，就是因为凡事斤斤计较，总是计算利害得失。

心平气和的智慧

如果能把握一份平和的心态，换个角度，把人生的是非和荣辱看得淡一些，你就能很好地控制自己的情绪了。

适应这个变化的世界

世间万物都在变。没有变化，就会落后，就无法生存。事变我变，人变我变，适者方可生存。成功离不开变通，很多人之所以处处碰壁，最重要的原因就是不能适应这个变化的世界。

许多成功者成功的秘诀就在于善于变通。只有适时做出改变，才能克服困难，走向成功。美国名人罗兹说："生活的最大成就是不断地改造自己，以使自己悟出生活之道。"由此可知，变通就是我们遇到困难和变化时所采取的方法和手段。这种方法和手段有这样两大特点：一是根据客观情况的变化而改变自己。二是深刻理解了变化原因之后，努力去引导变化、驾驭变化。

日本丰臣秀吉当政时期，有一次，一场暴雨使得河坝溃决。当时情况非常危险，丰臣秀吉立刻赶到现场指挥，鼓舞部下的士气。然而溃决河堤必须用土包才能堵塞得住，而土包的制作需要很长时间，雨势却愈来愈凶猛，水位也跟着逐渐上涨。

就在大家议论纷纷、束手无策的时候，石田三成跑过来，他打开米仓，命令将士们将米袋搬出来，去堵塞堤防的决口。由于这项随机应变的措施，避免了一场大灾难的发生。不久，雨势渐缓，水位也下降了。这时，石田三成发布声明：如果附近的居民能够制造出可以堵住河堤缺口的土包，就用米做奖赏。周围的人纷纷响应，制造了许多坚固的土包，因此在很短的时间内，堤防就修好了，而且比以前更加牢固。看到这种情形，丰臣秀吉赞叹不已。

一位成功学大师说："历史上的伟人，第一等智慧的领导者，晓得下一步是怎么变，便领导人家跟着变，永远站在变的前头；第二等人是应变，你变我也变，跟着变；第三等人是人家变了以后，他再以比别人变得还快的速度追上去，并超越人家。"

心平气和的智慧

我们改变不了过去，但可以改变现在；我们很难改变环境与问题，但可以改变自己。擦亮发现的眼睛，变换思维的角度，千变万化将由你驾驭。

第五章

给暴脾气"降降压"，踏上从容淡定的成功旅程

工作压力过大，精神长期紧张，积压下来，使脾气变得更暴躁，但却又无地方发泄，如此一来不但影响身体健康，心理健康也大受影响，严重的还会影响人际关系。只有释放压力，以从容的姿态和轻松的心情面对工作和生活，才能从工作中找到快乐，在生活中获得幸福，更好地享受人生。

善待自己，给压力一个出口

人生苦短，不要被各种烦琐的事物所劳累，要把身边的俗事抛开，把眼前的角逐看淡点。身体是自己的，心情更是自己的，不要让自己的心理背上沉重的负担。善待自己，给压力一个出口。

人就这么短短的一辈子，干干净净地来，干干净净地走。来时与世无挂，走时却牵肠挂肚，甚至死不瞑目，是因为活得太累的缘故。

紧张的工作、生活、学习和人际交往等形成的各种压力，也许会让你无所适从。人们正遭受着前所未有的来自各方面的压力的摧残，所以你常常听见身旁的人们在喊累。人确实活得累，为父母累，为子女累，为朋友累……这种心理上的累，比身体上的累更让人难以承受，也很难得到彻底的解脱。

为什么要这样折磨自己？希望别人都认为你很能干？希望自己变成工作狂？还是希望赚更多钱改善生活？……事实上，正是这些希望使你变得更加疲惫不堪。那么，不妨反思一下你的希望。

希望别人都认为你很能干？这种希望只是为了面子好看、心里舒服罢了。要知道工作的目的应是为社会做贡献，而不是为了表现自己。

希望自己变成工作狂？对工作以外的人和事你全没兴趣吗？要知道工作只是生活的一部分，不应是你全部的人生。只知道拼命工作，身体垮了，怎能去奢谈工作和人生。

希望赚更多的钱改善生活？谁不希望有钱？但是赚钱是为了改善生活，拼命地工作使身体垮了，还有赚钱的资本吗？幸福的生活并非只靠钱财来营造。

凡是憧憬美好生活的人，都应学会善待自己。只有善待自己，才会有健康的身体，有工作的本钱，有幸福美好的生活。可见，善待自己不容忽视。

学会善待自己，就要自己给自己制造快乐。不怕小人的飞短流长，不怕"常戚戚"者的明枪暗箭，"走自己的路，让别人去说吧"，我还是我——清晨踱步户外，望一轮朝日冉冉东升；傍晚踏碎浓浓夜色，任清风从颜面拂过。愉悦的一定是心情，收获的一定是快乐。

学会善待自己，就要把功名利禄看作身外之物。心胸要宽广，要始终相信是自己的别人拿不走，不是自己的拿到手也是一只"烫手的山芋"。

学会善待自己，就是明白我们一直都在生活着，不是觉得有能力过好日子的时候，生活才开始。你必须马上改变过去一成不变的生活模式，从休闲中调整自己，陶冶自己，感受生活的幸福。想学绘画吗？赶紧拿起画笔；想学舞蹈吗？赶紧换上舞鞋；想去旅游吗？那就赶紧背起背包吧！不要压抑太多喜好，也不要收藏太多期盼，最终使自己临终时徒增遗憾，自己和自己过不去。"人生苦短，来日无多"——活着不该扭扭捏捏，活着就该扬眉吐气，洒洒脱脱，不必为鸡毛蒜皮的琐事愁眉紧锁，也不必为只言片语的不和谐而耿耿于怀。

学会善待自己，就不要让自己活得太假太累太辛苦。少一点做作，多一点真诚；少一点包装，多一点真实。只有真实了，才没有心累的感慨，才会活得轻松愉快。自己欣赏自己，生活才充满盎然生机。

学会善待自己，就要学会在各种压力面前为自己减压，卸去那些无形的枷锁。在工作、学习和生活中，要善于把压力变成动力，要为自己创造一个良好的心理环境，不要把压力变为自己的心理负担。为自己减压，要把工作看成是一件乐事，把学习当作一件有趣的事情，把生活看作是一件很平常的事。心情烦恼之时停下来歇一歇，心情快乐之时，各方面都加把劲。

心平气和的智慧

人活着就这么一辈子，苦也是过，乐也是过，劳累也是过，轻松也是过，不要为自己增压，要给压力一个出口。

克服紧张情绪，学会放松自己

生活节奏太快，人们大脑神经绷得紧紧的，不敢有半点儿松懈，害怕自己松懈时，会被别人超过。但无谓的精神过度紧张不但于事无补，反而容易使人在紧张中做出错误的决定。

生活在一个竞争激烈、快节奏、高效率的社会，不可避免会给人带来许多紧张和压力。精神紧张一般分为弱的、适度的和过度的三种。

适度的精神紧张，是人们解决问题的必要条件。但是，过度的精神紧张却不利于问题的解决。从生理学的角度来看，人若长期、反复地处于超生理强度的紧张状态中，就容易急躁、激动、恼怒，严重者会导致大脑神经功能紊乱，有损于身体健康。

因此，我们要克服紧张的心理，设法把自己从紧张的情绪中解脱出来。下面介绍几点帮你摆脱紧张：

1. 对别人要宽容

有些人对别人期望太高，他人达不到自己的期望时，便感到灰心、失望。因此，切记不要过分苛求别人的行为，而应发现其优点，并协助其发扬优点。

2. 给别人超过自己的机会

竞争是有感染性的，你给别人超过自己的机会，不但不会妨碍你的前进，而且还会在别人的带动下不断地前进。

3. 谦让

你可以坚持自己认为正确的事情，但应该静静地去做，切记不要和别人一争高低。

4. 为他人做些事情

如果你感到紧张、烦恼时，试一试为他人做些事情，你会发现，这种使人紧张、烦恼的情绪会转化为精力，让你有一种做好事的愉快感。

5. 使自己变得"有用"

很多人都有这样的感觉：认为自己被人看不起。实际上，这不过是自己的想象，是自己看不起自己，也许别人正渴望你有突出的表现。因此，你要主动一些，而不要等着别人向你提出要求。

6. 一次做一件事

在繁忙的情况下，最可靠的办法就是先做最迫切的事，把全部精力投入其中，一次只做一件，把其余的事暂时搁到一边。

7. 不要乱发脾气

如果你感到自己想要发脾气，要尽量克制一点，并用抑制下来的精力做一些有意义的事情，比如清洁居室、打球或者是散步，以平息自己的怒气。

8. 学会调整生活节奏，有劳有逸

在日常生活中要注意调整好节奏。工作学习时要思想集中，玩时要痛快。要保证充足的睡眠时间，适当安排一些文娱、体育活动。做到有张有弛，劳逸结合。

9. 降低对自己的要求

一个人如果十分争强好胜，事事都力求完善，事事都要争先，自然就会经常感到时间紧迫，匆匆忙忙。而如果能够认清自己能力和精力的限制，放低对自己的要求，凡事从长远和整体考虑，不在乎一时一地的得失，不在乎别人对自己的看法和评价，自然就会使心境松弛一些。

心平气和的智慧

生活中，如果我们能够做到有张有弛，就可以减轻紧张对我们身心造成的危害。这是一门科学，也是生活的艺术。

给 "活得累" 开个新药方

你太累了，也该歇歇了，不要为这些所谓的世俗封阻了前进的道路。给自己一点时间和空间休息，听歌、听感人的故事、出去远行等，相信你会笑着面对一切的。

现代社会中，工作和生活的节奏不断加快，竞争也日渐激烈，如果人们不注意调整自己的心态，就很容易感到身心疲劳，即人们常说的 "活得累"。

有位医生在给一位企业家进行诊疗时，劝他多多休息。这位企业家愤怒地抗议说："我每天承担巨大的工作量，没有一个人可以分担一丁点的业务。大夫，您知道吗？我每天都得提一个沉重的手提包回家，里面装的是满满的文件呀！"

"为什么晚上还要批那么多文件呢？" 医生惊讶地问道。

"那些都是必须处理的急件。" 企业家不耐烦地回答。

"难道没有人可以帮你忙吗？助手呢？" 医生问。

"不行呀！只有我才能正确地批示呀！而且我还必须尽快处理完，要不然公司怎么办呢？"

"这样吧！现在我开一个处方给你，你能否照着做呢？" 医生有所决定地说道。

企业家听完医生的话，读一读处方的规定——每天散步两小时，每星期空出半天的时间到墓地一次。企业家怪异地问道："为什么要我去墓地呢？"

"因为……" 医生不慌不忙地问答："我是希望你四处走一走，瞧一瞧那些与世长辞的人的墓碑。你仔细思考一下，他们生前也与你一样，认为全世界的事都得扛在双肩，如今他们全都永眠于黄土之中，也许将来有一天你也会加入他们的行列，然而整个地球的活动还是永恒不断地进行着，而其他世人们仍是如你一般继续工作。我建议你站在墓碑前好好地想一想这些摆在眼前的事实。"

医生这番苦口婆心的劝说终于敲醒了企业家，他依照医生的指示，放慢生活的步调，并且转移一部分职责。他知道生命的真义不在急躁或焦虑，他的心已经得到平和，也可以说他比以前活得更好，当然事业也蒸蒸日上。

"生活太累了！"我们经常听见有人喊出这样的一句话。其实，生活本身并不累，它只是按照自然规律，按照本身的规律在运转。说生活太累的人是他本人活得太累了。心理学家认为：有"活得累"想法的人，大多数得的是"心病"，也就是他们的心理失去了平衡或发生了障碍。

心累与身累的最大不同是：身累睡眠状况特好，往往一入睡就跟死猪一般，被人抬走了都醒不过来，一旦醒来，便觉浑身轻松，精神百倍；而心累时虽然十分疲乏，但睡眠状况相当不好，常常失眠，越命令自己不考虑事儿越是接二连三地考虑，甚至上下五千年、纵横八万里的事情全都涌向心头。好不容易入睡了，却不是被一点小声音弄醒，就是被梦魇惊醒，醒来后头晕目眩，跟大病了一场似的，而且很难再次入睡，往往形成恶性循环。

生活在不缺吃不少穿的小康社会里，为什么有些人还会感觉活得太累呢？究其原因有以下几点：

1. 志大运背，怀才不遇

这种人天生清高孤傲，不愿随波逐流，虽才高八斗学富五车，然偏偏遇不到赏识千里马的伯乐，致使其怨气冲天，常常发出"龙卧浅滩遭虾戏，虎落平原被犬欺；得志蠢猪充大象，落魄凤凰不如鸡"的慨叹。

2. 喜洁成癖，自讨苦吃

这种人容不得半点灰尘和一点污垢，满眼都是脏乱不堪的惨状，恨不得把所有的人和物都扔到清水中。他们把所有的休息时间消耗在清洁上了，甚至在梦里都忙个不停。

3. "忧国忧民"，事事操心

此类人智商不比别人高，但考虑的事却远比别人多，比如世界局势将会有什么新的变化等，整天把自己搞得疲惫不堪。

4. 心高命薄，事与愿违

这些人对生活期望过高，然而现实与理想相差却甚远，故时时被失望的痛苦折磨。

5. 在位谋政，诚惶诚恐

有些人把"说你行你就行不行也行，说不行就不行行也不行。不服不行"这副对联当成了座右铭。

活得累的人，应该认真分析一下自己究竟累在什么地方，心病还需心药医，确确实实地对症下药。这样，才能使自己从"活得累"中解脱出来，从而使自己生活得更加充实和快乐。给活得累的人开的药方只有4个字：修身养性。这是指面对困难和挫折鼓起勇气，树立信心；努力寻找自己在生活中的恰当位置，脚踏实地地为社会、为他人做事，以充实自己；遇事要拿得起，放得下，不要为一些个人和家庭小事斤斤计较。至于那些因为与充满竞争的社会环境及快节奏的生活不适应而感到"活得累"的人，就应该锻炼身心、磨炼自己的意志，以增强社会心理的适应能力。另外，心理调整法也是治疗"活得累"的良方，就是要做到不断纠正自己因循守旧的意识和故步自封的想法及做法，树立自信心，增强尝试新事物的勇气；怡然处世为人，树立人际关系的新观念。

心平气和的智慧

人生苦短，拼搏之余学会放松自己，给自己一点时间去休息，才可谓是享受人生。累了，当然要歇一会儿，但愿所有人都会善待自己，留下每一个歇息的足迹！

摆脱压力，轻松生活

如果工作和生活的压力太大，无法去做一些想做的事情，那么就在自己的脑海中想象一下那些你所喜爱的地方，如高山、草原、海边等，以达到放松大脑、轻松精神的目的。

放松有助于减轻生活造成的压力，带给你安详平和的心境。

有一位雄心勃勃的私企老总，企盼公司能够更加迅速地发展壮大，并为此拼命工作。他对下属和自己都制定了严格的要求。他每天工作超过14个小时，公司、家里都有办公室。一段时间之后，他发现自己的脾气变得挑剔，经常莫名其妙地发火，而且记忆力明显减退。随后他又发现自己的身体状况开始下降，变得瘦弱。但是他仍然一如既往地工作。终于有一天，在他洗澡的时候，他躺在浴缸里爬不起来了，他的一条腿不能动了。这时他才意识到自己在不知不觉中被压力击垮了！

压力有两种：一种对你有益；另一种对你则有害。当你对某件事情感兴趣的时候，那就是有益的压力。此时，你会心跳加速，血压稍微升高、体内释放出肾上腺素，而且呼吸变得急促。有害的压力也会产生同样的心理反应，但这些反应对你的身体并没有好处。

由于收入不稳定、上司不够体恤、工作能力不足等其他类似原因所产生的有害压力，会导致愤怒、挫折、精疲力竭、沮丧、头痛、高度紧张、失眠、注意力无法集中、消化不良、厌食、喜怒无常、高血压、中风、心脏病，或是因为免疫系统的失调而导致无法抵抗感冒和病毒，甚至会虐待配偶和小孩。因此，必须控制这种压力，具体可采用以下方法：

（1）让自己彻底放松一下。比如：读一篇小说，唱歌或者干脆什么也不干，坐在窗前发呆。这时候关键是你内心的体会，一种宁静，一种放松。

（2）至少记住今天发生的一件好事情。不管你今天多辛苦或是多不开心，回到家里，都应该把今天的一件好事情同家人分享。

（3）一次只担心一件事情。女人的焦虑往往超过男人。哈佛大学的研究人员对166名已婚夫妇进行了6个星期的研究，发现因为女人更爱方方面面地考虑问题，所以比男人更容易感到压力。她们会考虑自己的工作、体重，还有每个家庭成员的健康等。

（4）享受按摩的乐趣。不仅包括传统的全身按摩，还有足底按摩、修指甲或美容等，这些都能让你的精神松弛下来。

（5）放慢你的速度。也许每天你的桌上摆满了要看的文件，你的右手在接听电话，左手还要翻看资料。你要应付形形色色的人，说各种各样的话。那么你一定要记住，尽量保持乐观的态度，放慢你的速度。

（6）不要太严肃。建议你和朋友一起说个小笑话，大家哈哈一笑，气氛活跃了，自己也放松了。研究表明，笑不仅能减轻紧张，还有增进人体免疫力的功能。

（7）不要让否定的声音围绕自己，而把自己逼疯。别人也许会说你这不行那不行，实际上自己也是有着许多优点的，只是他们没发现而已。

（8）每天集中精力几分钟。比如现在的工作就是把这份报告打好，其他的事情一概抛在脑后，不去想。在工作的间隙，你也可以花上 20 分钟的时间放松一下，仅仅是散步而不考虑你的工作，仅仅专注于你周围的一切，比如你看见什么，听见什么，感觉到什么，闻到什么气味等。

（9）说出或写出你的担忧。写下来或是与朋友一起谈一谈，至少你不会感觉孤独而且无助。

（10）不管你有多忙碌，一定要锻炼。研究人员发现，经过 30 分钟的踏脚踏车的锻炼后，被测试者的压力水平下降了 25%，或者到健身房快走 30 分钟，或者在起床时进行一些伸展练习都行。

心平气和的智慧

抛开一切事情，什么也不干，把自己从混乱无章的感觉中解救出来，让头脑得到彻底的净化，放松一下，你的生活将会得到很大的改善。

尖叫可以释放压力

由于工作和生活的节奏快，与人沟通少，人们难免造成压力过大。研究表明，通过尖叫的方式，不仅可以把自己心中的压力发泄出来，而且对身心健康也有一定的帮助。

大声尖叫并非是一无是处，比如说，它能缓解人的精神压力，给人一个释放的空间。许多心理治疗师认为：一切形态的不快乐与不健康都起源于情绪得不到表达。你可曾留意，好好哭一场、捧腹大笑一阵，或者跟一个朋友或家人进行澄清猜疑、化解矛盾的一席谈话之后，你感到多么舒坦！

现在你需要做的就是打开所有能使你能抒发各种情绪的管道：你的心智、你的呼吸、你的声音。此事望之复杂，实则不然，你只要尖叫就行。

不妨拎个软软的枕头，走进一个你能独处几分钟的房间。先做个很深很深的呼吸，用枕头盖住脸，然后尽你所能大声尖叫或高吼。再深呼吸，然后再用枕头盖住脸尖叫。如此一而再，再而三。一直到你觉得自己所有情绪都已透过肺呼吸、声带的声音释放出去时，再停止。

想出你的生活里，甚至世界上，你反对的一切事物，对着枕头，可试着大叫"不对！"如果你觉得疲惫、沮丧和懊恼，就大喊"我厌透了疲倦、沮丧和懊恼！"假使你感觉到幸福快乐，就喊"呀噢！"想出你生气的每个人，大叫"气死人了！"想出你爱的所有人、所有事物，大叫"好！"或"我爱你！"

如果感到胃中灼热或背上疼痛，喊出来；如果感到颈部僵硬或胸腔紧收，喊出来。直到你身体里最后一个细胞说："我喊完了，再无怨言了。"这时候，静静安坐片刻，集中知觉感受一下解脱压抑情绪的滋味。在日常生活中，要抒发你的情绪，就要培养这种解脱感，这就是快乐之道。

心平气和的智慧

只要感受到情绪就要表达出来，完全抒发，不要有任何迟疑保留。这样人会变得心平气和，不受任何"包袱"拖累。

旅游，让你的心快乐飞翔

旅行最大的快乐在于"逃"。逃离压力沉重的工作环境，逃开围绕身旁不断催促你结婚的家人长辈，成为一个无拘无束、自由自在、游山玩水的闲云野鹤。旅行的个中滋味，要亲自试过才能体会得到。

生活太疲惫了，很多问题纠缠在一起，理不清头绪。你必须走开，旅行，就成为一个很好的脱逃借口。从沉重的工作、复杂的人际关系，甚至最亲密的家人朋友当中，解脱出来，给自己一个喘口气的机会。出去走一趟，至少可以把这些人和事都抛在脑后，回来做一个新人。

明代有个浪漫的旅行家叫徐霞客，他用自己的双脚丈量着青山绿水，将毕生的心血用于旅行和探险，写下了一本奇书——《徐霞客游记》，让后人艳羡不已。古人旅游，是很让人遐想的。富人揽马，贫者骑驴，或携一壶酒，或捧一卷诗，走走停停，随处行吟赋歌，且歌且乐走天涯。登山远望则直抒胸臆，临水遐思则缠绵徘徊，爱花爱草，羡鸥羡鸽，中秋月下伤远游，山中鹧鸪感离家。途中遇友，四海皆兄弟，把酒言欢，不亦乐乎!

我们现代人旅游也要有古人的情怀，学学人家的情致，仿仿人家的潇洒，力求一个 "风雅高格调" ——不是让你出格，而是让你追求独特的品位。

当你的生活始终处在一成不变的状况下，不如暂时脱离现有的困境出去走走。有时，并不是非得出国不可，到户外去走走，或者是到度假中心去度个假，也是不错的选择。你会感悟到旅行的确是一剂消烦解忧的良方。

也许你只想借着一趟旅行的冒险，来制造一点点生活的刺激与浪漫，不论是哪一种情况，每一个想要旅行的人，出门前的动机是不会相同的，即使是坐在同一架飞机里，飞往同一地点的人，他们的旅行目的也绝不会相同。所以，每一个人的内心都潜藏着一份对生活、生命的渴求，是在现实生活中往往无法获得的心灵企盼，却希望在一段又一段的旅行过程中，获得暂时的疏解和治疗。旅行是记忆的收藏，也是美的收藏。

5 年前，李立去欧洲旅行。

她说在离开香港之前，身兼两份工作，回家还要翻译和写企划方案，每天工作 16 小时是正常的。

一方面不堪忍受超时的工作压力，一方面也为了实现年少时环游世界的梦想，她向老板请了两个月的假，便踏出她的世界之旅的一小步。

当时她是抱着不惜辞职的心情，准备去探索世界奥秘的。

她说，在香港的生活太紧张，发现欧洲的闲散，一时让人难以适应。

欧洲人的步调适中，总透露着一份富裕之后的从容，在负荷一天16小时的工作之后，她从身边缓步而过的欧洲人身上，看到自己紧绷的神经。

走过街边的咖啡座，下午的太阳暖烘烘的，伸长了腿，细细打量着来往的行人，一坐几个钟头，动也不动，就这样悠闲地等着日影西斜。

入夜，巴黎的香榭大道上，灯火辉煌，人群摩肩接踵，喝一杯鸡尾酒，吃一个冰淇淋，聆听一首小曲，全然无视于夜色转墨。

旅行的一个月，李立开始体会到欧洲人舒缓的生活情调，把懒散的心留在欧洲。

踏足的地方多了，漂泊的经验丰富了，有些国家与民族的色彩，反而渐渐散去。最后，留下的是一个性格活泼、思想开阔、胸怀世界的成熟面貌。每一次旅行回来，都感觉自己的心灵被洗涤得清清爽爽。

即使有天大的事情，也要等回来以后再说，旅行，是一个喘息的空间。出去走走固然是一种心灵的出走，但这不是逃避，唯有了解自己的目的，才不会有过度的期待和想象。

心平气和的智慧

在旅途中挥洒情意，感悟人生。从旅途中汲取快乐，才是真正的旅游。这种快乐，不是肤浅的感官之乐，而是打动心灵，从心灵深处荡漾开来的真乐。有谁不渴望真乐？有谁不渴望真正的心灵熨帖？让我们开始吧！旅游是快乐的飞翔！

常给心灵做按摩

如今，人们讲究生活质量和生活品位，注重外部形体和容颜，而当心理疲惫时，你是否对它进行了必要的呵护？请不要忽视这种问题，这种呵护是对心理的支撑、养护和保健。经常进行心理"按摩"，是驱走不快、解决困扰的良好方法，会使你容光焕发，青春常驻。

幽默能驱走烦恼，幽默可以让烦恼变成欢畅，让痛苦变成欢乐，将尴尬变成融洽。家庭中有了幽默，便有了欢乐和幸福；夫妻间有了幽默，便能相知相契。幽默是生活的调味剂，心理健康不可缺少幽默。

笑是心理健康的润滑剂，是生活的一种艺术，它不仅有利于消除心理疲劳，而且可以活跃生活气氛。生活中有了笑声，就有了美的呼吸。在亲友们心情不快时，你不妨逗他一笑；自身产生苦恼，你不妨想件亲历的趣事引发一笑。

音乐可以陶冶情操，人可从音乐中获得力量。听歌不仅是一种美的享受，它还能调节人的情绪。当心情沮丧时，不妨听一曲你所喜爱的歌，它会把你带入另一片天地。

置身花木之中，以花为伴，与花交友，可以使人心舒气爽，忘却心中不快，心中仿佛也会开出五彩鲜花来。为了赏花之便，不妨在阳台或室内育几株花，视它们为伙伴。

运动的好处不言而喻。喜动者可跑步、爬山、打拳、练剑等，喜静者可饱览群书、习字绘画、养花钓鱼、下棋打牌。凭你的兴趣，找一种适合自己的活动方式，学会休闲，适度放松，才能拥有健康的身心。

阅读，你会发现另一方天地。古书典籍、力作精品，都是古今中外名人、伟人和涵养高深之人的智慧积淀与结晶。与书为伍，同这些人交友谈心，可使你变得更加睿智、大度和富有才情，还会使你热爱生活，更加珍惜现在拥有的一切。

写作是一种提神益脑的健康生活方式。当你感到有话说而无听众时，当你感到心理压力大又不愿向他人诉说时，不妨说给自己"听"。把你的痛苦、不满、感慨和心声，诉诸笔头，记录成文。这样可以缓解心理压力，调节心理情绪。

倾诉是一种自我心理调节术。生活不会一帆风顺，向亲朋好友吐露郁积在心头的苦闷，是排解不良情绪的好办法。在"心理梗塞"时，若能及时向值得信任的亲朋好友倾诉，可以在别人的理解中，使自己受挫的心灵得到安抚与慰藉。

在游戏中放松自己。游戏不只属于孩童，它应该陪伴我们走过整个人生。哪里有开心的游戏，哪里就一定充满笑声，少有忧愁。能游戏者，肯定是一个内心有着愉快感的人。游戏还可以丰富家庭生活，密切家庭成员之间的关系。

对痛苦的遗忘是必要的，沉湎于旧日的失意是脆弱的，迷失在痛苦的记忆里是可悲的。遗忘不是简单地抹去记忆，而是一种振作，一种成熟和超脱。忘记生活曾经给自己造成的种种不幸和苦痛，充分享受生活的各种乐趣，让心灵沉浸在现实的快乐之中。

每天抽二三十分钟或更长的时间，盘腿而坐，双目、双唇自然闭合，全身肌肉放松，呼吸均匀，逐渐入静，使纷乱活跃的思维转为平静，并逐步进入若有若无的超觉形态。由于入静后人的脑电图清晰有序，大脑皮层处于保护性抑制状态，同时，皮层与皮层下神经的功能协调统一，使整个机体的指挥系统——大脑的活动显得稳定而有节律，因此你会感到身体与内在精神的空前和谐，并油然而生一种难以言传的愉悦。一旦睁眼重返日常状态，顿觉头脑清醒、精力充沛。

心平气和的智慧

现实生活中，人们常常会被一些不愉快的事情困扰，面临物质、精神上的各种压力。适时地让身体放松、为心灵按摩不失为一种有效的缓解压力的手段。

善待压力从自制开始

要经常锻炼自己，面临压力不管大小，我们都要有自控能力。只有控制自己，才能控制住压力，让压力在你面前屈服。

有人说，人最难战胜的是自己。这句话的含义是：一个不善待自己的人最大的障碍不是来自于外界，而是来自于自身。除了力所不能及的事情做不好外，自身能做的事不做或做不好，那就是自身的问题，是自制力的问题。

自我控制是一个人成长过程中最重要的个性品质之一，是衡量一个人心理成熟的重要标志。它代表着人对自己与周围环境关系的洞察，对自己适应能力的评价，对自身弱点的关注，并且能够积极地采取措施进行自我疏导，以适应环境对自己的要求。

要学会善待自己，就应学会控制自己，因为只有这样，你才会始终占据上风，由自己支配自己的情绪。自制就是要克制欲望，不要因为有点压力就心浮气躁，遇到一点不称心的事就大发脾气。自制力包括两方面：自我激励，以提高活动效率；战胜弱点和消极情绪，实现活动的目的。有人说，一个人要想在事业上取得成功，只有面临许多的压力，才能锻炼自己。

一个善待自己的人，其自制力表现在：大家都做情理上不能做的事，他自制而不去做；大家都不做情理上应该做的事，他强制自己去做。做与不做，克制与强制，超乎常人性情之外，就是善待自己的要素。

自制力是我们达到预期目的有效途径，有了自制力，规划事情才有实施下去的动力，否则将无从谈起。当然，培养较强自制力是一个循序渐进的过程，需要在日常学习中、生活中积累，从小事做起，时时刻刻约束自己的不良行为。提高自制力，可采用以下几种方法：

首先，要培养良好的品德修养。品德高尚的人才能理性地分析解决问题，才能不被外界的诱惑误导，头脑保持清醒，遇到诱惑能够克制住自己。

其次，要树立远大的人生目标并付诸实践，战国时期苏秦"锥刺骨"的故事，应该不会有人陌生，他的成功只凭借自己的一份决心，不断鞭策自己，最后功成名就。这不正是自制力的驱使吗？

最后，要广交好友，拓宽人际关系。可以学习并吸收别人的优点，不断充实提高自己，通过对不良事物的认知能力和抵制能力，在潜移默化中远离不良诱惑。

自制力对于增进生理和心理健康，也有重大作用，不能进行情绪控制和行为控制的人，是不会有健康的身体和健康的心理的。

心平气和的智慧

增强自制力，可以使你收获快乐，可以使你更加理智，要想成为有作为的人，那么请你铭记：自制力将是你走向成功的有力保障。所以，善待自己，就要学会控制自己。

自由自在每一天

英国哲学家、诗人泰瑞说得好："忙碌，是无所事事的人制造的假象；忙碌，是一无所有的人骗人的伎俩。"忙碌、烦躁，是多数人生活的写照。每天总是忙忙忙，越忙碌，就越觉得生活茫然。不知为何要这么忙，却又是忙忙忙。于是，盲目、忙碌、茫然，整天游来荡去，累了烦了，却还是摆脱不了。

一位著名的演员曾很得意地说："我经常同时录制十几个节目！除此之外还要剪彩、赶秀、开店！"可到头来呢，她的家庭、财务、健康都出了问题，过分的忙碌化为一场空，真正茫然了一场。一名企业老总也曾在受访中说道："我每天工作超过 18 个小时！常常是连吃饭、睡觉的时间都在工作！"而得到的结果呢，竟是吃了几场官司、坐了一次牢，并于 47 岁英年早逝。虽然累积了几亿财富，但在世时他得到的似乎仅仅是忙碌烦躁。

忙碌不是一种状况，而是一种病态。没人乐意忙碌，但不忙碌又感觉空虚，就怕自己会落伍，会被这个社会淘汰。

放缓行动，静下心来想想，是该把目标定得过高，时时刻刻忙于追求呢？还是应自在地度过每一天，细细品味个中的甘苦？喜欢登山的人都知道，登山的目的不全在于登顶，而着重在于攀登中的观赏、感受和互动。但是竟有不少登山者的目的就是登顶，而忽略了沿途的风光。一旦因故登不了顶，前者的收获仍是满满的，而后者就只有惆怅。

自由自在地面对生活，只要我们有了基本的生活保障后，就应该多一些精神上的享受，少一些物质上的烦恼；多一些亲情，少一些抱怨；多一些宽容，少一些记恨；多一些思考，少一些浮躁。只有这样，才能在这个芸芸众生的大千世界里，让自己的生活多一些色彩，少一些后悔；多一些朋友，少一些对立；多一些温馨，少一些孤独。对生活的期望值不要太高，这样你才能时时开心，天天快乐。

心平气和的智慧

如果人生就像登山，别忘了时常停下脚步，赏赏花草，望望云彩。自由自在地度过每一天，也不枉此生了。

第六章

忍一时的委屈，幸运女神就会一辈子站在你身边

纵观古今中外，凡是能成大事的人都具有非凡的忍耐力，这些人信奉的道理是：百忍能成钢。只有忍住一时之气，才能成就长久之功。有许多残酷的现实是无法改变的，有许多非议是无法消除的，有许多委屈是不可避免的，如果时时反击，就会让自己陷入被动，甚至带来巨大的麻烦和损失。当你不具备硬碰硬的资格时，不妨忍住一时之气，用另一种方式来对待它，或许能收到意想不到的效果。

忍耐是一种智慧

当"智慧"已经钝化，"天才"无能为力，"机智"与"手腕"已经失败，其他的各种能力都已束手无策、宣告绝望的时候，就只剩下"忍耐"。由于其坚持之力，成功得到了，不可能成为可能了，事业成就了，业务做成了。

在别人都已停止前进时，你仍然坚持；在别人都已失望、放弃时，你仍然前行，这是需要相当的勇气的。使你得到比别人更高的位置、更多的薪资，使你超乎寻常的，正是这种坚持、忍耐的能力，不以喜怒好恶改变行动的能力。

忍耐的精神与态度，是许多人能够成功的关键。

在商界中，能做最多的生意、得到最多的主顾的人，都是那些决不在困难时说出"不"字来的人，是那种有忍耐的精神、谦和的礼仪，足以使别人感觉难拂其意、难却其情的人。一受刺激就不能忍耐的人，不会有大成就。

人们的天性决定了他们对各商家的推销员总有不欢迎之时。但当他们遇到了一个有忍耐精神、谦和态度的推销员时，情况就不同了。他们知道，有忍耐精神的推销员是不容易打发的；他们常常由于钦佩那个推销员的忍耐精神而购买了他的商品。

做我们所高兴做的事，做我们所喜欢而感到热诚的事，这是很容易的，但是要全神贯注地去做那种不快的、讨厌的、为我们的内心所反对的，而同时又因为别人的缘故不得不去做的事，却是需要勇气、需要耐性的。

认定了一个大目标，不管它可喜或可厌，不管自己高兴或不高兴，总是以全力赴之——这样的人，总能获得最后的胜利。

定下了一个固定的目标，然后集中全部精力去实现那个目标。这种能力，最能获得他人的钦佩与尊敬。不管社会发生什么变化，意志坚定的人总能在社会上找到适合自己的位置。人人都相信百折不回、能坚持、能忍耐的人。

心平气和的智慧

有谦和、愉快、礼貌、诚恳的态度，同时又拥有忍耐精神的人，是非常幸运的。

忍耐是成熟的开始

忍耐是一种宽容。法国 19 世纪的文学大师维克多·雨果曾说过这样的一句话："世界上最宽阔的是海洋，比海洋宽阔的是天空，比天空更宽阔的是人的胸怀。"生活中，面对家长的批评、朋友的误解，过多的争辩和"反击"实不足取，唯有冷静、宽容、谅解最重要。相信这句名言："宽容是在荆棘丛中长出来的谷粒。"能退一步，天地自然宽广。

忍耐更是一种潇洒。"处处绿扬堪系马，家家有路到长安。"宽厚待人，容纳非议。如果一个人事事斤斤计较、患得患失，那么他一定很累。我们难得人世走一遭，潇洒最重要。

有位先哲曾说："人如果没有忍耐之心，生命就会被无休止的报复和仇恨支配。"

古希腊的大哲学家家苏格拉底，有一天和一位老朋友在雅典城里漫步，一边走，一边聊天。忽然，有一个莫名其妙的人冲了出来，打了苏格拉底一棍子，就逃去了。他的朋友立刻回头要去找那个家伙算账。

但是苏格拉底拉住了他，不准他去报复。朋友说："你怕那个人吗？""不，我绝不是怕他。""人家打了你，你都不还手吗？"苏格拉底笑笑说："老朋友，你别生气。难道一头驴子踢你一脚，你也要还它一脚吗？"

有人说忍耐是软弱的象征，其实不然，有软弱之嫌的忍耐根本称不上真正的忍耐。忍耐是人生难得的佳境——一种需要操练、需要修行才能达到的境界。忍耐是一种高尚的美德，它能让你的内心时时充满安详与快乐，也能让你轻松地赢得他人的尊重。

托尔斯泰虽然很有名，又出身贵族，却喜欢和平民百姓在一起，与他们交朋友，从不摆大作家的架子。

一次，他长途旅行时，路过一个小火车站。他想到车站上走走，便来到月台上。这时，一列客车正要开动，汽笛已经拉响了。托尔斯泰正在月台上慢慢走着，忽然，一位女士从列车车窗里冲他直喊："老头儿！老头儿！快替我到候车室把我的手提包取来，我忘记提过来了。"

原来，这位女士见托尔斯泰衣着简朴，还沾了不少尘土，把他当作车站的搬运工了。

托尔斯泰赶忙跑进候车室拿来提包，递给了这位女士。

女士感激地说："谢谢了！"随手递给托尔斯泰一枚硬币，"这是赏给你的。"

托尔斯泰接过硬币，瞧了瞧，装进了口袋。

正巧，女士身边有个旅客认出了这个风尘仆仆的"搬运工"，就大声对女士叫道："太太，您知道您赏钱给谁了吗？他就是列夫·托尔斯泰呀！"

"啊！老天爷呀！"女士惊呼起来，"我这是在干什么事呀！"她对托尔斯泰急切地解释说："托尔斯泰先生！托尔斯泰先生！看在上帝面上，请别计较！请把硬币还给我吧，我怎么会给您小费，多不好意思！我这是干出什么事来了。"

"太太，您干吗这么激动？"托尔斯泰平静地说，"您又没做什么坏事！这个硬币是我挣来的，我得收下。"

汽笛再次长鸣，列车缓缓开动，带走了那位惶惑不安的女士。

托尔斯泰微笑着，目送列车远去，又继续他的旅行了。

如果这件事情发生在我们的身上，我们是否能如托尔斯泰这般淡然呢？生活中有很多人都不能忍耐，即使遇到一点儿小事，也不肯放过。其实这样做往往是对自己的折磨，因为不懂得忍耐的人往往都是爱生气的人，跟别人斗气，伤害的总是自己的身体。

挫折面前懂得忍耐，鼓起勇气战胜一切挫折，取得人生的进步，成长和成熟也从此开始。

忍受环境，磨砺自己。尼布尔有一句有名的祈祷词说："上帝，请赐给我们胸襟和雅量，让我们平心静气地去接受不可改变的事情；请赐给我们智能，去区分什么是可以改变的，什么是不可以改变的。"这更是我们面对难以忍受之事时的参考锦囊。

心平气和的智慧

生气时懂得忍耐，不让愤怒伤害灵魂和身体。

有容德乃大，有忍事乃济

耐是磨砺生命的第一要务。国学大师南怀瑾先生曾经解释过"忍"：这个忍在佛法修持里是一个大境界。大乘的佛法，则必须"得成于忍"。得忍与得定不同，所以说菩萨要得无生法忍，才能进入大乘的境界。

佛学强调忍耐的三重境界：

第一，是对人为的加害要能够忍受。忍人家对你的侮辱、对你的陷害。能忍，绝对有好处。原因何在？因为能忍，所以心地清净，容易得定，修道容易成就，乃是最大的福报。

第二，是自然的变化。如冷热、寒暑的变化，能够忍；饥饿、干渴要能忍；遇到天然的灾害，也要能够忍耐。

第三，耐心也是精进的预备功夫，有耐心才谈得上精进。

那么，究竟忍是如何的呢？中国人对于忍有特殊的理解，通常认为，所谓的"忍"是"忍辱"。没有忍辱，就不能负重，没有忍耐，就什么事情都不能达成。忍是一个人获得成就的不可回避的过程。

明代禅宗憨山大师就讲："荆棘丛中下脚易，月明廉下转身难。"要行人所不能行，忍人所不能忍，进入这个苦海茫茫中来救世救人，那可是最难做到的。

其实，一切成就也都来源于"忍"。小不忍则乱大谋。孔子的克己复礼是忍耐，他的思想至今在人间散发着理性的光芒，成为众人奉行之本。忍不是懦弱无能，忍是不屑堕入无间地狱的诱惑。忍是以退为进，忍耐是上善，老子曰："上善若水。"水是最温柔的，水却又是最强大的。忍就是相信时光的力量，不是依靠自己，而是相信冥冥之中自有公道。

能屈能伸，大丈夫之道也。忍得一时方能成就伟业，相反，不能忍耐、毛毛躁躁，最终只能错失良机、遗恨千古。莫大的祸患，都来源于不能忍耐一时。

刘邦在取得基本胜利后按兵不动、将功劳经常赠与项羽是忍耐，终厚积薄发成就一代帝业；项羽急不可待，最终却是霸王别姬、饮恨乌江；韩信甘愿受胯下之辱是忍耐；司马迁受到宫刑忍耐而出《史记》；刘备与曹操"青梅煮酒论英雄"是忍耐，之后韬光养晦，才有与曹操、孙权三足鼎立之局。

事业失败需要忍耐，感情受挫需要忍耐，人生磨难需要忍耐，经济合作需要忍耐，人际关系需要忍耐，家庭生活需要忍耐……在人生的历程中，会遇到一些需要忍耐的事情，我们可以此历练自己的心智。

心平气和的智慧

学会忍耐，在生命历程中实践忍耐，你就能够在不久的将来成就你的人生。

忍是人生的必要修行课

"忍不但是人生一大修养，是修学菩萨道的德目，也是过幸福生活不可或缺的动力。"在谈及幸福人生为何需要"忍耐"时，星云大师曾这样回答：忍可以化为力量，因为忍是内心的智能，忍是道德的勇气，忍是宽容的慈悲，忍是见性的菩提。忍的含义如此丰富，自然能够为幸福人生增添更多的滋养。

真正的忍耐不仅在脸上、口上，更在心上，根本不需要刻意去忍耐，而是自然就应如此，是不需要力气、分毫不勉强的忍耐。人要活着，必须以忍处世，不但要忍穷、忍苦、忍难、忍饥、忍冷、忍热、忍气，也要忍富、忍乐、忍利、忍誉。以忍为慧力，以忍为气力，以忍为动力，还要发挥忍的生命力。

有一支刚刚被制作完成的铅笔即将被放进盒子里送往文具店，铅笔的制造商把它拿到了一旁。

制造商说，在我将你送到世界各地之前，有5件事情需要告知。

第一件，你一定能书写出世间最精彩的语句，描绘出世间最美丽的图画，但你必须允许别人始终将你握在手中。

第二件，有时候，你必须承受被削尖的痛苦，因为只有这样，你才能保持旺盛的生命力。

第三件，你身体最重要的部分永远都不是你漂亮的外表，而是黑色的内芯。

第四件，你必须随时修正自己可能犯下的任何错误。

第五件，你必须在经过的每一段旅程中留下痕迹，不论发生什么，都必须继续写下去，直到你生命的最后一毫米。

铅笔的一生是充满传奇的一生，它用自己的生命勾勒着世人心中最精致的图画，书写着最温暖的文字，即使在生命渐渐消失的时候，还在创造着新鲜的美丽。但是，它所迈出的每一步，却都踩在锋利的刀刃上，它一生都在忍受着无穷的痛苦。

星云大师认为："忍，是中国文化的美德；忍，也是佛教认为最大的德行。无边的罪过，在于一个'嗔'字；无量的功德，在于一个"忍"字。"

山里有座寺庙，庙里有尊铜铸的大佛和一口大钟。每天大钟都要承受几百次撞击，发出哀鸣，而大佛每天都会坐在那里，接受千千万万人的顶礼膜拜。

一天深夜里，大钟向大佛提出抗议说："你我都是铜铸的，你却高高在上，每天都有人向你献花供果、烧香奉茶，甚至对你顶礼膜拜。但每当有人拜你之时，我就要挨打，这太不公平了吧！"

大佛听后思索了一会儿，微微一笑，然后，安慰大钟说："大钟啊，你也不必艳羡我，你知道吗？当初我被工匠制造时，一棒一棒地捶打，一刀一刀地雕琢，历经刀山火海的痛楚，日夜忍耐如雨点落下的刀锤……千锤百炼才铸成佛的眼耳鼻身。我的苦难，你不曾忍受，我走过难忍能忍的苦行，才坐在这里，接受鲜花供养和人类的礼拜！而你，别人只在你身上轻轻敲打一下，就忍受不了，痛得不停喊叫！"

大钟听后，若有所思。

佛忍受艰苦的雕琢和捶打之后才成其为大佛，钟所爱的那点捶打之苦又有什么呢？忍耐与痛苦总是相随相伴，而这样的经历，却总是能够将人导向幸福的彼岸。

心平气和的智慧

充实的生命，幸福的人生，需要能够忍受寂寞，忍受他人的恶意羞辱，忍受生活的磨炼，在忍耐中坚强，在坚强中成长。

苦忍的一瞬是光明的开始

在西方学者的眼里："忍耐和坚持是痛苦的，但它会逐渐给你带来好处。"而在中国的古人心中也有同样的含义，例如"不经一番彻骨寒，怎得梅花扑鼻香"。如此一说，忍耐似乎成了人们必修的业绩和取得成就的必需品。

忍是修行必需的一种精神，同时也是人获得成就的不可回避的路程。"忍"是佛家的智慧，也是儒家的学说结晶之一，孔子所讲的"克己复礼"就是"忍"的一种。其实，人生的种种都需要忍耐，事业失败、感情受挫、学习艰苦，人际维持、家庭管理，如果你不能忍受这些，你将很难成功。

人们干什么都一定要有忍耐和坚持的精神，这是一种完全正确和不可或缺的人生观。

一个日本和尚要翻越重洋和高山，到中国唐朝学习禅学。有人对和尚说，到中国的路途太遥远，危险太多，万一你回不来怎么办？和尚说："男儿立志出乡关，学不成名死不还。埋骨何须桑梓地，人生无处不青山。"到外地留学，学不成的话就死在他乡，这是何等的追求精神。没有一颗坚忍的心，和尚如何能学成？

据说唐朝时期，日本派往中国留学的人有数千，他们在长安刻苦学习数十年，大部分都因学习过度而累死在中国，顺利回国的人很少。但他们将中国的文化精华全部传送到了日本，为日本古代文明的塑成做出重要贡献。

也许你不比别人聪明，也许你有某种缺陷，但你却不一定不如别人成功，只要你多一分坚持，多一分忍耐，就能够度过困境，成就他人所不能。山洞的开凿、桥梁的建筑、铁道的铺设，没有一个不是靠着人性的坚忍而建成。

通往成功之路通常都是艰巨的，绝不可能唾手可得。生活中的苦涩，曾使人失望流泪；漫漫岁月中的辛苦挣扎，曾催人衰老。人总要经历机遇、打击、磨炼，这些都将化为百折不挠的意志，为事业的永恒做足心理储备。

心平气和的智慧

修行佛禅也好，成就人生也好，始终都要从困境里苦苦挣扎，最后臻至化境，而这最需要的，就是一颗能够忍受痛苦和孤独的心。

人生要耐得住寂寞

现代生活的节奏很快，不仅是人们奔波的脚步匆匆，就连吃饭都成了快节奏的。在紧张与焦灼的节点下，心浮气躁、急于求成几乎成了现代人的特征。人们已经变得很难让自己沉下来，似乎沉下来，认真地思考一下人生成了一件奢侈的事情。

刚刚大学毕业的小张是从农村出来的，开始走上工作岗位，拿到的薪水还算不错。但是，他给自己施加的心理压力很大。他从小家境贫寒，父母终日在田地里辛苦耕作，用省吃俭用积攒下来的钱供他读书，因此，他一直希望能够有朝一日在城里买房接父母来住。虽然他的生活已经很节约了，但是每月将房租、饭钱、交通费、通讯费等这些生活必需费用扣除之后，几乎所剩无几。而城里的房价飞涨，物价也在上涨，都使他心境难以平静。这就使他萌生跳槽的念头，于是他开始四处搜集招聘信息，希望能够跳到一家薪水更高的公司。可以想象，他萌生这个念头的时候，就很难再专心工作。

不久，他的上司就觉察出了他的问题，他做的方案漏洞百出、毫无新意，甚至出现很多错别字，可以明显看出是在敷衍了事，没有用心去做。于是，上司找他谈话，不料刚批评几句，小张不仅没有承认自己的问题，反而质问上司："你给我这么点儿的薪水，还希望我能做出什么高水平的方案来！"上司这才意识到，小张原来的情绪源于薪水低。他并没有生气，反而平静地告诉小张："公司里的薪水并不是一成不变的，只要你做出了业绩，薪水自然会上去的。真正决定你薪水的不是公司、不是老板。而是你自己。"但是，小张根本听不进去，一怒之下，刚工作不到半年的他毅然决定辞职不干了。

辞职后，他开始专心找薪水高的工作，凭着他的聪明才智，很快又应聘到另外一家公司，这家公司的薪水比之前的公司高出了1000元。这让小张庆幸自己跳槽非常明智。刚工作三个月，小张偶尔从同事那里了解到，同行业里的另一家公司薪水普遍要比现在的公司要高。这使小张本来平静的心又一次地波动起来。他又开始关注另一家公司的消息。本来他所在的公司打算委任他一项重要的项目，要出差到外地的分公司半年，虽然辛苦，但是能够为以后在公司的晋升奠定基础。但是，小张一心想要跳到另一家公司，根本无心继续待下去，拒绝了这个在别人看来千载难逢的好机会。于是，小张在公司老板的眼里就留下了不思进取的印象。在金融危机袭来的时候，公司裁员，小张不幸被裁掉。当他再去找工作的时候，几乎所有的面试都会问他同一个问题："为什么你在不到一年的时间就换了三份工作？"

小张为自己设定了一个远大的目标，目标本身并没有错，而且值得鼓励。但是，实现目标的过程并不是一蹴而就的，要有一个厚积薄发的过程。

心平气和的智慧

即使面临着很多诱惑，有的甚至触手可及，但是要让自己耐得住寂寞，就必须让脚步走得踏踏实实，稳扎稳打，才会有更大的成功。

"耐烦"做事走到底

在这个世界上，没有什么东西可以替代持之以恒的奋斗，天赋不能替代，父辈的遗产不能替代，有力者的垂青也不能替代，所谓的命运更不能替代。

几乎所有人都有过奋斗的意识，都想通过自己的努力实现个人的价值，但是，鲜有能坚持到最后的人，那些半途而废的人往往都败在了内心的浮躁。

现在很多年轻人做事缺乏耐心，长时间做同一件事会不耐烦，做同一份工作会感觉无聊，在一个地方住久了会厌倦，甚至连读一本书的耐性都没有，又怎么能指望这样的人能够把持之以恒的奋斗作为人生的主调呢？

"不耐烦"的毛病病因在于"无恒"，而恒心却极为重要。

曾经有一位年轻貌美的信女，她的母亲得了一场重病，当所有人都觉得老人在劫难逃时，她的母亲却奇迹般地康复了。信女相信这是由于观音菩萨的保佑，因此发愿要用头发来绣一尊二丈高的观音圣像。

60年过去后，当这位年轻貌美的小姐已经变成老态龙钟的老太婆时，这幅神态庄严、面相慈祥的观音圣像也终于绣好了。此时，她那一双秋水般的眼睛也早已瞎了。每逢有人为她大叹"不值"，这位信女脸上仍然挂着淡定虔诚的微笑。

"有恒为成功之本。"无论做任何事情，恒心都是不可缺少的。持之以恒的人常在人生的后程发力，这股力量经过了长时间的积蓄，必定会喷薄而出，并能绵延到最后；如果不耐烦而没有恒心，即使掘井九仞，若不再继续，仍然没有水喝，所有的努力到最后都会功亏一篑。

弟子们问禅师："老师，如何才能成功呢？"

禅师对弟子们说："今天咱们只学一件最简单也是最容易的事。每人把胳膊尽量往前甩，然后再尽量往后甩。"说着，禅师示范了一遍，说道："从今天开始，每天做300次。大家能做到吗？"

弟子们疑惑地问："为什么要做这样的事？"

禅师说："做完了这件事，一年之后你们就知道如何能成功了！"

弟子们想："这么简单的事，有什么做不到的？"

一个月之后，禅师问弟子们："我让你们做的事，有谁坚持做了？"大部分的人都骄傲地说道："我做了！"禅师满意地点点头说："好！"

又过了一个月，禅师又问："现在有多少人坚持着？"结果只有一半的人说："我做了！"一年过后，禅师再次问大家："请告诉我，最简单的甩手运动，还有几个人坚持着？"这时，只有一人骄傲地说："老师，我做了！"

禅师把弟子们都叫到跟前，对他们说："我曾经说过，做完这件事，你们就知道如何能成功了。现在我要告诉你们，世间最容易的事常常也是最难做的事，最难的事也是最容易的事。说它容易，是因为只要愿意做，人人都能做到；说它难，是因为真正能做到并持之以恒的，终究只是极少数人。"

后来一直坚持做的那个弟子成为禅师的衣钵传人，因为在所有的弟子中只有他坚持到了最后。

从这个故事中不难看出，在漫长的成长过程中，能否取得最后的胜利并不在于一时的快慢。那些"耐得住烦"，在自己成长的道路上能够静下心来，遇到困难不气馁、不灰心，矢志不移地前进的人，往往会距离成功更近一步。

从古至今，所有追求成功的人都必然要付出长久的努力。汉朝的董仲舒，青年时代立志于学，三年不窥园，终于成为一代名儒；晋朝王羲之，临池磨砚，写完一缸水又换一缸水，终于成为旷古书法大家。世上无难事，只怕有心人，持之以恒，便没有爬不上的高峰，也没有跃不过的沟坎。

心平气和的智慧

古希腊哲人苏格拉底说："许多赛跑者的失败，都是败在最后几步。跑'应跑的路'已经不容易，'跑到尽头'当然更困难。"人生的较量是智慧与意志的较量，中途言弃的人自然领略不到终点的风光。

忍耐——笑到最后的黄金法则

中国人做人向来提倡"以忍为上""吃亏是福"，这是一种玄妙高深的处世哲学。常言道：识时务者为俊杰。这并非指那些纵横驰骋如入无人之境，冲锋陷阵无坚不摧的英雄，而应是那些看准时局，能屈能伸的处世者。

汉初张良原本是一个落魄贵族，后来作为汉高祖刘邦的重要谋士，运筹帷幄，辅佐刘邦平定天下，因功被封为留侯，与萧何、韩信一起共为汉初"三杰"。

张良年少时因谋刺秦始皇未遂，被迫流落到下邳。一日，他到沂水桥上散步，遇一穿着短袍的老翁，近前故意把鞋摔到桥下，然后傲慢地差使张良说："小子，下去给我捡鞋！"面对那人的侮辱，张良愕然，不禁心中有些不平，但碍于长者之故，不忍下手，只好违心地下去取鞋。老人又命其给他穿上。饱经沧桑、心怀大志的张良，对此带有侮辱性的举动，居然强忍不满，膝跪于前，小心翼翼地帮老人穿好了鞋。老人非但不谢，反而仰面长笑而去。张良呆视良久惊讶无语。不久老人又折返回来，赞叹说："孺子可教也！"遂约其五天后凌晨在此再次相会。张良迷惑不解，但反应仍然相当迅捷，跪地应诺。

五天后，鸡鸣之时，张良便急匆匆赶到桥上。不料老人已先到，并斥责他："为什么迟到，再过五天早点儿来。"第二次，张良半夜就去桥上等候。他的真诚和隐忍博得了老人的赞赏，这才送给他一本书，说："读此书则可为王者师，十年后天下大乱，你可用此书兴邦立国，十三年后再来见我。我是济北谷城山下的黄石公。"说罢扬长而去。

张良惊喜异常，天亮看书，乃《太公兵法》。从此，张良日夜诵读，刻苦钻研兵法，俯仰天下大事，终于成为一个深明韬略、文武兼备、足智多谋的"智囊"。

古往今来，"忍"字堪称众多有志之士的人生哲学。越王勾践也罢，韩信也罢，都曾忍受过常人难忍之辱，最终渡过了难关，成就了大业。清代金兰生《格言联璧·存养》中说："必能忍人不能忍之触忤，斯能为人不能为之事功。"

《菜根谭》中有一句话："处世让一步为高，退步即进步的根本；待人宽一分是福，利人是利己的根基。"忍住自己的私欲、怒火，实际上是帮助你自己成就大业。

现实生活中，很多人都会碰到不尽如人意的事情。残酷的现实需要你对人俯首听命，这样的时候，你一定要谨慎面对。要知道，敢于碰硬，不失为一种壮举。可是，当敌人足够强大时你的强硬无异于以卵击石。一定要拿着鸡蛋去与石头斗狠，只能算作是无谓的牺牲。这样的时候，就需要用另一种方法来迎接生活。

古人说："小不忍则乱大谋。"坚韧的忍耐精神是一个人意志坚定的表现，更是一个人处世谋略的体现。尤其在生活中难得事事如意，丢失面子是常有的事，学会忍耐，婉转退却，才可以获得无穷的益处。人际交往中，如果我们能舍弃某些蝇头微利，也将有助于塑造良好的自我形象，获得他人的好感，为自己赢得更多的利益和影响力。凡事有所失必有所得；若欲取之，必先予之。有识之士不妨谨记：百忍成金，遇事忍字当先必能给自己争得意想不到的收获。

心平气和的智慧

忍，是一种韧性的战斗，是一种永不败北的战斗策略，是战胜人生危难和险恶的有力武器。忍，是医治磨难的良方。忍人一时之疑、一时之辱，一方面可脱离被动的局面，另一方面也是一种对意志、毅力的磨炼。

学会必要的忍耐

当你不愿让命运来主宰你的一切，但又没有反击命运的能力时，切记，应学会忍耐！

美国第三任总统杰弗逊在给子孙的告诫中有一条是："当你气恼时，先数到10后再说话；假如怒火中烧，那就数到100。"

生活中，在遇到一些不顺心和不如意的事情时，我们的情绪往往会被超常激发起来，使我们陷入激动、委屈、不安等精神状态中。此时我们最容易被情绪操纵，不顾理智做出鲁莽之事。"忍一时风平浪静，退一步海阔天空"，在这个时候，务必要记住"忍耐"二字，要强制自己把心情平静下来，认真选择利最大、弊最小的做法，以求达到在当时可能取得的最好效果。

每个人从出生就面临来自方方面面的竞争和挫折。一个人的成功不仅需要不断提高自己的能力，而且需要经受自己在前进道路上的成功与失败的各种考验，需要具备良好的心理素质。由于我们每个人自身的缺点，由于社会还存在着一些阴暗面，还存在着一些不那么光明正大的人，因此失败在所难免，有时甚至还不得不忍受"飞来横祸"。在这种情况下，有时需要进行必要的斗争，但是，更多的时候需要的是忍耐。在自己遭到失败的时候，当然希望周围的人同情自己、帮助自己，但是更为重要的是，忍耐住失败的痛苦，学会自己擦净自己伤口的鲜血，并走出痛苦，走向新的生活。要忍耐，以争取自己超越困难，同时，要灵活一些，争取更好的环境，努力奋斗，走向辉煌。

作为命运的主宰者——人，我们应该学会忍耐，因为忍耐常会让我们有意想不到的收获。人在现实中生活，犹如驾一叶扁舟在大海中航行，巨浪和漩涡就潜伏在你的周围，可能会随时袭击你，因此，你要当个好舵手，同时还得具有克服艰难的毅力和勇气，设法绕过漩涡，乘风破浪前进。换言之，忍耐也是应对磨难的一种手法，以不变应万变；忍耐更是一种力量，它能磨钝利刃的锋芒。但忍耐不是软弱，不是退却，也不是背叛，而是以退为进的策略，是求同存异，是寻找合作。

对俞敏洪的创业经历，《中国青年报》记者卢跃刚在《东方马车——从北大到新东方的传奇》一文中，有详细记录。其中令人印象尤深的是对俞敏洪一次醉酒经历的描述，看了令人不禁想落泪。

俞敏洪那次醉酒，缘起于新东方的一位员工贴招生广告时被竞争对手用刀子捅伤。后来因为俞敏洪请相关人士吃饭，在酒宴上他不会说话，只会喝酒。因为不从容，光喝酒不吃菜，喝着喝着，俞敏洪失去了知觉，钻到桌子底下去了。老师和警察把他送到医院，抢救了两个半小时才活过来。医生说，换一般人，喝成这样，回不来了。俞敏洪喝了一瓶半的高度五粮液，差点喝死。

他醒过来喊的第一句话是："我不干了！"学校的人背他回家的路上，一个多小时，他一边哭，一边撕心裂肺地喊着："我不干了！再也不干了！把学校关了！把学校关了！我不干了……"

他说："那时，我感到特别痛苦，特别无助，四面漏风的破办公室，没有生源，没有老师，没有能力应付社会上的事情，同学都在国外，自己正在干着一个没有希望的事业……"

他不停地喊，喊得周围的人发怵。

哭够了，喊累了，睡着了，睡醒了，酒醒了，晚上7点还有课，他又像往常一样，背上书包上课去了。

实际上，酒醉了很难受，但相对还好对付，然而精神上的痛苦就不那么容易忍受了。当年"戊戌六君子"谭嗣同变法失败以后，被押到菜市口去砍头的前一夜，说自己乃"明知不可为而为之"，有几个人能体会其中深沉的痛苦？醉了、哭了、喊了、不干了……可是第二天醒来仍旧要硬着头皮接着干，仍旧要硬着头皮挟起皮包给学生上课去，眼角的泪痕可以干，该干的事却不能不干。拿"观察家"卢跃刚的话说："不办学校，干吗去？"

现在大家都知道俞敏洪是千万富豪、亿万富翁，但又有谁知道俞敏洪这样一类创业者是怎样成为千万富翁、亿万富翁的呢？他们在成为千万富翁、亿万富翁的道路上，付出了怎样的代价，付出了怎样的努力，忍受了多少别人不能够忍受的屈辱、憋闷、痛苦？有多少人愿意付出与他们一样的代价，获取与他们今天一样的财富？

儒家与道家都强调忍耐的重要，只有忍到最后一刻才会发生意想不到的变化，才有希望看到转机。或许你仍在向往一帆风顺，可是却在面对曲折的人生。其实所谓的一帆风顺只是对自己心灵的一种安慰而已，要坚信唯有奋斗不息才能成为命运的主人。而在这一步步的努力中，你必须学会忍耐！

忍耐是沉默。功亏一篑是因为不懂得忍耐的真正含义，而坚忍不拔地追求并排除万难有所超越才是忍耐的外延。

实际上，忍耐是一种酝酿胜利的高超手段。忍耐实际上是一种动态的平衡，是一种形式的转换，不要被利益所迷惑，也不要因没有利益而悲伤。忍耐可以帮助我们摆脱烦恼，获得人生的真谛。

我们有时候不妨学一学鸵鸟，逆来顺受。但是，这不是叫大家颓废，只是让大家学会忍让，为将来的爆发也就是成功，创造条件，同时它也可以为你提供丰富的经验。

日常生活中，每一个人总会遇到他人的一些伤害，无缘由的中伤、诽谤……类似的事件大家也许经历过，也可能以后的日子会遇到。在这种时候，大家应泰然处之，将忍耐进行到底，终有一天所有的错误都将改正。平和的心态不只是给我们自己带来了宁静，也给予了他人更多！

心平气和的智慧

百忍成钢，人生就像一个磨刀的过程，忍耐好比磨刀石。当心性修炼得清澈如镜，达到这种不以物喜、不以己悲的境界时，我们历经千锤百炼的刀便已磨成。

第七章

凡事不钻牛角尖，做世界上
最"糊涂"的聪明人

糊涂不是昏庸，而是为人处世的一种策略，是毫不露骨的聪明，是一种超越精明的精明。在生活中，真正的聪明人都是懂得糊涂的。他们遇到任何事绝不自作聪明，大发议论。他们在生活中能够活得逍遥自在。

糊涂的人因"傻"得福

人生在世，即使什么也学不会，也得学会吃亏。只要学会吃亏，你就会烦恼不上身、遇事游刃有余、心底坦坦荡荡、吃饭有滋有味了。这种神仙般的滋味，是爱占小便宜的人根本体会不到的。

因此，遇事吃点亏、让一步，不是傻瓜而是英雄的行为，因为他用静心的智慧躲避了身后不可想象的事情灾难。

在电影《阿甘正传》中，主人公阿甘在人们的眼中一度像个白痴，但是他却干出了伟大的事业。阿甘出生在美国南部的阿拉巴马州的绿茵堡镇，由于父亲早逝，他的母亲独自将他抚养长大。

阿甘不是一个聪明的孩子，小的时候受尽欺侮，他的母亲为了鼓励他，常常这样说："人生就像一盒巧克力，你永远也不知道接下来的一颗会是什么味道。"

他牢牢地记着这句话。在社会中，阿甘是弱者，他几乎没有能力掌控自己的生活。于是，他让命运为他做出安排。

阿甘的智商只有75，但凭借跑步的天赋，他顺利地完成大学学业并参了军。在军营里，他结识了"捕虾迷"布巴和神经兮兮的丹·泰勒中尉，随后他们一起开赴越南战场。战斗中，阿甘的小分队遭到了伏击，他冲进枪林弹雨里搭救战友，丹·泰勒中尉命令他乖乖地待在原地等待援军，他说："不，布巴是我的朋友，我必须找到他！"虽然没能最终挽救布巴的生命，但至少，布巴走时并不孤单。

战后，阿甘决定去买一艘捕虾船，因为他曾答应布巴要做他的捕虾船的大副。当他把这个想法告诉丹·泰勒中尉时，丹中尉笑话他："如果你去捕虾，那我就是太空人了！"可阿甘说，承诺就是承诺。终于有一天，阿甘成了船长，丹·泰勒中尉当了他的大副。

阿甘和女孩珍妮青梅竹马，可珍妮有自己的梦想，不愿平淡地度过一生。于是，珍妮让阿甘离自己远远的，不要再来找她，可阿甘依旧会在越南每天给珍妮写信，依旧会跳进大水池里和珍妮拥抱。珍妮说："阿甘，你不懂爱情是什么。"阿甘说："不，虽然我不聪明，但我知道什么是爱。"珍妮一次又一次地离开，但阿甘从未放弃过她。最终，有情人终成眷属。

阿甘的成功，从某种意义上说，得益于他的傻和宽广的胸怀。阿甘总是那么快乐、那么勇敢，我们以为他不知道自己和别人不同，没想到，原来他一直都承受着因歧视而带来的痛苦，从而不希望他的孩子同自己一样。原来他不是不知道，只是装糊涂，不去与他人计较。

阿甘是真正的聪明人，因为聪明的人都擅于谦让，敢于吃亏。比如单位里分东西不够时，自己就主动少要些，一些荣誉称号多让给将退休的老同事，等等。

话虽如此，但能够主动吃亏的人实在太少，这不仅因为人性的弱点，更是因为大多数人缺乏长远的眼光，不肯舍得眼前小利而换来内心的安宁。

心平气和的智慧

　　如果你能够跳出只顾眼前利益的窠臼，吃点小亏，那么等待你的多半是大便宜。

外圆内方的处世智慧

　　方为做人之本，圆为处世之道。

　　"方"，方方正正，有棱有角，指一个人做人做事有自己的主张和原则，不被人左右。"圆"，圆滑世故，融通老成，指一个人做人做事讲究技巧，既不超人前也不落人后，或者该前则前，该后则后，能够认清时务，使自己进退自如，游刃有余。

　　一个人如果过于方方正正、有棱有角，必将碰得头破血流；但是一个人如果八面玲珑、圆滑透顶，总是想让别人吃亏、自己占便宜，也必将众叛亲离。因此，做人必须方外有圆、圆外有方、外圆内方。

　　外圆内方的人，有忍的精神、有让的胸怀、有貌似糊涂的智慧、有形如疯傻的清醒、有脸上挂着笑的哭、有表面看是错的对……

　　"方"是做人之本，是堂堂正正做人的脊梁。人仅仅依靠"方"是不够的，还需要有"圆"的包裹，无论是在商界，还是交友、爱情、谋职等，都需要掌握"方圆"的技巧，这样才能无往而不利。

　　"圆"是处世之道，是妥妥当当处世的锦囊。现实生活中，有在学校成绩一流的，进入社会却成了打工的；在学校成绩二流的，进入社会却当了老板。为什么呢？就是因为成绩一流的同学过分专心于专业知识，却忽略了做人的"圆"；而成绩二流甚至三流的同学却在与人交往中掌握了处世的原则。正如卡耐基所说："一个人的成功只有15%是依靠专业技术，而85%却要依靠人际关系、有效说话等软科学本领。"

　　真正的"方圆"之人是大智慧与大容忍的结合体，有勇猛斗士的武力和沉静蕴慧的平和。真正的"方圆"之人能对大喜悦与大悲哀泰然不惊。真正的"方圆"之人，行动时干练、迅速，不为感情所左右；退避时能审时度势，全身而退，而且能抓住最佳机会东山再起。真正的"方圆"之人，没有失败，只有沉默，是面对挫折与逆境时积蓄力量的沉默。

在强大的对手高压下，在面临危机的时候，采取藏巧于拙、装糊涂、扮作"诚实"的样子，往往可以避灾逃祸，转危为安。面临险境或遇到突发事件时装傻卖呆，这比临危不惧和视死如归的壮烈要安全得多。留得青山在，不怕没柴烧，以拙诚与对手周旋，确实不失为一种高明之术。

这种外圆内方的做法，在历史上就已有之。《三国演义》中有一段"曹操煮酒论英雄"的事情。

当时刘备落难投靠曹操，曹操很真诚地接待了刘备。刘备住在许都，在衣带诏签名后，也防曹操谋害，就在后园种菜，亲自浇灌，以此迷惑曹操，使其放松对自己的注视。一日，曹操约刘备入府饮酒，谈起以龙状人，议起谁为世之英雄。刘备点遍袁术、袁绍、刘表、孙策、张绣、张鲁，均被曹操一一贬低。曹操指出英雄的标准——"胸怀大志，腹有良谋，有包藏宇宙之机，吞吐天地之志"。刘备问"谁人当之"，曹操说："天下英雄唯使君与我。"刘备本以韬晦之计栖身许都，被曹操点破是英雄后，竟吓得把匙箸丢落在地下，恰好当时大雨将至，雷声大作。曹操问刘备："为什么把筷子弄掉了？"刘备从容俯拾匙箸，并说："一震之威，乃至于此。"曹操说："雷乃天地阴阳击搏之声，何为惊怕？"刘备说："我从小害怕雷声，一听见雷声只恨无处躲藏。"自此曹操认为刘备胸无大志，必不能成气候，也就未把他放在心上，刘备才巧妙地将自己的慌乱掩饰过去，从而也避免了一场劫难。

刘备在煮酒论英雄的对答中是非常聪明的，他用的就是方圆之术，在曹操的哈哈大笑之中，才免去了曹操对他的怀疑和嫉妒，最后如愿以偿地逃脱了虎狼之地。至于三国后期的司马懿，更是个外圆内方的高手，他佯装快要死的人，瞒过了大将军曹爽，达到了保护自己、等待时机的目的，最后实现了自己的抱负，统一了天下。这正是"鹰立似睡，虎行似病"。

心平气和的智慧

人生在世只要运用"方圆"之理，必能达到心灵与外物的平衡。无论是趋进，还是退止，都能泰然自若，不为世人的眼光和评论所左右。

形醉而神不醉，外愚而内不愚

若愚者，即似愚也，而非愚也。所以"若愚"只是一种表象、一种策略，而不是真正的愚笨。在"若愚"的背后，隐含的是真正的大智慧、大聪明、大学问。真正具有大智慧、大聪明的人往往给人的印象总是有点愚钝，所以中国才有了"大智若愚"这个带有很深哲理意义的成语。

是糊涂一些好呢还是清醒一些好呢？一般的答案是后者。可糊涂学却提倡前者。例如，电视剧《九品芝麻官》中，包龙星自幼家贫，但他有志要像先祖包公一样做个明镜高悬的清官。龙星长大后，亲戚们出钱给他捐了个候补知县，是个九品芝麻官。龙星看似懒散糊涂的外表下有其他人难以企及的智慧，每断奇案，深受百姓爱戴。这便是外表糊涂、内心清楚的生活智慧。

当然，如果一个人内心本来很清楚，却让他在表面上装糊涂，这确实是件很困难的事，非有大智慧者不容易办到。而做到了这一点，就是所谓的"清楚之糊涂"了。

"大智若愚"不是故意装疯卖傻，不是故意装腔作势，也不是故作浅显，故作玄虚，而是待人处世的一种方式、一种态度，即遇乱不惧、受宠不惊、受辱不躁、含而不露、隐而不显，看透而不说透，凡事心里都一清二楚，而表面上却显得不知、不懂、不明、不晰。

三国时期的司马懿，本来是个老谋深算、聪明绝顶的人，却总喜欢装糊涂。当年他在五丈原，凭借一套大智若愚、软磨硬泡的功夫，终于拖垮了老对手诸葛亮，居功至伟，在国内也权倾一时。正因为功高震主，少不得引来同僚的妒忌和朝廷的猜疑。这种情况下，司马懿干脆装起糊涂来，以病重为由长期在家休假，给人制造一种行将就木的假象。但他的政敌们还是不放心，派了一个人以慰问病情为由刺探司马懿的虚实。司马懿干脆将计就计、顺水推舟，真的装出一副日薄西山、气息奄奄、病入膏肓的样子。在司马懿的策划下，来人果然被蒙骗了过去，回去就说司马懿病势沉重，将不久于人世，于是司马懿的政敌们终于放松了警惕。就在这个时候，司马懿暗中培植羽翼、广罗亲信，神不知鬼不觉地布置自己的两个儿子抓住了京师禁军大权。后来瞅准了一个时机，发动了"高平陵之变"，几乎将曹家的势力一网打尽。至此，魏国军政大权尽数落在司马氏手中。

你看，一个人充分运用糊涂学的技巧，会有很多意想不到的收获，这也不失为保全自己的手段。细数古今中外，无论是政治、军事、外交、管理，其实都用得着"清楚之糊涂"的招数。所以对聪明人来说，正确的态度应该是什么呢？那就是"该清楚时就清楚，偶尔也要装糊涂"。

心平气和的智慧

内心本来是"清清楚楚"的，却为了应实际的需要，在外人面前表现出"含含糊糊"的姿态，因为这更加有助于达到"圆通"的境界，这也是一种出色的人生智慧。

吃糊涂亏，积无量福

从表面上来看，吃亏，意味着舍弃与牺牲。如果以同样的方式来理解"吃亏是福"，那么从中便很容易看出这样做似有犯傻之嫌疑。常言道：人不为己，天诛地灭。宁愿吃亏，而且还认为吃亏是福，或许只有精神不正常的人或者傻到极点的糊涂人才会这么认为。吃了亏不发怒，不伺机报复已是不错了，还要让人认定这是一种福气，乍一听，实在说不过去。其实，强调"吃亏是福"，是寄托长远的清醒，是吃小亏避大亏的智慧。

路径窄处，留一步与人行；滋味浓处，减三分让人尝。特别当残酷的现实需要我们做出舍弃与牺牲时，如果我们能够坦然处之，吃"眼前亏"，能舍弃和牺牲某些利益，学会"糊涂"，不去计较这些，失去的大多是物质的和暂时的。吃这样的亏会让我们的生活静好，来去自如，逍遥自在，让人生进入极乐境界。

常言道："人吃亏，人常在。"吃亏不是不求索取，不是没有追求，不是无所作为，而是一种坦然，坦然面对理性中的得失和追求；是一种豁然，豁然面对悟性中的索取和作为；是一种超越，超越于别人忙于追名逐利而仍然保持的宁静和明智。如果在得失面前，保持一种超然的心态、淡泊的情怀，就会有一分清醒、一分思考、一分期待、一分追求。因此，吃亏也是一种修养，一种气质，一种境界。

反之，一点亏也吃不得，处处想占便宜的人，虽然处处争得自身利益，争得高高在上，最终则必将众叛亲离，孤立无援，为众人所遗弃。当然，我们并不主张做浑浑噩噩、不知所为的庸者，但我们要在收获与付出、得与失的理性中去赢取团结合作的氛围。因此只有不怕吃亏的人，才能与人和谐共处，才能赢得众心归，才能有权威，才能有所作为。

在实际生活中，越是不肯吃亏的人，越是可能吃亏，而且往往还会多吃亏，吃大亏。这是不以人的意志为转移的规律。那些贪官不甘心吃亏，面对金钱的诱惑，他们无法克制自己。为了满足自己的欲望，自以为聪明，把人民给予的权力，用来牟取私利，权钱交易，用作自己的生财之道，到头来为了一个"贪"字丢官罢职掉脑袋，葬送了自己的一切。

所以说，天底下没有免费的午餐，同样也没有白吃的亏。吃亏就是耕耘，是为了希望种子的撒播；吃亏就是播种，为了夏季艳丽的花朵；吃亏就是浇灌，为了秋天丰硕的收获！

心平气和的智慧

"吃亏是福"，是人生的一种达观大度，内中蕴含着丰富无穷的人生哲理，不仅仅需要细细咀嚼，更要努力实践。若能做到如此，人生定会有一道色彩斑斓、醉人迷眼的亮丽风景，身在其中，其乐融融、其福无穷。

糊涂比聪明更显智慧

有一道题问：如果让你漂流到一个荒岛，只能带三样东西，你会带什么？有的人回答：一颗柠檬树、一只鸭子、一个傻瓜。为什么不带聪明人而带傻瓜呢？因为聪明人会砍掉柠檬树，吃掉鸭子，甚至最后害了主人；只有傻瓜，才会执着地拼命做事。生活中，人们需要这种傻瓜精神，傻瓜精神是一种静心的处世方法，有傻瓜精神的地方往往会发生奇迹。

世界上聪明的人不多，估计十中只有一，而智者更为罕见，估计百里无一。在现实生活中，不愿意吃亏的总是聪明人，而愿意"吃亏"的是智者。

聪明人与别人共事总能保全自己的眼前利益，而智者则更看重的是长远利益；聪明人能把握机会，知道自己什么时候该出手，而智者知道什么时候该放手。所以拿得起来的是聪明人，放得下的是智者。聪明能获得很多知识，而智慧让人更有文化。反过来，一个人知识越多越聪明，而文化越多越智慧。聪明人喜欢处处逞强，胜人一筹；而智者则喜欢示弱，含而不露。因为他知道示弱不仅是一种智慧，亦是一种力量，智者常常是以出世的心态做入世的事情的人。

聪明人总喜欢把自己闪光的一面展现出来，也就是所谓的脱颖而出。比如在一个聚会里聪明人嘴忙，往往侃侃而谈，因此是茶壶；而智者耳忙，注意聆听别人，因此是茶杯。茶壶里的水最终要倒进茶杯里。

聪明人常常因为左右逢源而周围显得热闹，而智者往往因为甘于淡泊而显得冷清。前者赚来的是一时的人缘，而后者更能长久的赢得人心。

聪明多数得益于遗传，而智慧更多靠修炼。聪明靠耳朵、靠眼睛，所谓耳聪目明；而智慧靠心，所谓慧由心生。聪明能带来财富和权利，智慧能带来快乐。因此聪明人往往有更多技能，而现实中这些技能只要碰上机缘巧合，就能转化为财富和权利；但是财富、权利和快乐很多时候不能成正比，因为快乐来自人心。因此求才求聪明容易，求脱离烦恼，非修智慧不可。

心平气和的智慧

聪明难，糊涂更难，聪明是一种艺术，然而聪明过头反而会招致不必要的损失，所谓聪明反被聪明误即是此理。而糊涂却不仅是一种艺术，它更是一种真正的人生大智慧。

糊涂是洞明人生的智慧

郑板桥乃"扬州八怪"之首，一生为人一尘不染，正直率性，为官两袖清风，为民谋益，清名可谓家喻户晓。"聪明难，糊涂难，由聪明而转入糊涂更难；放一着，退一步，当下心安，非图后来福报也。"他的这副对联实为千古绝唱，只言片语间便道出了人生的大智慧。

大凡立身处世，无人不需要聪明和智慧，但聪明与智慧在许多时候却要依赖糊涂才得以体现。这乍听起来似乎有些不得其解，实际上这里说的糊涂不是痴愚懵懂，不是与生俱来、装不来、求不到的真糊涂，而是一种明明是非黑白了然于心，偏偏装作良莠不分，装出来的假糊涂，即由"聪明转入糊涂"。这种糊涂就是要审时度势、有所吐纳，不要一味地聪明到底，可以有所保留、有所退让，虽不计一时的得失却能聪明一世，却能心安。

郑板桥在潍县做县令时，勤政爱民，使潍县富了起来。京城大官们都想到这块肥肉上咬一口，可都被郑板桥的"不识时务"给挡了回去。有个绰号叫"三拐子"的钦差不以为然，他想："凭我'雁过拔根毛'的手段，何愁他郑板桥不就范呢？"于是他就想出个"计策"——先派人给郑板桥送去了个礼盒。郑板桥接到礼盒打开一看，不由一惊，心想："这家伙真是老谋深算，诡计多端，他先送给我百两纹银，按理我该十倍回赠才是啊！"郑板桥思来想去，最后还是把礼收了下来，然后送回一个同样的礼盒。三拐子一见大喜过望，急忙打开，却差点把他气疯了。原来盒子里并无半两银子，只有郑板桥的一首诗：芝麻郑燮拜尊翁，馈赠恩深却不恭。金银有数终须尽，无限情怀空盒中。

三拐子见此实在是哭笑不得，他决定要好好整治一下郑板桥，可是怎么也想不出整治的理由，找不出毛病来，无奈也只好回京城去了。然而他这个占惯了别人便宜的人，却总是念念不忘这件事。他自己很是感慨：自己打了一辈子的雁，却叫雁给啄瞎了眼。于是也诌了一首所谓的诗，来表达自己的心情：潍县挺富都想啃，啃来啃去赔了本。百两银子白搭上，疼得我觉无法困。

郑板桥的糊涂实在不是"痴"和"愚"，更不是圆滑世故，而是对于为人之道、为官之道的大彻大悟，是洞明人生的大智慧。

"由聪明转入糊涂"是一种自我保护，是为了求得"当下安心"，是为了实现心理平衡，是一种心理防御机制，是更为聪明之举。正如有人说过"事可为而不为是懦夫，事不可为而强为是蠢汉"。聪明的人应该做聪明的事，而不是强为不可为之事，而"难得糊涂"却以不强为达到"为"的目的，达到了超凡入圣的心理境界。

"难得糊涂"之"难"在于，当需要你糊涂的时候却装不来糊涂，所以大智慧尚需大悟道。这样看来郑板桥先生的"难得糊涂"中的"糊涂"就是一门学问了，不仅高雅，隐含的哲理也很深。尤其是这"难得"二字大有学问，不是让人时时刻刻装糊涂，而是在必要的时候装回糊涂。

心平气和的智慧

人应该学会聪明，学会生存之道，但却不是学小聪明。爱耍小聪明的人能聪明一时却不能聪明一世。而大智若愚者，即表面上糊涂的人，虽不计一时的得失却能聪明一世，明哲保身，始终立于不败之地。

花半开，酒半醉

《菜根谭》里说：笙歌正浓处，便自拂衣常往，羡达人撒手悬崖；更漏已残时，犹然夜行不休，笑俗士沉身苦海。意为，当歌舞盛宴达到最高潮的时候，就自行整理衣衫毫不留恋地离开，很羡慕那些胸怀广阔的人，他们能在这种紧要时候猛然回头；夜深人静仍然在忙着应酬，目光短浅的俗人坠入无边痛苦中而不能自拔，说来真是可笑。

"花要半开，酒要半醉"是一种大智若愚的表现，能够练得这种修为的人，往往能够对事情、对自己适度把持，不肆意放纵，而这种状态也才能享受到人生的真正乐趣。反之，鲜花盛开过于娇艳、过于张扬的时候，就很容易被人采摘，其香、色必不会长远，也就到了衰败的开始；酒喝到烂醉如泥，不但不能享其甘醇，反而让身心受罪。人生也是一个道理，凡事都要有所节制。

在《三国演义》中可以看到，刘备死后，诸葛亮似乎是没有大的作为了，他不像刘备在世时那样运筹帷幄，满腹经纶，锋芒毕露了。这是什么原因呢？那就是，在刘备这样的明君手下，诸葛亮是不用担心受猜忌的，况且刘备也离不开他，因此他可以尽力发挥自己的才华，辅助刘备打下江山，三分天下而有其一。刘备死后，阿斗继位。刘备生前当着群臣的面说："如果这小子可以辅助，就好好扶助他；如果他不是当君主的材料，你就自立为君算了。"诸葛亮顿时冒了虚汗，手足无措，哭着跪拜于地说："臣怎么能不竭尽全力、尽忠贞之节、一直到死而不松懈呢？"说完，叩头直至流血。实际上，刘备再仁义，再英明，也不至于把国家让给诸葛亮，他让诸葛亮为君，怎么知道他就没有试探诸葛亮的心思呢？

因此，诸葛亮一方面行事谨慎，鞠躬尽瘁，一方面则常年征战在外，以防授人"挟天子"的把柄。所以他锋芒大有收敛，时常故意显示自己老而无用，以免祸及自身。这显然是韬晦之计，收敛锋芒是诸葛亮的大聪明。

作为一个人，尤其是作为一个有才华的人，更要做到不露锋芒，这样才能既有效地保护自我，又能充分发挥自己的才华。当你志得意满时，不可趾高气扬，目空一切、不可一世，否则你很容易被别人当靶子！所以，无论你有怎样出众的才智，都一定要谨记：不要把自己看得太了不起，不要把自己看得太重要，不要把自己看成是救国济民的圣人君子，收敛起自己的锋芒，是为上策。

心平气和的智慧

不但做人"花要半开"，做事也"酒要半醉"。勿待兴尽，用力勿至极限，适可而止，恰到好处最为理想。

不争，就是争

那些拥有"糊涂策略"的人，总是以不争而达到无所不争，以无为而达到无所不为。

在电视剧《雍正王朝》中，四阿哥胤禛的谋士邬先生告诉胤禛：争，就是不争；不争，就是争。这一句话，让忧心于国家当时的困境、苦恼于处在皇太子和八阿哥的政治旋涡之中的胤禛顿时觉悟。

政治从来都是与险恶相生相伴的，康熙皇帝英明一世，然而在选择继承人上却是愁眉不展。皇太子本来是钦定的皇位继承人，但由于其自身不努力，还做出一些违禁之事，于是屡次被废。另一方面，八阿哥自恃聪明，广结党羽，收买人心，不断打击皇太子，也逐渐增强了自己的力量，成为有实力问鼎皇位继承人宝座的人。

然而，命运却和这些明白人开了一个大玩笑，最后的皇位继承人爆了一个大大的冷门，没有任何理由和资本的四阿哥却坐上了皇帝的宝座。因为胤禛采纳了邬先生的意见：扎扎实实做好自己的工作，对皇上和黎民负责就足够了。

这其间的奥妙，其实就是邬先生所说的"争与不争"的辩证法。老子还说："天下莫柔弱于水，而攻坚强者莫之能胜，以其无以易之。""天之道，不争而善胜，不言而善应，不召而自来，然而善谋。"都是告诉人们，越是那些不与人争、不与事争的"糊涂"人，越是能够取胜的聪明人，因为他们善取自然之法，明白"糊涂至上"之道。

"争"，需要对手；而"不争"，是想别人没想过的问题，做别人没做过的事情。"善胜敌者，不争。"不争最终是为了更好地去争，不是和对手争，而是和自己争，战胜自我，顺应天然。这样做在于以"不争"泯绝那些形名之争，而得潜在的大势态，"故天下莫能与之争"。

然而，司马迁说：天下熙熙皆为利来，天下攘攘皆为利往。很多人明明白白地看到了名、利，他们难以让自己装糊涂，为了名、利和各种难以告人的欲望，拼命地排挤别人，以达到抬高自己的目的。

世界上最强大的人，不是争名夺利者，而是那些不争而有为的人。这些人不喜欢"出类拔萃""独占鳌头"的字眼，也不会为了这些虚表的外物而蒙蔽自己的心智，因此，他们能够保持最纯真的本性，但是他们的真才实学，最终会把他们推向"出类拔萃"的巅峰。

心平气和的智慧

不争是圣人的为人之道，也是"难得糊涂"的做人策略。以"不争"之心，"糊涂"之态，无为之治，人才能成其伟大，天地才能为之宽，宇宙才能真正地与之相融。

糊涂是智者最好的外衣

李白有一句耐人寻味的诗，曰"大贤虎变愚不测，当年颇似寻常人"，揭示了糊涂学意义上的处世法，是指在一些特殊的场合中，人要有猛虎伏林、蛟龙沉潭那样的伸屈变化之胸怀，让人难以预测，而自己则可在此期间从容行事，这正是"揣着明白装糊涂"。"揣着明白装糊涂"是一种达观，一种洒脱，一份人生的成熟，一份人情的练达。当然做到"明知故昧"绝非易事，如果没有高度的涵养是断然不行的。

"装糊涂"是一门高深莫测的大学问，古代的庄子就是一个极其推崇"装傻哲学"的人。《庄子》里讲过"望之似木鸡"的故事，就是"呆若木鸡"的来源。那斗鸡不骄不躁，甚至带着呆气，却能百战而百胜，绝不含糊。可见，看着"呆"的未必是真"呆"！

所以，我们所谓的糊涂不是真正的糊涂，不是昏庸，也不是没有是非观念的好好先生，更不是卑下的和稀泥、扯皮，而恰恰相反，它是一种藏巧卖拙的智慧。

历史上有名的大青天海瑞在浙江淳安县当知县的时候，有一天，驿站的差人来告状，说有一个人自称是总督胡宗宪的儿子，嫌驿站的马匹不好，把驿吏捆起来倒挂在树上。

海瑞听后马上带人赶到驿站。他看到穿着华丽衣服的胡公子正在指手画脚地骂人，他身边还放着大大小小的箱子，箱子上还贴着总督衙门的封条，心里立刻明白了，这肯定是胡宗宪的儿子，并且又收了不少赃礼。

海瑞打量之后，心里马上有了主意，于是叫人把箱子打开，原来里面装着好几千两银子。海瑞立刻变了脸色，指着胡公子，对围观的群众说："这恶徒真可恶，竟敢假冒总督家里的人，败坏总督名声！那次胡总督出来巡查时，再三布告，叫地方不要铺张，不要浪费。你们看这恶徒带了这么多行李和银子，怎么会是胡总督的儿子呢？他一定是假冒的，要严办才是。"

于是，海瑞把胡公子的几千两银子没收充公，交给国库。又写了一封信，连人一起送给总督胡宗宪发落。胡宗宪看了来信，又看看被捆绑着的儿子，气得说不出话来。他怕海瑞把事情闹大，只得忍气吞声，为了不失颜面，也不敢向海瑞说明他所捉的人就是自己的儿子。银子的事情更是不敢再提了。

从这个故事里，我们可以看到海瑞这个青天糊涂装的高明，给对方一副不谙世事的假象，然而正是这种策略，他不但坚持了自己正直清廉的本色，还省却了他人的嫉恨。

其实，真正的聪明人都懂得装糊涂，这样的人其实心知肚明，却表现得痴傻，正因为这种表现，才让他人消除了应有的防备。糊涂其实是大智慧、大哲学，更是一种幸福。但是有个前提，你必须是理智聪明的人，你必须清楚装糊涂是大智慧。把复杂的事想简单，是傻；把清楚的事想糊涂，也不聪明。复杂的事不去想它，清楚的事装糊涂，不计较，才是真聪明。

所以，要学会做一个会装糊涂的人，这样别人才不会去费尽心思地去揣度你的心思，你才可以去安心做自己要做的事。当你被别人"监视"的时候，装糊涂更为重要，只有这样，你才可以逃避他人对你的敌意。

心平气和的智慧

在漫漫人生中，人们必定会遇到许许多多令自己难堪的情境，对此，人们可以借助于佯装糊涂，忍让一下，不过于斤斤计较，暂时吃点小亏，做出退却姿态。这种糊涂，不但具有保护自己的功能，而且会让你更加放开眼量。

看穿是非得失，心中有数即可

虽然说人生如戏，但是真正的高人，不会在戏中迷失自己。是是非非、纷纷扰扰不过是过眼云烟，不值得挂怀。面对再多的诱惑，该放弃时则放弃，才能在混杂中活得清楚明白。一切势态，一切将来，都心中有数，智慧者当如是。

其实，什么是看穿是非，说直白一点就是懂得跳出来，懂得放弃。平日里，我们的心像钟摆一样在得失间摇摆，懂得放弃是一种智慧。

庄子提出，人得了道就是真人，真人有真智慧。什么叫真人？"不逆寡"，即顺其自然，一切不贪求，摆脱常人贪多的通病。"不雄成"，走出自大的机械心理，得道的人不觉得自己了不起，一切的成功都是自然，他看淡成败得失。

汉代司马相如所著《谏猎疏》有云："盖明者远见于未萌，而智者避危于无形。"意思是，明理的人在事情还没有发生之前就预见到了事情的发生，聪明的人在危险出现之前就已经安排好了避免危险的方法。

得失都是一样，有得就有失，得就是失，失就是得，所以一个人最高的境界，应该是无得无失，但是人们通常都是患得患失，未得患得，既得患失。塞翁失马，你怎么晓得是福还是祸呢？所以，不要把得失看得太重。

中国有句古语说："苦海无边，回头是岸。"偏偏有人就执迷不悟，因此，烦恼都是自找的。

超然忘我，放下得失之心，不苦苦执着于自己的得与失、喜与悲，便不会活得那么累。有人说，人的一生之中只有三件事，一件是"自己的事"，一件是"别人的事"，一件是"老天爷的事"。

今天做什么，今天吃什么，开不开心，要不要助人，皆由自己决定；别人有了难题，他人故意刁难，对你的好心施以恶言，别人的事与自己无干；狂风暴雨，山石崩塌，人力所不能及的事，只能是"谋事在人，成事在天"，过于烦恼，也是于事无补。人活得累，只是因为，人总是忘了自己的事，爱管别人的事，担心老天爷的事。所以要想轻松自在很简单：打理好"自己的事"，不去管"别人的事"，不操心"老天爷的事"。

心平气和的智慧

　　游戏人间不是玩世不恭，而是让自己的心境轻松，守住做人的本分，从俗事中解脱出来，不被物质所累。

智者守愚

清代著名的扬州八怪之一——郑板桥的一生中，皓首穷经，从世态炎凉和官场丑恶中总结出了一句至理名言——难得糊涂。

中国古代的道家和儒家都主张"大智若愚"，而且要"守愚"。孔子的弟子颜回会"守愚"，深得其师的喜爱。他表面上唯唯诺诺、迷迷糊糊，其实他在用心功，所以课后他总能把先生的教导清楚而有条理地讲出来，可见若愚并非真愚。大智若愚的人给人的印象是：虚怀若谷、宽厚敦和、不露锋芒，甚至有点木讷。其实在"若愚"的背后，隐含的是真正的大智慧、大聪明。

孔子年轻气盛之时，曾受教于老子。老子对孔子说："良贾深藏若虚，君子盛德，容貌若愚。"即善于做生意的商人，总是隐藏其宝货，不叫人轻易看见；君子之人，品德高尚，容貌却显得愚笨拙劣。

因此，老子警告世人："不自见，故明；不自是，故彰；不自伐，故有功；不自矜，故长。""企者不立，跨者不行，自见者不明，自是者不彰，自伐者无功，自矜者不长。"

老子是第一个推崇"愚"的的人——宽容、简朴、知足。

这种处世态度包括了愚者的智慧、隐者的利益、柔弱者的力量和真正熟识世故者的简朴。这种境界，往往是一个高尚的智者在人生的迷恋中幡然悔悟后得来的。

在儒家思想中，没有任何东西比炫耀、漂亮、有意显示更遭批评的了。

金熙宗时期，石琚任邢台县令时，官场腐败、贪污成风，独石琚洁身自好，还常告诫别人不要见利忘义。

石琚曾经规劝邢台守吏说："一个人到了见利不见害的地步，他就要大祸临头了。你敛财无度，不计利害，你自以为计，在我看来却是愚蠢至极。回头是岸，我实不忍见到你东窗事发的那一天。"

邢台守吏拒不认错，私下竟反咬一口，向朝廷上书诬陷石琚贪赃枉法。结果，邢台守吏终因贪污受到严惩，其他违法官吏也被一一治罪，石琚因清廉无私，虽多受诬陷却平安无事。

石琚官职屡屡升迁，有人便私下向他讨教升官的秘诀，石琚总是笑一笑说："我不想升迁，凡事凭良心凭无私，这个人人都能做到，只是他们不屑做罢了。人们过分相信智慧之说，却轻视不用智慧的功效，这就是所谓的偏见吧。"

金世宗时，任命石琚为参知政事，不想石琚却百般推辞，金世宗十分惊异，私下对他说："如此高位，人人朝思暮想，你却不思谢恩，这是何故？"

石琚以才德不堪作答，金世宗仍不改初衷。石琚的亲朋好友力劝石琚道："这是天下的喜事，只有傻瓜才会避之再三。你一生聪明过人，怎会这样愚钝呢？万一惹恼了皇上，我们家族都要受到牵连，天下人更会笑你不识好歹。"

石琚长叹说："俗话说，身不由己，看来我是不能坚持己见了。"

石琚无奈地接受了朝廷的任命，私下却对妻子忧虑地说："树大招风，位高多难，我是担心无妄之灾啊。"

他的妻子不以为然，说道："你不贪不占，正义无私，皇上又宠信于你，你还怕什么呢？"

石琚苦笑道："身处高位，便是众矢之的，无端被害者比比皆是，岂是有罪与无罪那么简单？再说皇上的宠信也是多变的，看不透这一点，就是不智啊。"

石琚在任太子少师之时，曾奏请皇上让太子熟习政事，嫉恨他的人便就此事攻击他别有用心，想借此赢取太子的恩宠。金世宗听了十分生气，后细心观察，才认定石琚不是这样的人。

金世宗把别人诬陷他的话对石琚说了，石琚所受的震撼十分强烈，他趁此坚辞太子少师之位，再不敢轻易进言。大定十八年，石琚升任右丞相，位极人臣，前来贺喜的人络绎不绝。石琚表面上虚与委蛇，私下却决心辞官归乡。他开导不解的家人、故旧说："我一生勤勉，所幸得此高位，这都是皇上的恩典，心愿已足。人生在世，祸在当止不止，贪心恋栈。"

他一次又一次地上书辞官，金世宗见挽留不住，只好答应了他的请求。世人对此事议论纷纷，金世宗却感叹说："石琚大智若愚，这样的人才天下再无双了，凡夫俗子怎知他的心意呢？"

装糊涂有时候也是一种无奈之举，特别是当弱者面对强大的敌人时，装糊涂就成为一种重要的智慧了。

每个人都有缺陷，对于别人的缺点，我们有时候需要"糊涂"一点。这种对人们缺点的"糊涂"，是一种难得的糊涂。有时候"糊涂"是日常生活中不可缺少的一个音符，"糊涂"是为人处世时刻都用得上的。

这里所说的"糊涂"，是指在待人接物时，装装糊涂，讲点艺术。

苏轼在《贺欧阳少师致仕启》中说："力辞于未及之年，退托以不能而止，大勇若怯，大智若愚。"对于那些不情愿去做的事，可以以智回避。有大勇，却装出怯懦的样子，聪敏，装出很愚拙的样子，如此可以保全自己的人格，同时也可不做随波逐流之事。真正的大智大勇者未必要大肆张扬，徒有其表，而要看其实力。李贽也有类似的观点："盖众川合流，务欲以成其大；土石并砌，务欲以实其坚。是故大智若愚焉耳。"百川合流，而成其大；土石并砌，以实其坚，这才是大智若愚。

心平气和的智慧

人们在追求成功的过程中，并不是笔直平坦的，它是由许多曲折和迂回铸成的。聪明的人在不能直达成功彼岸的时候，就会采取迂回前进的办法，不断克服困难，最终走向成功。当面临困难，面对无奈和尴尬时，不妨学糊涂一些，只有这样，成功才会最终属于你。

难得糊涂是良训，做人不要太较真

怎样做人是一门学问，甚至是一门用尽毕生精力也未必能勘破个中因果的大学问。多少不甘寂寞的人穷究原委，试图领悟人生真谛，塑造辉煌的人生，然而人生的复杂性使人们不可能在有限的时间里洞明人生的全部内涵，但人们对人生的理解和感悟又总是局限在事件的启迪上。比如，处世不能太较真便是其中一理，这正是有人活得潇洒、有人活得累的原因之所在。

做人固然不能玩世不恭、游戏人生，但也不能太较真，认死理。"水至清则无鱼，人至察则无徒"，太认真了，就会对什么都看不惯，连一个朋友都容不下，把自己同社会隔绝开。镜子很平，但在高倍放大镜下，就成了凹凸不平的山峦；肉眼看很干净的东西，拿到显微镜下，满目都是细菌。试想，如果我们戴着放大镜、显微镜生活，恐怕连饭都不敢吃了；如果用放大镜去看别人的缺点，恐怕那家伙早已罪不容诛、无可救药了。

与人相处就要互相谅解，经常以"难得糊涂"自勉，求大同存小异，有度量，能容人，你就会有许多朋友，且左右逢源，诸事遂愿；相反，"明察秋毫"，眼里揉不进半粒沙子，过分挑剔，什么鸡毛蒜皮的小事都要论个是非曲直，容不得人，人家也会躲你远远的，最后你只能关起门来"称孤道寡"，成为使人避之唯恐不及的异己。古今中外，凡是能成大事的人都具有一种优秀的品质，就是能容人所不能容，忍人所不能忍，善于求大同存小异，团结大多数人。他们胸怀豁达而不拘小节，从大处着眼而不会鼠目寸光，并且从不斤斤计较，纠缠于琐事之中，所以他们才能成大事、立大业，使自己成为不平凡的伟人。

宋朝的范仲淹，是一个有远见卓识的人。他在用人的时候，主要是看人的气节而不计较人的细微不足。范仲淹做元帅的时候，招纳的幕僚有些是犯了罪被朝廷贬官的，有些是被流放的，这些人被重用后，有的人不理解。范仲淹则认为："有才能没有过错的人，朝廷自然要重用他们。但世界上没有完人，如果有人确实是有用的人才，仅仅因为他的一点小毛病，或是因为做官议论朝政而遭祸，不看其主要方面，不靠一些特殊手段起用他们，他们就成了废人了。"尽管有些人有这样或那样的问题，但范仲淹只看其主流，他所使用的人大多是有用之才。

《尚书·伊训》中有"与人不求备，检身若不及"的话，是说我们与人相处的时候，不求全责备，检查约束自己，也许还不如别人。要求别人怎么去做的时候，应该先问一下自己能否做到。推己及人，严于律己，宽以待人，才能团结能够团结的人，共同做好工作。一味地苛求，就什么事情也办不好。

郑板桥的一句"难得糊涂"，至今仍被人们奉为是聪明的最高境界。其实，人生少一点较真，换来的将是更多的收获。

心平气和的智慧

人非圣贤，孰能无过？有道德修养的人不在于不犯错误，而在于有过能改，且不再犯。所以用人时，用有过之人也是常事，应该看到他的过错只不过是偶然的，他的大方向是好的。

第八章

斗气不如斗志，给暴躁的脾气
换条跑道

有的人之所以不能取得成功，之所以不快乐，是因为自己羁绊住了自己。他们有时会为鸡毛蒜皮的小事儿怄气，以至于怨天尤人，抱怨命运的不公，以致与人、与事"斗气"，使自己陷入莫名的苦恼中，进而影响了自己的生活、学业和工作。而"斗志"的人则不同。他们不管别人对自己如何，只管坚定地奔赴自己的目标。斗志者是理性的，他们的每一个作为都经过仔细的思考，绝无冲动，从不感情用事。

叫嚣抵不过低头实干

世界上没有不劳而获的事情，成功无一不是脚踏实地努力的结果。所以，与其总是将精力放在叫嚣上，不如脚踏实地，从最基本的做起。

1864 年 9 月 3 日，斯德哥尔摩市郊突然爆发出一声震耳欲聋的巨响，滚滚浓烟、火焰霎时冲上天空。当惊恐的人们赶到现场时，只见原来屹立在这里的一座工厂只剩下残垣断壁，火场旁边，站着一位 30 多岁的年轻人，突如其来的惨祸，使他面无血色、浑身不住地颤抖着……

青年眼睁睁地看着自己所创建的硝化甘油炸药实验工厂化为灰烬。人们从瓦砾中找出了 5 具尸体，4 人是他的亲密助手，而另一个是他在大学读书的小弟弟。5 具烧得焦烂的尸体，惨不忍睹。青年的母亲得知小儿子惨死的噩耗，悲痛欲绝。年迈的父亲因受刺激而引发脑溢血，从此半身瘫痪。

事后，警察局立即封锁了爆炸现场，并严禁青年重建自己的工厂。人们像躲避瘟神一样避开他，再也没有人愿意出租土地让他进行如此危险的实验。但是，困境并没有使青年退缩。几天以后，人们发现在远离市区的马拉仑湖上出现了一艘巨大的平底驳船，驳船上并没有装什么货物，而是装满了各种设备，青年正全神贯注地进行实验。

他就是后来闻名于世的诺贝尔。一次又一次的失败之后，他终于发明了雷管。雷管的发明是爆炸学上的一项重大突破，随着当时许多欧洲国家工业化进程的加快，开矿山、修铁路、凿隧道、挖运河等都需要炸药。于是，人们又开始亲近诺贝尔。他把实验室从船上搬迁到斯德哥尔摩附近的温尔维特，正式建立了第一座硝化甘油工厂。接着，他又在德国的汉堡等地建立了炸药公司。一时间，诺贝尔的炸药成了抢手货。

做事低调踏实的人懂得成功需要辛勤的汗水来浇灌的道理，所以他们会用自己的勤奋去实现自己的目标。同样的人物还有俄国化学家门捷列夫。

很长一段时期，门捷列夫全身心地投入到化学元素的有关排列问题的研究中。一次，在紧张工作了 3 天 3 夜之后，他由于过度疲劳睡着了，竟在梦中见到了一张他日思夜想的元素周期表，通过这个梦，他成功地解决了困扰多时的元素排列问题。

后来，有记者采访他，要他讲述他是如何通过做梦而获得成功的。记者的提问，引起了他的不满，他说："什么，你认为我的发现只是梦中几个小时的成果吗？你知道之前我付出了多少个日夜、多少心血进行研究吗？"

门捷列夫对待工作的态度说明，成功不是偶然得来的，如果没有艰苦的努力，不管有怎样美妙的梦想、怎样美好的构思，都难以获得成功。

只有努力工作才是获得成功的捷径。看准了的事情，如果不论在什么情况下都能脚踏实地一步一个脚印地去实干，就有可能取得成功。

只有脚踏实地努力去做，才能够把事情做好。如果不愿意做最基础的事情，一心只想着一步登天，那样的人，是无法获得成功的。

如果你想成就一番伟业，在确立你远大的目标之后，静下心来，认认真真、脚踏实地开始你的行程吧！在通往成功的路上，我们不要梦想一步登天，如果基础不扎实，我们的成功就是海市蜃楼。

心平气和的智慧

世界上没有不劳而获的事情，成功无一不是脚踏实地努力的结果。所以，与其总是将精力放在叫嚣上，不如脚踏实地，从最基本的做起。

反击别人不如充实自己

当我们遭到冷遇时，不必沮丧，不必愤恨，唯有尽全力赢得成功，才是最好的反击。

有时候，白眼、冷遇、嘲讽会让弱者低头走开，但对强者而言，这也是另一种幸运和动力。所以美国人常开玩笑说，正是因为负面的刺激，才造就了杜鲁门总统。

在高中毕业班时，查理·罗斯是最受老师喜爱的学生之一。他的英文老师布朗小姐，年轻漂亮，富有吸引力，是校园里最受学生欢迎的老师之一。同学们都知道查理深得布朗小姐的青睐，他们在背后笑他说，查理将来若不成为一个人物，布朗小姐是不会原谅他的。

在毕业典礼上，当查理走上台去领取毕业证书时，受人爱戴的布朗小姐站起身来，当众吻了一下查理，给了他出人意料的祝贺。当时，本以为会发生哄笑、骚动，结果却是一片静默和沮丧。

许多毕业生，尤其是男孩子们，对布朗小姐这样不怕难为情地公开表示自己的偏爱感到愤恨。不错，查理作为学生代表在毕业典礼上致告别词，也曾担任过学生年刊的主编，还曾是"老师的宝贝"，但这就足以使他获得如此之高的荣耀吗？典礼过后，有几个男生包围了布朗小姐，为首的一个质问她为什么如此明显地冷落别的学生。

"查理是靠自己的努力赢得了我特别的赏识，如果你们有出色的表现，我也会吻你们的。"布朗小姐微笑着说。男孩们得到了些安慰，查理却感到了更大的压力。他已经引起了别人的嫉妒，并成为少数学生攻击的目标，他决心毕业后一定要用自己的行动证明自己值得布朗小姐的一吻。毕业之后的几年内，他异常勤奋，先进入了报界，后来终于大有作为，被杜鲁门总统任命为白宫负责出版事务的首席秘书。

当然，查理被挑选担任这一职务也并非偶然。原来，在毕业典礼后带领男生包围布朗小姐，并告诉她自己感到受冷落的那个男孩子正是杜鲁门本人。

查理就职后的第一件事，就是接通布朗小姐的电话，向她转述美国总统的问话："您还记得我未曾获得的那个吻吗？我现在所做的能够得到您的赏识吗？"

生活中，当我们遭到冷遇时，不必沮丧，不必愤恨，唯有尽全力赢得成功，才是最好的反击。当有人刺激了我们的自尊心，伤害到我们时，与其强烈地批驳别人，不如思考自己什么地方还需要完善。

有个喜欢与人争辩的学者，在研究过辩论术，听过无数场辩论，并关注它们的影响之后，得出了一个结论：世上只有一个方法能从争辩中得到最大的利益——那就是停止争辩。你最好避免争辩，就像避免战争或毒蛇那样。

这个结论告诉我们：反击别人不如充实自我。争辩中的赢不是真赢，它带来的只是暂时的胜利和口头的快感，它会使他人不满，影响你与他人之间的关系，更重要的是，在争辩中失利的人不会发自内心地承认自己的失败，所以你的说服和辩论是徒劳无功的，无助于事情的解决。

有一种人，反应快，口才好，心思灵敏，在生活或工作中和别人有利益或意见的冲突时，往往能充分发挥辩才，把对方辩得哑口无言。可是，我们为什么一定要与对方辩论到底以证明是他错了？这么做除了让我们得到一时的快意之外还有什么呢？这样能使他喜欢我们，或是能让我们签订合同？事实并非如此，要想拥有良好的人际关系，要想使自己在事业上游刃有余，在朋友中广受欢迎，在家庭中和睦相处，我们最好不要试图通过争辩去赢得口头上的胜利。

心平气和的智慧

反击别人，除了互相伤害以外，我们不会得到任何好处。这是因为，就算我们将对方驳得体无完肤、一无是处，那又怎样？即使对方表面上不得不承认我们胜了，但心里会从此埋下怨恨的种子。所以，还不如用反击别人的时间来充实自我。

把别人的折磨当成前进的动力

孔子曰："岁寒，然后知松柏之后凋也。"

你曾经被你的语文老师要求抄写生字 10 遍吗？你曾经被你的体育老师要求跑 1000 米吗？你曾经被你的上司训话吗？你曾经被你的顾客抢白而无言以对吗……生活中的折磨无处不在，那你是怨天尤人，忧虑度日，还是面对折磨，更加奋勇前进，这取决于你的选择。记住，你的选择会决定你的命运。

把折磨当成自己前进的动力，使自己经受折磨的雕琢，最终走向成功，才是你最明智的选择。

美国的一所大学进行了一个很有意思的实验。实验人员用很多铁圈将一个小南瓜整个箍住，以观察它逐渐长大时，能抵抗多大由铁圈给予它的压力。起初实验者估计南瓜最多能够承受 400 磅（约 181 千克）的压力。

在实验的第一个月，南瓜就承受了 400 磅的压力，实验到第二个月时，这个南瓜承受了 1000 磅（约 454 千克）的压力。当它承受到 2100 磅（约 1089 千克）的压力时，研究人员开始对铁圈进行加固，以免南瓜将铁圈撑开。

当研究结束时，整个南瓜承受了超过 4000 磅（约 1814 千克）的压力，到这时，瓜皮才因为巨大的反作用力产生破裂。

研究人员取下铁圈，费了很大的力气才打开南瓜。它已经无法食用，因为试图突破重重铁圈的压迫，南瓜中间充满了坚韧牢固的层层纤维。为了吸收充足的养分，以便于提供向外膨胀的力量，南瓜的根系总长甚至超过了 8 万英尺（约2438 千米），所有的根不断地往各个方向伸展，几乎穿透了整个实验田的每一寸土壤。

南瓜因为外界的压力而变得更加茁壮，人生也是如此。许多时候我们夸大了那些强加在我们身上的折磨的力量，其实生命还可以承受更大的压力，因为只要你想，你就能开发出更加惊人的潜能。

心平气和的智慧

在多难而漫长的人生路上，我们需要一颗健康的心，需要绚烂的笑容。苦难是一所没有人愿意上的大学，但从那里毕业的，都是强者。

做你自己的伯乐

如果没有其他人来发现你，那你就自己发现自己吧！做自己的伯乐，你才能取得成功。

1972 年，新加坡旅游局给总理李光耀打了一份报告，大意是说："我们新加坡不像埃及有金字塔，不像中国有长城，不像日本有富士山，不像夏威夷有十几米高的海浪。我们除了一年四季直射的阳光，什么名胜古迹都没有。要发展旅游事业，实在是巧妇难为无米之炊。"

李光耀看过报告，非常气愤。

据说他在报告上批了这一行字。"你想让上帝给我们多少东西？阳光，阳光就够了！"

后来，新加坡利用那一年四季直射的阳光，种花植草，在很短的时间里，发展成为世界上著名的"花园城市"。连续多年旅游收入名列全亚洲第三位。

上帝给每个国家、每个地区的东西，确实都不是太多。

就拿我们周围知道的来说，它仅给杭州一个西湖，仅给曲阜一个孔子。就个人而言，它给每个人的东西同样也少之又少，它只给了牛顿一只苹果，并且还是掷过去的；它只给了迪士尼一只老鼠，这只老鼠并且是在迪士尼自己连一块面包都吃不上的时候到达的。

上帝的馈赠虽然少得可怜，但它是酵母。

只要你是位有心人，你会惊喜地发现上帝的馈赠是多么的丰厚。

聪明的江南人利用西湖把杭州变成了天堂；智慧的北方人则利用孔子把曲阜变成了圣城。

一个天寒地冻的深夜，W. 翟莫西·盖尔卫，一位年轻的加利福尼亚人，正独自驱车穿过缅因州边远的森林地带。他的车轮突然打滑，车子撞进了路旁的雪堆。20 分钟过去了，盖尔卫没有看到一辆车路经此地。看来待在车里等着是毫无指望了，他认为最好的出路是步行去求援。于是他身穿便服和一件运动衫，开始向来路跑去。稀薄而寒冷的空气，使他几分钟之后便气喘吁吁了，一阵疲乏感袭来，他觉得浑身麻木，接着是令人瘫软的恐惧。"我会死在这冰天雪地之中的！"他意识到。

这个念头如此可怕，盖尔卫的脚步不知不觉地停了下来。过了一会儿，由于他承认了现实，他的恐惧发生了短路。他对自己说："如果我真的要死了，光发愁也无济于事。"这时，他突然觉察到，周围的一切是那样美丽：寂静的夜、闪烁的星星、被雪景衬托得格外分明的树木。盖尔卫没有想到，自己竟然渐渐地恢复了体力，于是他一口气跑了 40 分钟，终于找到了一户友善的人家。

盖尔卫没有想到，他突然之间显示出的奇怪的内部能量，竟会成为他后来所从事的事业的基础，并由此创造了他所谓和失望恐惧赛跑的"内心竞赛"的理论。在他作为一名运动员和一位教师的多年实践之后，盖尔卫认识到，在那个严寒的夜晚使他得救的正是人类所共有的一种巨大的潜能，这种潜能能否发挥作用在于人们是否肯使用它。

还有一个故事是这样说的：

有一个探险家，他走进了非洲的荒野中。他随身带了一些不怎么值钱的小装饰品，打算送给当地的土著人。在这些东西当中，有两面真人大小的镜子。他把这两面镜子靠着两棵树放好，然后就坐下来和他的手下人谈论有关探险的情况。这时候探险家注意到有个土著人手里拿着长矛正在向镜子走过来，当他向镜子里望去的时候，他看见了自己的影子，于是开始向镜子里的对手刺去，好像它真的是个土著人一样。当然，土著人打碎了这面镜子。这时候，探险家向这个土著人走去，问他为什么要打碎镜子。这个土著人回答说："他要杀我，我就先杀了他。"探险家向土著人解释说，镜子不是用来干这个的，并领他走到第二面镜子那边去。他对土著人解释说："看，镜子是这样一个东西——通过它，你可以看到你的头发有没有梳直，你脸上的油彩涂得是否合适，你的胸部多么健壮，你的肌肉多么发达。"野人回答说："噢，我不知道。"

成千上万的人都这样，他们的情形和这个土著人差不多。他们穷其一生和生活作战。在生命的每个转折点上，他们都以为会有一场战斗，而情况最终也确实是这样。他们预计会有敌人，而他们确实遇到了敌人。他们预计困难会接踵而至，而事情也恰好就是这样。"如果事情不是这样，那么它就是那样……总会发生点儿什么。"对于成千上万的没有能够认识到这种巨大的力量的人来说，事情过去是这样，将来也还会是这样。成千上万的人继续过着平淡、普通、痛苦的生活，因为这种巨大的力量从他们身边悄悄溜走了，他们就再也抓不住它了。生活中的你绝对不要像土著人那样，穷其一生都不能发现自己的力量。发现你自己，做自己的伯乐，你就能走向成功。

心平气和的智慧

你虽然没有别人英俊潇洒，但你可能身强体壮；你虽然不会琴棋书画，但你可能思维敏捷，逻辑清晰……上帝不会给人全部，但他绝对不会亏待你，所以你一定要做自己的伯乐，发掘自己的潜能。

善待你的对手

善待你的对手，尽显品格的力量和生存的智慧。

一旦谈到双赢，人们一向认为这种情况只会发生在自己与合作伙伴之间，而与对手，"不是你死，就是我亡"，这才是最终的结局。

真的是这样吗？显然，答案是否定的。其实我们和对手也可以走进双赢的境地。

所以，我们需要合作伙伴，而不要排斥对手。

对手，是失利者的良师。有竞争，就免不了有输赢。其实，高下无定式，输赢有轮回。曾经败在冠军手下的人，最有希望成为下一场赛事的冠军。只因败者有赢者作为师，取人之长，补己之短，为日后取胜奠基。更有一些智者，一番相争之后，便能知己知彼，比得赢就比，比不赢就转，你种苹果夺冠，我种地瓜也可以领先。

对手，是同剧组的搭档。人生在世能够互成对手，也是一种缘分，仿佛同一个分数中的分子、分母。如此说，结局往往只有赢多赢少之别，并无绝对胜败之分。角色有主有次，登台有先有后，掌声有多有少，但彼此相依，缺了谁戏也演不成。同在一个领导班子中也如此，携手共进，共创佳绩，方可交相辉映。

孟子说："入则无法家拂士，出则无敌国外患者，国恒亡。"奥地利作家卡夫卡说："真正的对手会灌输给你大量的勇气。"善待你的对手，方能尽显品格的力量和生存的智慧。

在秘鲁的国家级森林公园，生活着一只年轻的美洲虎。由于美洲虎是一种濒临灭绝的珍稀动物，全世界现在仅存17只，所以为了很好地保护这只珍稀的老虎，秘鲁人在公园中专门辟出了一块近20平方公里的森林作为虎园，还精心设计和建盖了豪华的虎房，好让美洲虎自由自在地生活。

虎园里森林茂密，百草丛生，沟壑纵横，流水潺潺，并有成群的人工饲养的牛、羊、鹿、兔供老虎尽情享用。凡是到过虎园参观的游人都说，如此美妙的环境，真是美洲虎生活的天堂。

然而，让人们感到奇怪的是，从没有人看见美洲虎去捕捉那些专门为它预备的"活食"。从没有人见它王者之气十足地纵横于雄山大川，啸傲于莽莽丛林，甚至未见它像模像样地吼上几嗓子。

人们常看到它整天待在装有空调的虎房里，或打盹儿，或耷拉着脑袋，睡了吃，吃了睡，无精打采。有人说它大约是太孤独了，若是找个伴儿，或许会好些。

于是政府又通过外交途径，从哥伦比亚租来了一只母虎与它做伴，但结果还是老样子。

一天，一位动物行为学家到森林公园来参观，见到美洲虎那副懒洋洋的样儿，便对管理员说，老虎是森林之王，在它所生活的环境中，不能只放上一群整天只知道吃草，不知道猎杀的动物。这么大的一片虎园，即使不放进去几只狼，至少也应该放上两只猎狗，否则，美洲虎无论如何也提不起精神。

管理员们听从了动物行为学家的意见，不久便从别的动物园引进了两只美洲狮投进了虎园。这一招果然奏效，自从两只美洲狮进虎园的那天起，这只美洲虎就再也躺不住了。

它每天不是站在高高的山顶愤怒地咆哮，就是有如飓风般冲下山冈，或者在丛林的边缘地带警觉地巡视和游荡。老虎那种刚烈威猛、霸气十足的本性被重新唤醒。它又成了一只真正的老虎，成了这片广阔的虎园里真正意义上的森林之王。

一种动物如果没有对手，就会变得死气沉沉。同样的，一个人如果没有对手，那他就会甘于平庸，养成惰性，最终导致庸碌无为。

一个群体如果没有对手，就会因为相互的依赖和潜移默化而丧失灵活，丧失生机。

一个行业如果没有对手，就会因为丧失进取的意志、安于现状而逐步走向衰亡。

许多人都把对手视为心腹大患，是异己，是眼中钉，是肉中刺，恨不得马上除之而后快。其实只要反过来仔细一想，便会发现拥有一个强劲的对手，反倒是一种福分、一种造化。

因为一个强劲的对手会让你时刻有种危机四伏感，它会激发起你更加旺盛的精神和斗志。

有时候，表面上看，我们从对手身上得到的学习机会没有那么直接、明显，然而，仅仅是承受他带给我们的压力，就已是很宝贵的机会，可以对我们的成长起到很大的助益。不要随便把对手视为敌人或仇人，只有这样，我们才可以冷静地观察对方，客观地审视自己；也唯有这样，才能在与对手交手的过程中学到东西。

然而，很多人无法这样看待对手。由于对手和敌人往往只有一线之隔，甚至是一体两面，因而对手也很容易被视为仇人。很多人会带着各种情绪来看待对手，经常会这样想：敌人和仇人当然是不好的，哪有向他们学习的道理？

不少人在碰到对手的时候，首先是不屑一顾（觉得对手的实力不过如此），接下来是愤怒（发现这样的人竟然有很多人喜欢，还威胁甚至超越自己），最后则是不允许别人在面前说对手的只言片语。

其实，越是敌人和仇人，可学的东西才越多。对方要消灭你，一定是倾巢而动、精锐尽出。对方使出浑身解数的时候，也就是传授你最多招数的时候（敌人为了激怒你、伤害你而使出的一些手段，就是任何其他老师所不能教你的）。所以，如果你有个很强的对手，你应该从心底欢喜。就像每天要照照镜子一样，你每天都要仔细盯紧这个对手，好好欣赏他，好好向他学习。而最好的学习，永远来自于你和他交手、被他击中的那一刻。

一个人有了对手，才会有危机感，才会有竞争力。有了对手，你便不得不奋发图强，不得不革故鼎新，不得不锐意进取，否则，就只能等着被吞并、被替代、被淘汰。

心平气和的智慧

善待你的对手吧！有时候，将我们送上领奖台的，不是我们的朋友，而恰恰是我们的对手。

远离虚荣才能接近对手

对手是你的"敌人"，但从另一个方面来说，对手也是对你的成功帮助最大的人。你只有抛弃虚荣心理，才能跟你的对手走到一起。

商场上有句俗话这样说："同行是冤家。"不错，你的同行的确就是你的竞争对手。在抢占市场时，你们的确是冤家。但是，不可否认的是，如果没有竞争对手，只有个人垄断，那将会导致不思发展的后果。有时候，要想使自己变得更强更好，你必须要善待自己的对手。

那要怎样接近自己的对手呢？这就要求你抛弃虚荣心理，主动和对方接触，才能接近对手，并了解对手，学习对手，最终达到双赢的效果。

有个名叫西拉斯的人，在一个小镇上开一家杂货铺。这铺子是他爸爸传下来的，他爸爸又是从他爷爷手里接过来的。他爷爷开这铺子的时候南北两边正在打仗。

西拉斯买卖公道，信誉很好。他的铺子对镇上的人来说就像手足，不可缺少。西拉斯的儿子在长大，小铺子就要有新接班人了。

可是有一天，一个外乡人笑嘻嘻地来拜访西拉斯，情况便变得严重了！此人说，他想买下这铺子，请西拉斯自己出价。

西拉斯怎么舍得？即便出双倍价格他也不能卖！这铺子可不仅仅是铺子，这是事业，是遗产，是信誉！

外乡人耸耸肩，笑嘻嘻地说："抱歉，我已选定了街对面那幢空房子，等粉刷一番，弄得富丽堂皇，再进些上好货品，卖得更便宜，那时你就没生意了！"

西拉斯眼见对面空房贴出了翻新布告，一些木匠在里面锯呀刨呀，有一些漆匠爬上爬下，他的心都碎了！他无可奈何却又不无骄傲地在自家店门上贴了张告白："敝号系老店，95年前开张。"

对面也换了一张告白："敝号系新店，下礼拜开张。"

人们对比着读了，无不心中暗笑。

新店开业前一天，西拉斯坐在他那间阴暗的店堂里想心事，他真想把对手臭骂一顿，幸亏西拉斯有个好妻子。

"西拉斯，"她用低低的声音缓缓地说，"你巴不得把对面那房子放火烧了，是不是？"

"是巴不得！"西拉斯简直在咬牙切齿，"烧了有什么不好？"

"烧也没用，人家保险过。再说，这样想也缺德。"

"那你说我该怎么想？"西拉斯冒着火。

"你该去祝愿。"

"祝愿天火来烧？"

"你总说自己是个厚道人，西拉斯，你一碰到切身事就糊涂。你该怎么做不是很清楚吗？你应该祝愿新店开业成功。"

"你是脑筋出问题了吧，贝蒂。"

说是这么说，西拉斯最后决定去一次。

第二天早晨新店还没开门，全镇人已等在外边。大家看着正门上方赫然写着"新新百货店"几个金字，都想进去一睹为快。

西拉斯也在人群中，他快快活活跨到台阶上大声说："外乡老弟，恭喜开业，谢谢你给全镇人带来方便！"

他刚说完便吃了一惊，因为全镇人都围上来朝他欢呼，还把他举起来。大家跟他进店参观。谁都关心标价，谁都觉得很公道。那外乡老板笑嘻嘻地牵着西拉斯的手，两个生意人像老朋友。

后来，两家生意都做得兴隆，因为小镇一年年变大了。

故事给我们一个很好的启示：

一个能容忍对手发展的人，不但是一个胸襟宽广的人，还是一个具有远见的人。让竞争对手时刻在背后激励自己、鞭策自己，使自己不能有片刻懈怠，努力向前发展，实现双赢目的，实在是再好不过。

心平气和的智慧

放下自私和虚荣，主动接受对方。"尺有所短，寸有所长"，只要你诚心接交，对方也会坦诚相待，你就会从对手身上学到长处，从而更有利于自己的发展。

在压力中奋起

不在压力中奋起，便在压力中灭亡。要想在人生的道路上走得更远，你必须选择前者。

毕业之后面临着就业压力，就业之后面临工作压力，其他还有诸如生活压力、竞争压力、恋爱压力等等。如果你没有在压力面前奋起的勇气，那你只能在重重压力中陷入虚无。

比如某知名歌星，很多人痴迷他的歌、喜欢他的电影、羡慕他的辉煌，可有几个人知道他艰辛的奋斗历程呢？"不要自卑，也不要害怕挫折"，这是他成功的秘诀。

他的第一份工作是在政府贸易处当助理文员，工作十分乏味。不肯安于现状的性格使他不久跳槽到了一家航空公司，但工资比第一份还少。当时他也没有想过有一天会成为明星。踏入娱乐圈是偶然的，成功也来得太快，这使得他沉溺在成功带来的满足感和优越感之中，只知道尽情玩乐，逐渐变得放纵、狂傲、骄横，得罪了许多人。结果他的唱片销量直线下降，第一张、第二张唱片都可以卖20万，第三张只卖了10万，接着是8万、2万。他走在街上，原来是欢呼，现在成了粗言秽语；站在舞台上，原来是鲜花热吻，现在是阵阵嘘声。起初他接受不了这残酷的事实，没有去分析原因，而是去一味逃避：酗酒、骂人、闹事。家人朋友不断地劝慰他，但他一概不听，而且他还想过自杀！

沮丧的日子持续了两三年，后来他开始自省，意欲东山再起，这是他骨子里不肯服输、敢于拼搏的性格所决定的。如果天生懦弱，自杀恐怕是他最终的抉择。他很了解娱乐圈"一沉百人踩"的事实，知道要东山再起所面对的艰辛，但他决意一拼！他后来总结经验说："当你决定要面对挫折和困难时，原来并不是没有出路的！"他努力唱出自己的风格，努力拍戏，努力去研究失败的原因，努力学习处世方法，努力应对各种刁难和挫折……全力以赴，付出了不为圈外人所知的艰辛，辉煌逐渐又回到了他的身边。

他说，没有人可以避免压力和挫折，重要的是要有豁达、乐观、坚毅、忍耐的性格，要搞清楚自己的位置和方向，才能走过失败，重新振作。他说自己希望做一只蜗牛，蜗牛永远不会理会别人的催促，无视外来的压力，只是依着自己的步伐和所选择的方向，勇往直前，这必能成功。

压力和挫折时刻都会存在，有人说，人没有了压力生活就会没有了方向，就像没有了风，帆船不会前进一样。但你一定不能在压力中不思进取，否则你将被压力淹没。

心平气和的智慧

在压力中奋起，你才会有成功的可能。

找一个竞争对手"盯"自己

如果你想尽快走上成功的道路，那你就必须找一个竞争对手"盯"自己。那样，你的速度才会更快，潜能才会更有效地发挥。

生活并不如意，你也没有什么前进的动力，如果一直这样下去，你的人生将会就此止息，没有什么指望了。

因此，面临这种情况，不妨找一个竞争对手，把他放在背后"盯"紧自己，不断前行。

在北方某大城市里，诸多电器经销商经过明争暗斗的激烈市场较量，在彼此付出了很大的代价后，有张、李两大商家脱颖而出，他们又成为最强硬的竞争对手。

这一年，张为了增强市场竞争力，采取了极度扩张的经营策略，大量地收购、兼并各类小企业，并在各市县发展连锁店，但由于实际操作中有所失误，造成信贷资金比例过大，经营包袱过重，其市场销售业绩反倒直线下降。

这时，许多业内外人士纷纷提醒李——这是主动出击、一举彻底击败对手张，进而独占该市电器市场的最好商机。

李却微微一笑，始终不曾采纳众人提出的建议。

在张最危难的时机，李却出人意料地主动伸出援手，拆借资金帮助张涉险过关。最终，张的经营状况日趋好转，并一直给李的经营施加着压力，迫使李时刻面对着这一强有力的竞争对手。

有很多人曾嘲笑李的心慈手软，说他是养虎为患。可李却没有丝毫后悔之意，只是殚精竭虑，四处招纳人才，并以多种方式调动手下的人拼搏进取，一刻也不敢懈怠。

就这样，李和张在激烈的市场竞争中，既是朋友又是对手，彼此绞尽脑汁地较量，双方各有损失，但各自的收获却都很大。多年后，李和张都成了当地赫赫有名的商业巨子。

面对事业如日中天的李，当记者提及他当年的"非常之举"时，李一脸的平淡：击倒一个对手有时候很简单，但没有对手的竞争又是乏味的。企业能够发展壮大，应该感谢对手时时施加的压力。正是这些压力，化为想方设法战胜困难的动力，才能在残酷的市场竞争中，始终保持着一种危机感。

其实，商界这一法则，动物界也给我们提供了例证。

一位动物学家在考察生活于非洲奥兰治河两岸的动物时，注意到河东岸和河西岸的羚羊大不一样，前者繁殖能力比后者更强，而且奔跑的速度每分钟要快13米。

他感到十分奇怪，既然环境和食物都相同，何以差别如此之大？为了能解开其中之谜，动物学家和当地动物保护协会进行了一项实验：在两岸分别捉了10只羚羊送到对岸生活。结果送到西岸的羚羊发展到14只，而送到东岸的羚羊只剩下了3只，另外7只被狼吃掉了。

谜底终于被揭开，原来东岸的羚羊之所以身体强健，只因为它们附近居住着一个狼群，这使羚羊天天处在一个"竞争氛围"中。为了生存下去，它们变得越来越有"战斗力"。而西岸的羚羊长得弱不禁风，恰恰就是缺少天敌，没有生存压力的原因。

没有压力，人的潜能就会逐步退却，人的动力慢慢消退，生命的机能就不断萎缩。最终，人的事业消沉，生活散漫，人生越来越暗淡。

只有注入强有力的压力，在压力中多多用心、努力将压力转化为动力，才有可能使生命越来越有活力，激发出更多的人生潜能，最终取得事业的成功。

心平气和的智慧

找一个竞争对手"盯"自己，才不至于因生活散漫而消沉，才能在成功的路途上越走越远。

第九章

抛下负面情绪，遇见尘世中最健康的自己

任何人都不可能永远事事如意，一帆风顺，情绪有跌宕起伏再正常不过。情绪无时不有，无处不在。问题是，怎样控制好我们的情绪？怎样培养好情绪，转化坏情绪？情绪就像一匹马，我们要了解它的习性，去学习如何驯服它，驾驭它。一切的情绪都来自于我们自身，我们自己才是情绪的创造者，任何时候都可以创造自己想要的感受，去体验期望中的情绪。

给郁闷一个自然出口

郁闷是不良情绪积压造成的，不仅伤心，而且伤身，我们应该给郁闷一个自然的出口。

郁闷不是件好事情，它会搅乱我们的生活，损害我们的健康。当你郁闷时，请千万不要闷着忍受，要给郁闷一个自然的出口，让其如洪水一样泄去。

要让郁闷自然排解，我们就要学会跟着自己的感觉走。跟着自己的感觉走，就是该笑的时候笑，该哭的时候哭，该发泄时就发泄。科学研究证明：适当发泄对身体有好处。所以，在心情不好的时候，你可以尽情地发泄出来，发泄之后你会好受得多，而且有利于身体健康。

在生活中，不会发泄的人总是会有麻烦。比如，某个人的家人和朋友都知道他是易怒的人，因此他们都尽量不惹火他。万一他有什么不顺心，大家便有意无意地避开他。在他供职的公司，他一般还是会忍耐一些，不过，如果那些他本身就很讨厌的人惹到他，那他决不会善罢甘休。他很可能非常生气地骂几句莫名其妙的话，但也可能把矛头指向对方，连讥讽带谩骂。这种情况下，要是对方是个耐性稍差的人，他们就只好硬碰硬相互指责、争吵，甚至干脆以拳头解决问题。

那么问题在哪里呢？其实，问题就在于他无法控制自己的情绪。于是，同事们都害怕接近他，甚至连上司都不愿招惹他。情况严重时，他还可能因打人而被告到法庭上，而且可能经常受伤，却没人同情。在这种情况下，他其实应该好好考虑适当发泄一下他的情绪了。

无论碰到什么问题，首先要做的是先理智地分析一下情况，心平气和地把意见不合的地方拿出来同大家讨论。那种既伤人又伤己的发泄无助于解决分歧，反而会遗留下许多令你头痛的难题，所以应尽量避免。如果是在公司遇到的问题，可以向理解你、愿意听你倾诉的人寻求帮助，让他们为你拿主意。与同事产生了矛盾和摩擦，可以找第三者来调停。这样更容易让你察觉并改正自己个性上的弱点，以后就不会再出现这些问题了。

给郁闷一个自然出口，就是要学会适当发泄。适当发泄应取决于你的具体情况。比如，你是个很冲动的人，那就不妨在家里悬挂一个沙包，以方便自己的发泄。适当发泄的目的在于让郁闷自然地排解，所以我们首先要明确发泄是否有利于达到目的，然后判断发泄是不是达到目的的最好方法，最后还要决定采取什么样的应对方式，这样才能恰到好处地让自己的情绪得以发泄，又不至于让这种不佳情绪因过度表现而影响了人际关系。

心平气和的智慧

为了尽量减少产生不佳情绪的可能性，我们要学会体谅，学会宽以待人，学会恬静，但有时候，认认真真地发泄一次也是极有必要的。毕竟谁也不希望让郁闷破坏了自己的生活和工作，甚至是健康。

大哭一场解千愁

哭作为一种常见的情绪反应，对人的心理恰恰起着一种有效的保护作用。哭会使心中的压抑与委屈得到不同程度的缓解和发泄，从而减轻精神上的负担，对健康有积极的作用。

人有很多减压的方式，比如打哈欠是睡前紧张情绪的释放，叹气是人主动地缓解压力。人在不开心时，常得到的劝慰大多是笑一笑，很少有人会劝其哭一哭。哭在人们的脑海中被定格为一种对身体有害的情绪反应，往往被人们将其与不好的事情联系在一起。其实，哭也是一种很好的解压方式，有助于个体心理达到暂时的平衡。

从医学角度来看，眼泪是泪腺分泌出来的一种液体，泪腺位于眼球的外上方。一般人平均每分钟眨眼 13 次左右，这是人的一种自我保护方式。每眨一次眼，眼睑便从泪腺带出一些泪水来，泪水不仅可以湿润眼球，与污染物混合后，还能从眼角把污物清除掉。

美国圣保罗·雷姆塞医学中心精神病实验室专家对眼泪做过相关的研究，他们发现，眼泪可以缓解人的压抑感。他们通过对眼泪进行化学分析发现，泪水中含有两种重要的化学物质，即亮氨酸与脑啡肽复合物及催乳素。有趣的是，这两种化学物质仅存在于受情绪影响而流出的眼泪中，在受洋葱等刺激流出的眼泪中则测不到这两种化学物质。

研究人员认为人体排出眼泪，可以把体内积蓄的导致忧郁的化学物质清除掉，从而减轻心理压力，保持心绪舒坦轻松。这个实验室的研究人员曾对 200 多名男女进行过为期一个月的"哭泣试验"，结果有 85% 的女性和 73% 的男性说他们在大哭一场以后心里舒坦了许多，压抑感测定平均减轻 40% 左右。

哭是人们感情的流露，哭往往是由于内心感到委屈或精神受到了重大刺激。面对外界环境的压力，人总是会先选择用积极的手段去消灭它，但是人的忍受力是有限度的，有时候也需要寻找一些途径来发泄。该哭不哭，一味地忍，闷在心里时间久了，心中的压抑就会越积越重，精神负担也就越来越大，进而出现精神萎靡、情绪低落，叹息不止，导致失眠，影响食欲，出现悲观厌世甚至轻生的念头，抑郁症往往就是这样形成的。

实际上，哭是人类常用来排泄悲伤和苦恼最自然的方法。在悲伤时人们经常会哭，妇女和儿童更是如此。所以说哭不是坏事情，哭有助于缓解悲伤、苦恼等情绪状态而引起的心理反应。

婴儿用哭泣来促进肺的成长，女人也因为比男人更擅哭泣而较男人长寿。哭泣是造物者赐予我们的天生本领，自有它的奥妙所在。但长期以来，根深蒂固的观念都一直教导我们，哭泣是软弱的表现，尤其对男人更是如此。这样的枷锁，让我们压抑了哭泣的本能。当我们任凭痛苦和悲伤啃噬身体的同时，也同时拒绝了一种健康的宣泄模式。

很久以前，有一名身负重伤的士兵从战场上归来后发现，迎接他的比战场还要残酷，家园被毁，爱人也背叛了他。他想哭，但是想起自己是男人，于是硬把眼泪忍了回去。大家都跷起了大拇指：男儿有泪不轻弹，你是个真正的英雄。

一天，国王要为女儿举行一次比武招亲大赛，许多人踊跃参加，这位战士也报名参加了。在比武中，他击败了所有敌手，取得了第一名的好成绩。为此，他又负了伤，但他咬紧牙关没有哭，一滴眼泪都没流。

他被带到公主面前时，身上还在流血。他满以为公主会把他当成首选，想不到公主却直接排除了他。公主说："我怎么可能选一个不会哭的人做我的夫婿呢？"士兵答道："哭是弱者的行为，真的勇士是从来不哭的。"

公主说："你错了，只有坚强的人懂得哭，哭维护了他心灵中至纯至美的地方。你不会哭，并不说明你坚强和快乐，恰恰相反，它说明你已经衰老和麻木。会哭的人还有希望与爱，而不会哭的人却没有。连哭的勇气都没有，说明你还不是一个真正的勇士，而是一个懦夫。不会为自己哭的人，也不会为别人哭；不会为痛苦哭的人，也不会为幸福哭。而一个不会哭的人，跟冷血动物还有什么区别呢？"

所以，男人应该摒弃那种"男儿有泪不轻弹"的观念。很多时候，为了回避在他们看来是非常荒谬的眼泪，他们便用快速行动来表达情感：构思新东西、打架、喝酒或逃避。人应该生活在一个快乐的社会中，眼泪能够让男人发泄，减少暴力冲动欲望，因此，男人想哭的时候，就要哭个痛快。每一个男人都应该记住：哭并不是女人的专利。

人在极度痛苦或过于悲痛时，痛哭一场，往往能产生积极的心理效应，可以防止痛苦越陷越深而不能自拔。

总之，人在情绪很不佳时不哭是有害于健康的，很多时候哭比笑好，哭是有益健康的。无论何种情感变化引起的哭都是机体自然反应的过程，不必克制，尤其是当你心情抑郁时，大声地哭出来，你就会获得一份好心情。

心平气和的智慧

哭是一种最好的发泄的方式。哭能排除人情绪紧张时所产生的化学物质，从而把身体恢复到放松的状态，缓和紧张的情绪。在该哭的时候就要哭，这样才能得到快乐和幸福。

千万不要堆积情绪

你常有这样的感受吗？只要遇到一件倒霉事，一系列的倒霉事都会接踵而至。你一整天的心情都被搞得乱七八糟。而管理情绪的诀窍在于不要让坏情绪堆积起来。

我们先来看看看雷纳德一天的遭遇：

早晨：下着小雨。雷纳德最讨厌下雨了，刚上了油的皮鞋会沾水，裤腿也会带上泥；穿西裤吧，刚买的名牌，舍不得在雨中穿；穿休闲裤吧，白色的很快就变脏。像这种毛毛雨又懒得打伞，坐出租车都要排队。接女朋友也不方便，要是晚去一会儿，塞丽娜就会噘着嘴巴气跑了，然后几天不理他。雷纳德躲在被窝里烦躁了一会儿，一看表，快迟到了，雷纳德一阵心慌。

上班途中：公车站牌下雨伞林立，伞下一张张脸翘首以待。雷纳德看看自己的名牌西服，决定坐出租车。好不容易一辆空车过来，立刻有人蜂拥而上，根本就挤不上去。如此三番，雷纳德还没坐上，心里只恨自己没有车。终于等到机会，找到一辆车，但上车刚一落座，一股凉意沁入屁股，扭身一看："天哪，你这车上怎么有水啊！"

司机回头说："下雨天能没有水吗？"

"那也不能有这么多啊！"

"噢，可能是刚才的乘客把伞放在车座上了吧。"

雷纳德憋了一肚子火，没好气地说："早知道还不如坐公车，白白糟蹋了我的新西裤。"

"要怪只能怪这鬼天气。"

"坐你的车就怪你！"雷纳德拿纸巾去蘸屁股上的水，湿漉漉的纸巾立刻破碎不堪。雷纳德甩着手，碎纸屑却粘着手不肯掉。他嘴里嘟囔着："真倒霉！"

司机回他说："别人放在车座上，我哪看得见！"……

就这样，雷纳德和司机打了一路的嘴巴官司，窝了一肚子火，车一到站赶紧买单下车。走到办公室才发现，司机竟没找零！坐了一屁股水，还白送司机10块钱。雷纳德气得不行！

办公室：刚进办公室，同事就通知雷纳德，策划方案没通过，退回修改。那份策划可是雷纳德熬夜后的心血，全企划室，也只有雷纳德能拿得出这种像样的方案来，再修改，说得轻巧！坚决不改！雷纳德心里又委屈又气愤，决定搁到一边等经理来找他。可是等了一天，经理也没来。

下班：雨依然淅淅沥沥，天依然阴着，雷纳德依然打不起精神来。突然间，他想起下午忘了给塞丽娜打电话，他们约好了下午打电话决定晚上到哪里吃饭的。一看表，糟了，6点了，雷纳德赶紧打电话过去，但办公室没人听，估计塞丽娜早下班了。打她手机，半天才接，手机里传来塞丽娜尖厉的声音："你怎么回事啊！现在才睡醒吗？我已经跟别人约了！"啪的一声，塞丽娜就挂了电话。都怪这鬼天气！雷纳德半天没回过神来。

瞧，坏情绪就是这样堆积起来的。当我们遇到一件倒霉事，坏心情就开始进入我们内心，如果没有及时地解决，又带着坏心情去处理其他的事情，自然会起连锁反应。心理学家研究表明，当一个人处于坏情绪之中时，下丘脑就会分泌出一种叫"多巴胺"的物质，这位"多先生"会让你的情绪越来越糟糕；而当一个人高兴的时候，下丘脑就会分泌出一种叫"去甲肾上腺素"的物质，而这位"去先生"会让你的心情越来越舒畅。

所以，心理学家建议：当坏情绪刚刚冒头时，就立刻把它消灭掉，千万不要让坏情绪堆积起来，不要让你的心情在"多先生"的感染中越来越糟。这样的处理方法就好像一路走一路丢掉身上的包袱，你会越走越轻松。

现在，让我们全面解析雷纳德的情绪，运用心理学家简易的方法帮他逐个丢掉身上的包袱。你会发现，是要"多先生"还是"去先生"，关键看自己的选择。

早晨：谁说阴雨天会带来坏心情？雷纳德已经有了一个思维定式：一下雨就会有坏心情。按照这样的路线走下去，心情能好得起来么？这种行为在心理学上叫"自我暗示"。雷纳德不断地暗示自己，只要下雨，自己就会倒霉。好像失眠的人总说自己会失眠一样，所以总是失眠。雷纳德可以去做一个调查：还有很多人特别喜欢下雨呢！下雨，可以听着雨打玻璃的声音安然入睡；下雨可以滤掉马路上的灰尘、噪音，让空气清新起来；下雨，可以给女朋友送伞讨好她，还可以和她共撑一把伞，在雨中漫步，然后趁机搂住她的肩……所以，换个角度看问题，阴雨天也会有晴朗的心情。

上班途中：不就是坐了一屁股水吗，庆幸的是没坐一个烟头、一摊油。要有同事问你屁股上是什么东西，你正好幽他一默："我返老还童了。"倘若是女同事，还指不定怎么乐呢？能博红颜一笑，不亦乐乎？

办公室：别人都做不出来的策划案，唯独你能做出来，这不正好证明你比别人强？重要的方案不可能一次通过，退回来修改很正常，再说又不是让你重新做一份。积极的做法是，站起来，主动去敲经理的门，问问清楚，究竟是哪些地方欠缺，怎样修改。主动和上司沟通，会让你心情舒畅、信心十足。

下班：整个一天的坏情绪已经一一被化解了，那就不会和忘记女朋友的约会；即使忘记了也不要紧，打一个电话过去，潇洒地告诉她："我马上过去买单！"不把她乐死才怪！

所以，只要按这种逐个击破的方法，那么我们的坏情绪并非是不可化解的。这种方法的关键在于你要在坏情绪刚出现苗头时就将它们扼杀在摇篮里，不要等它们暗暗堆积起来，最后形成一股巨大的力量一起向你攻来，到时，即便你想反抗，也为之晚也！

心平气和的智慧

坏情绪就像毒素，累积得越多毒性就越大，也许一开始它还毒不死一只"蚂蚁"，可是到后来，你会惊恐地发现它能轻而易举地毒死一头"大象"。所以，请尽早地解决这些坏情绪，不要让它们堆积成山。

脾气可以被转移

发脾气大多是不必要的，这就给了你转移脾气的可能性。

古时候，人们都利用脚力极佳的骡子来驮运笨重的货物。骡子的体力虽然很好，但却有一个令人烦恼的缺点，那就是骡子的脾气非常不好。

如果一头骡子使了性子，它的四只脚便会像上了钉子一样，固定在地面，一动也不动；无论主人怎样使劲鞭打，骡子就是不动，一步也不会向前走。

一天，一位老和尚和小和尚在运东西的途中就遇到了这样的情况。小和尚面对着不肯迈步的骡子，又急又气，于是就举起了鞭子准备打它。

老和尚赶忙制止了他："慢！慢！每当骡子闹脾气时，有经验的主人不会拿鞭子打它，那样只会让情况更加严重。"

小和尚忙问："那该怎么办呢？"

老和尚指指脑袋说："你可以运用智慧。"说着，老和尚很快地从地上抓起一把泥土，塞进骡子的嘴巴里。

小和尚好奇地问："难道骡子吃了泥土，就会乖乖地继续往前走了？"

老和尚摇头道："当然不是，骡子不吃土，它会很快地去吐嘴里的泥沙；此时，主人只要驱赶它一下，它就会往前走了。"

143

小和尚诧异地问："怎么会这样呢？"

老和尚微笑着解释道："原因很简单，只要骡子忙着处理口中的泥土，便会忘了自己刚刚生气的原因。这种塞泥土的做法，就是一种转移法。这个方法不仅在骡子身上有效，同样在人发脾气的时候也有效。"

是啊，我们人有时候会像故事中的骡子一样不时地发些莫名其妙的脾气。我们发了脾气后自己痛快了，但却往往伤害了别人，然后自己又因这种伤害而感到内疚，所以发脾气只会造成对自己和他人的伤害。要避免这种伤害，就要及时地"转移脾气"。

转移脾气有很多方法，比如上面的故事中老和尚采用的转移注意力的方法，除此之外，你还可以将脾气转移到小事上去。

美国名人之一毕林斯先生，曾任全美煤气公司总经理达30年之久。他在任总经理期间，给人留下最深刻的印象，就是他对于许多小事常常会大发脾气，对于那些重大事情却反而镇静异常。

有一次，他乘车回家，下车时，把一盒雪茄遗落在车里了，不久他记起来，于是立刻返身去找，但雪茄早已不见了。这包雪茄的价值，不过是5美分，对他而言真可算是微乎其微的损失。但他竟因此而气得面红耳赤、暴跳如雷，以致旁观者都以为他失去的是一件什么价值珍贵的宝物。

在全世界闹经济恐慌的那段时期，毕林斯先生有好几天因为卧病在床，没有去公司办公。就在这几天里，有一家银行倒闭了，他凑巧在这家银行里有几万美元的存款，结果竟然成了"呆账"。等到他病愈后，听到这个消息，却只伸手搔了搔头发，然后沉思了一会儿，便说："算了，算了。"这次的损失可以说是上次掉盒雪茄的10万倍，但毕林斯却反而镇定得若无其事，这全靠他平时就将脾气发泄到了小事上，所以遇大事时就能更冷静。

实际上，遇到一些感觉不快的小事时，你可以尽情地发脾气，直到你的心境完全恢复平静为止。因为这样可以使你恢复并保持开朗镇定的情绪，使你一旦遇到大事，就可以用全副精神从容地应付。否则，不论事情大小，遇到怒气便积在心里，等到面临更大的打击时，你堆积了很久的怒气便会如气球一样爆裂，这种爆裂将会冲破理智约束，使你变得毫无自制能力。

除了将脾气转移到小事上，你当然还可以将脾气转移到其他方面，有时甚至可以转化成好心情。

温德尔密太太正在教她5岁的儿子奥斯卡使用剪草机，母子俩剪得正高兴时，家里的电话铃响了，母亲进去接电话。不一会儿，温德尔密太太出来后看到一幕惨剧：奥斯卡把剪草机推向她最心爱的郁金香花园，不一会儿，已经有两米长的花圃被剪掉了。

温德尔密太太看到这一切，青了脸。眼看她的巴掌已经高高地举起……忽然，温德尔密太太的丈夫沃尔德出来了，他看见满地狼藉的花圃，马上明白发生了什么事。沃尔德小声、温柔地对太太笑道："亲爱的，我们现在最大的幸福是养孩子，不是养郁金香，你说对吗？"两秒钟后，他们交换了一个微笑，看着活泼的儿子，心里感觉很幸福。

事实上，转移怒火只是轻而易举的事，可以轻轻松松地做到，只要有这样的积极态度，再加上你对生活的细心体验，你就不难发现转移怒火的方法，并将它轻松地付诸实践。

心平气和的智慧

懂得转移脾气的人，才是真正懂得控制自己的人。

给自己备个情绪"垃圾桶"

人人都应该有自己的"情绪垃圾桶"，我们可以把所有的不开心、坏心情和烦恼、哀愁统统都扔进去，从此这些精神垃圾就与我们绝缘。广告说得好：排出毒素，一身轻松！

你可曾为平时不屑一顾的小事而痛哭流涕，或是毫无理由地想朝某人大发雷霆？如果答案是肯定的话，那么你很可能正处于情绪低潮期和彻底的坏情绪中。

当然，很多人都有和你一样的经历。加利福尼亚大学的一项调查表明，日常生活中，人们有 3/10 的时间会脾气古怪、爱发牢骚、易怒，却不知道原因何在。

其实，虽然表面上看来你的恶劣情绪似乎属于没有根由的突发事件，但实际上坏心情差不多总是归因于一些烦心事，比如跟配偶吵架或是跟升职失之交臂等。紧张时刻，甚至突然响起的刺耳的电话铃声或是隔壁孩子的吵闹声都可能让你烦躁不安。

关注健康的人都知道，心情不快却闷在心里不说会闷出病来，所以当你情绪糟糕时，你要找一个合适的"情绪垃圾桶"，并且要学会很好地利用它。这种"情绪垃圾桶"可以是人，也可以是事，还可以是物。当然，我们的首选仍然是人。

一般来说，人有了苦闷后，心里就会产生一种非常想向人倾诉的需要，这种"情绪垃圾桶"就是要满足人的这种需要。那么，首先你可以向朋友倾诉，如果能把心中的苦楚和盘倒给知心人，或者能安慰你的人，甚至能为你出谋划策的人，你的心胸自然会像打开了一扇门一样开阔。除此之外，你还可以向亲人倾诉，把心中的委屈和不快倾诉给他们，也会使心境立即由阴转晴。

另外，你还可以试着把坏情绪用一件简单的事来替换掉。一旦你心情很坏，你就可以立刻去做那件事。慢慢地，你会收到意想不到的效果。

你可以在心情不好的时候找一件事来做，比如有的人选择锯木头，有的人选择数小棍，等等。只要你能持之以恒地做下去，你就会收到好的效果。

但是，找到了我们各自的"情绪垃圾桶"还只是第一步，不要以为一切就已万事大吉了。如果你的"情绪垃圾桶"是你身边的人的话，那你还要学会如何正确地使用它。

大家都明白，在你出现坏情绪时，你的朋友和亲人的确应该抽出时间陪伴与倾听。从小我们就被告知，这是亲情和友情的责任。但是，当你在任何时候、任何地方都把他们视为你的"情绪垃圾桶"时，那就会变得很可怕。

据科学研究发现，坏情绪和细菌病毒一样具有传染性，而且传染起来很快，少则几分钟就能完成。美国洛杉矶大学医学院的心理学家加利·斯梅尔经过长期研究发现，如果一个心情开朗、舒畅的人与一个成天愁眉苦脸、抑郁难解的人相处，不久也会变得情绪沮丧起来。而且，如果一个人敏感性和同情心越强，也越容易感染上坏情绪，并且坏情绪的传染往往是在不知不觉中完成的。

比如早上我们经常都会遇到堵车，但进了办公室，大家多半会忘掉它。这时，你却开始详细描述：几点起来、车怎么与大公交别来别去、又遇到了什么糟糕的人、红灯又专找你经过的时候亮起。于是，每个人都回忆起可怕的堵车，然后情绪在一大早跌入谷底。如果大家跟着你一起抱怨，你也许就会立刻更进一步，很快把话题转移到公司分配不公，公积金比别的公司少很多，老板永远先想到自己，云云。于是，大家渐渐觉得天昏地暗，永无出头之日。进而，你也许会扩展到社会不公，人们的素质是那么的低，孩子在如今的教育环境下只能被培养成庸才……至此，大家恨不得立刻回家，工作没有什么意义，所有的努力都显得如此滑稽。

当你抱怨完毕，也许你就好过多了，但你的"垃圾桶"们却开始了郁闷。虽然倾听者总会安慰你，虽然他们晴朗的天空被你这个朋友污染了，但帮你宣泄了怨气和烦恼，你的心情好些了，这对他们来说也是个安慰。殊不知，他们这样做不但纵容了你不分时间场合乱发泄一通的坏习惯，甚至自己也会慢慢沾染上这个毛病。这样的结果是：每天大家都在互相抱怨人性恶和社会脏的一面。

我们应该知道，虽然糟糕的环境令人无奈，工作不是很理想，收入不是很拔尖，但部分人的阿Q精神会使周围变得和谐一点，也会让自己开心一点。没了这样的心态，长此以往，你和你的"垃圾桶"必定会陷入恶性循环。

心平气和的智慧

坏情绪需要被扔进垃圾桶里，但你不仅要找到合适的"垃圾桶"，而且要学会在合适的时间、合适的场合使用它，不然倾听者就会成为你的受害人。

告别不良情绪

现实生活中，我们常常会遇到一些引起不良情绪的事情，比如：当你几经奔波，终于找到了一份工作，可以放手大干充分施展你的聪明才智的时候，却突然发现，你的工资比别人少了一些；当你领导的一项改革计划被社会实践证明是有益的，而且正在节节推进的时候，却突然听到人群里有些闲言碎语；当你和你的爱人携手建起了美好家园，甜甜蜜蜜共度人生的时候，你们之间发生了一点小小的龃龉。这些情况都会让你心情大糟。

除了影响你的心情以外，不良情绪还会导致人们产生某种身心疾病，如高血压、糖尿病、冠心病、消化性溃疡、过敏性结肠炎、癌症等。对已患了某种疾病的人来说会进一步加剧生理功能紊乱，降低对疾病的抵抗力，加速原有疾病的进一步恶化。

西汉时的政论家和思想家贾谊，18岁时以诵诗属文而闻名，后为河南太守吴公招到门下。文帝即位之初，听说吴公曾经师事李斯，号称治政天下第一，遂征为廷尉。吴廷尉上书推荐贾谊，言贾生年少，颇通诸子百家之书，故文帝召贾谊为博士。当时贾生年方二十余，每次参议诏令，众人尚未能言，贾谊即尽为之对答，诸生以为不能及，于是一日间连升三级，超迁为太中大夫。

文帝对贾谊颇为赏识，拟任其为公卿，但遭到周勃、灌婴等重臣反对，诬其"年少初学，专欲擅权，纷乱诸事"，故天子与其疏远，不用其议，遂贬其为长沙王太傅。

长沙在古时属于"卑湿远地"，贾谊忧汉室而贬天涯，过湘水时作赋以吊屈原，借"彼寻常之污渎兮，岂能容吞舟之鱼"感怀意不自得，他心中盘结着满腹忧郁苦闷，心情激荡不安，流露出远走退隐的想法，再后来更是自伤不幸而哭泣不止，最后中年夭折，时年33岁。

贾谊英年早逝，其实就是因不良情绪郁积在胸，一直没有得到发泄，结果诱发疾病，然后病情又因为情绪低落而不断加重造成的。

一个人早上心情好的时候，可能会爱他的妻子、他的工作和他的车子。他对前途可能感到乐观，对过去也心存感激。可是，到了下午，如果心情不佳，他就会说他痛恨自己的工作，讨厌自己的太太，觉得他的车子是垃圾，而且认为他的事业没有前途。

所以说，除了影响你的身体健康外，不良情绪还会影响你的事业。你可以设想，当你情绪不良，心理灰暗时，你就不会有与人交往的欲望和兴趣，很容易自我封闭，性情孤僻。但实际上，你不可能不与别人接触和相处，那么不良情绪会使你的言谈、神态、举止不对头，有意无意地给别人以不良的信息刺激。这怎么不影响你的事业成功呢？

不良情绪还会破坏人生效率。人们常说，祸不单行，福无双至，这主要也是不良情绪在作祟。各种不如意的事情，如丢失财物、环境变化、亲友别离、家庭不和、工作挫折等，都会打破当事人原先的心理平衡，使人处于悲观、消沉、烦恼、抑郁的心理状态。人在这种不良心态下生活与工作，便会心不在焉，注意力分散，引发又一次"倒霉事件"。

所以，祸不单行，并非是命运和你作对，主要是因为你情绪不良，心理失衡造成的。我们每个人总是生活在矛盾的世界中，心理平衡时常有被打破的可能，一旦平衡被打破，就有可能连续出错。这样一来，我们怎么能正常有效地生活、工作呢？

所以说，不良情绪不容我们小觑。如果对不良情绪不加以及时调节、疏导与释放，就会影响人的工作、学习和正常生活，继而导致身心疾病，危及人的健康。那么，怎样来排解生活中遇到的不良情绪呢？以下便给你介绍几个小方法：

1. 写日记

写下哭和笑、爱和恨，写完后会有痛快淋漓的感觉。也可以写信给较好的朋友，把烦恼写在纸上，写完后也能使人感到心情畅快，即使信不寄出，烦恼也好似随信抛在脑后了。

2. 高歌释放

音乐对治疗心理疾病具有特殊的作用，而音乐疗法主要是通过听不同的乐曲把人们从不同的病理情绪中解脱出来。殊不知，除了听以外，自己唱也能起同样的作用。高声歌唱，更是排除紧张、激动情绪的有效手段。当我们的不满情绪积压在心中时，不妨自己唱唱歌，歌的旋律、词的激励，唱歌时有节律的呼吸与运动，都可以缓解不良情绪。

3. 学会倾诉

人们有了烦恼总希望对信得过又能给自己安慰的人诉说，这样的确可以起到调节心理和情绪的作用。当心中不快时，可以邀朋友们聚一聚，一壶清茶，一杯咖啡，就事论事倾诉一番，把自己积郁的消极情绪倾吐出来，以便得到别人的同情、开导和安慰。

4. 以静制动

当人的心情不好，产生不良情绪时，内心都会十分激动、烦躁、坐立不安，此时，我们可以默默地侍花弄草，观赏鸟语花香，或挥毫书画，垂钓河边，这种看似与排除不良情绪无关的行为恰是一种以静制动的独特宣泄方式，它能以清静雅致的方式平息心头怒气，从而排除沉重的压抑。

其实，宣泄不良情绪的方法还有很多，从小小的一声叹气，到大笑、疾呼、怒吼以及打球、散步、购物等，都可以起到宣泄作用。人与人因个体差异和所处环境、条件的差异，采用的宣泄方式也不同，所以我们要选择适合自己的宣泄方式。

心平气和的智慧

人总是会有情绪。告别不良情绪，最好的办法是给这股"流水"建筑一个"闸门"，调节水情，控制水势，趋利避害，让正常健康的情绪主宰自己，避免劣性情绪的困扰，达到身心健康的目的。

找到合适的宣泄方式

现代社会，人们一面充分享受着时代进步的恩惠，一面却又被人生固有的烦恼和时代变革带来的种种困惑深深困扰。快节奏的工作与生活、情感的伤害、追求的失落、疾病的纠缠等，给人们造成了种种不良情绪，让我们的心情越来越郁闷了。这些坏情绪时常无情地啃噬人们的心，同时又妨碍人们正常的学习、生活和工作。既然心灵不可能是一泓永远宁静的湖水，那么当其翻涌混浊的波澜时，我们需要的就是正确的疏导与宣泄。

宣泄的方式有很多，但不一定每一个都适合我们。人与人的性格、体质、环境和条件等的不同，使得适合大家宣泄的方式也不同。比如说有的人性子急、易怒、好动，那么他会觉得一些激烈的发泄方式比较适合他，比如说打沙包、跑步、怒吼等。而有的人性子比较软，不喜欢比较夸张的发泄方式，他可能会觉得散散步、和朋友谈谈心比较适合他。所以说，我们每一个人要根据自己的具体情况来选择适合自己的宣泄方式。如果方法不适合自己，那就很难达到好的效果，甚至还会有反作用。

下面就为你介绍一些简便、实用，而且普遍适合大众的发泄方法供你参考。

有道是："一唱解千愁。"高歌一曲可以泄尽心头烦恼。唱歌从来就是解除紧张、激愤情绪的有效手段。

民间有句俗话说"黑夜过坟地唱歌——自己给自己壮胆"，便是对歌唱能缓解紧张情绪的最好注释。电视剧《北京人在纽约》中的王起明面临破产的威胁、失败、失望一齐袭来之际，边驾车边唱"太阳最红……"以求得暂时的放松。

所以情绪不佳时，细腻的人可以回家关上门，扭开音响，哼几声"好人一生平安"；豪放者可以在大街上吼几句不成调的"妹妹你大胆地往前走"；更可以邀约三五好友去 KTV 欢唱，在包厢中大唱"他说风雨中这点痛算什么，擦干泪，不要怕，至少我们还有梦"，或点唱那首似乎已参透过去、未来人间万象的《潇洒走一回》。

当然，如果你比较幽默，那就可以采用一些绝妙而滑稽的宣泄方法。当然，这需要一定的想象力，比如说：

一名公司职员气冲冲地冲进经理办公室，大拍桌子、指责经理处理事务不公平、要求增加工资，一旁有人问他："经理不在，你凶给谁看？"职员嘿嘿一笑说："就是要趁他不在啊！"吼完之后，他的怒气已经消了。

对于宁静的人来说，清静、无言也可以是宣泄。这种人以清静、雅致的方式平息心头的怒气、排解沉重的压抑，他们往往是知识型的社会成员。当他们情绪不佳时，既不高歌、也不与任何人说起，只是默默地写毛笔字，或侍弄花草，或垂钓……他们采取这类独到的宣泄方式，是因为他们即便在散步时都能悟出人生的许多道理来。比如，一位散文家曾谈起自己的生活体验说："每当情绪起伏不平时，我就到阳台上看星星、瞧月亮，夜空在闪烁的星光背后显得格外幽深，那时，我会觉得个人的成败、荣辱在宇宙面前实在不值得耿耿于怀。如若遇上流星，更是给我一份惊喜、一份启迪……"

当然，对于普通人来说，生活的哲理不是那么简单就能悟出来的，恼了、闷了，如果不想对谁说，又不甘心毫无表示，便可选择更独特的宣泄方式。比如近年来风行一时的"T恤文化"，便是在胸前或后背鲜亮地印上醒目的大字，例如"别理我，烦着呢！""别爱我，我没钱！"等，言简意赅，生动形象。这样把不想别人来打扰和坏情绪印在T恤衫上，心中的怒气、怨气就逐渐在人们惊讶的目光中消散。不过，这更倾向于是年轻人的做法。

年轻人在选择宣泄方式方面有更多的优势，比如他们还可以选择和心上人相约在黄昏后，花前月下窃窃私语，既解除了烦闷，又增进了相互的了解。爱情大概是年轻人克服不良情绪无与伦比的良药。而且，当年轻人遇到情绪不好时，还可以一个人去球场跑跑，边跑边仔细地思考一番，往往这么做之后，通常就没有什么事了，而且同时还锻炼了身体，可以说是一举两得。

我们还可以求助于专门的宣泄渠道。因为有效地排除人们的不良情绪，让每个人都能轻松地工作、生活，已越来越引起当今社会学家、心理学家的重视，所以为了帮助人们顺利地宣泄不良情绪，社会有关方面同样做出了很大努力，为人们宣泄不良情绪提供了更多的选择。比如为数不少的电台或心理咨询机构开通了咨询热线，亮出动听而耐人寻味的节目名称，或叫作《午夜心桥》，或称为《今夜不设防》等。心绪不佳的人们可以于夜深人静之时拨通一个奇妙的号码，然后尽情地一吐胸怀，连对最亲近的朋友也不愿说的隐衷可以毫无顾虑地和盘托出，或者尽情地听接线员悦耳的声调，痛快地侃上一通人生的哲理，然后舒出一口气，便心平气和了，这无疑是一种极佳的解脱。

心平气和的智慧

人人都有坏情绪，但发泄的方法各不相同，找到一个最适合你的发泄方法，从此就可以将它作为你的常备武器来抗击郁闷的进攻了。

找对你的出气筒

宣泄情绪需要找到属于你的正确方式，不要盲目地宣泄你的不良情绪，因为很多时候，采取的方式不当，不仅伤人还会伤己。

任何事情都不像你想象的那样，那么值得耿耿于怀，让你生气和懊恼的不过是你自己罢了。不为小事烦恼，如此，才有充沛的精力去做更多有意义的事。面对自己始料不及的情况时，很多人往往会失去理智并迁怒于人，但这样只会把事情弄得更糟。如果我们把生气的时间花在解决问题上，那么事情就会变得顺利多了。

林肯说过这样一句话："无论你怎样表示愤怒，都不要做出任何无法挽回的事情来。"

有一天，陆军部长斯坦顿怒气冲冲地来到林肯面前，抱怨一位少校公开指责他偏袒下属。林肯建议史坦顿立即写一封信回敬那位少校。

"可以狠狠地骂他一顿。"林肯说。

史坦顿立刻写了一封措辞激烈的信，然后拿给总统看。

"对了，对了。"林肯高声叫好，"要的就是这个！好好地教训他一顿，真写绝了，斯坦顿。"但是当史坦顿把信叠好装进信封里时，林肯却叫住他，问道："你要干什么？"

"寄出去呀。"史坦顿有些摸不着头脑了。

"不要胡闹。"林肯大声说，"这封信不能发，快把它扔到炉子里。凡是生气时写的信，我都是这么处理的。这封信写得好，写的时候你已经解了气，现在感觉好多了吧？那么就请你把它烧掉，再写第二封信吧！"

和别人生气的时候，要注意控制自己的情绪，既不要把自己的愤怒压抑在心底，也不要将愤怒向别人发泄，而是要找出一个缓解愤怒情绪的合理步骤。让自己的情绪缓一缓，等自己的内心平静了再做决定。

许多心情不快的人常使自己陷于一种含有敌意的沉默中。其实，如果你能把这种不快表达出来，你就会感到某种轻松和真正的愉快。我们不妨学习一下林肯的做法，把自己的不好的情绪，或者是憎恨的人写在一张纸上，然后投进火炉里，让所有影响到你的坏情绪和不利因素都付之一炬。这样，不但我们的情绪得到了发泄，还不会危及他人。

心平气和的智慧

找对自己的出气筒，不要一味地压抑胸中的怒火，不然，它会像一颗定时炸弹，会在适当的时候爆炸。如果不让它平息下来，它便会毁灭一切。

消极暗示会左右你的情绪

在心理学上，自我暗示指通过主观想象或相信某种特殊的事、物、人的存在来进行自我刺激，达到改变行为和主观经验的目的。消极的自我暗示可误导个人的判断和自信，使人生活在幻觉当中不能自拔，并做出脱离实际的事情来。消极的自我暗示还可使人对外界事物的认知形成某种心理定式，造成为人处世比较偏执，凭直觉办事的后果。

生活中你有没有过这样的情况：到超市买东西，回到家一清点，发现有一些是可有可无的，连自己都不知道为何会买这些小东西；我们本来对某个人没有什么印象，等过了一段时间后却觉得他面目可憎；早晨到了办公室，本来精力充沛，心情愉快，过了一会儿却变得烦得要命。

蒋先生下午要出差，他看着时间还早，就去公司取了一个今天刚到的邮件，结果，时间有些紧。为了准时赶上火车，他心急跑了一段路，结果由于心情过于紧张，再加上剧烈运动，引起了心跳过速，胸部发闷，最后导致昏厥。

在医院经过检查，医生告知他是因为神经过于紧张引起的休克，他的身体没有什么问题。这本来不是什么大不了的事情，可蒋先生却不这样认为。因为昏厥的情绪记忆，他不知不觉地陷进了情绪的假象中，这种情绪记忆一旦受到刺激，就会自动冒出来，提醒他自己一定是心脏不好。从此以后，他做事总是小心翼翼的，再也不敢单独出门，总把自己当病人。

之后，他只要感觉自己的身体不舒服，就觉得一定是什么病症引起的，就这样，他的症状越来越多，越来越重，以至到了最后，他真的身患重病，卧床不起了。

蒋先生的例子是典型的消极暗示造成的恶果。人一旦处在紧张情绪中，是很难对事态做出正确分析的。

受暗示性是人的心理特性，它是人在漫长的进化过程中，形成的一种无意识的自我保护能力，当人处于陌生、危险的境地时，人会根据以往形成的经验，捕捉环境中的蛛丝马迹，来迅速做出判断。这种捕捉的过程，也是受暗示的过程。因此，人受暗示性的高低不能以好坏来判断，它是人的一种本能。

人们为了追求成功和逃避痛苦，会不自觉地使用各种暗示的方法，比如困难临头时，人们会相互安慰："快过去了，快过去了。"从而减少忍耐的痛苦。人们在追求成功时，会设想目标实现时非常美好、激动人心的情景。这个美景就对人构成一种暗示，它为人们提供动力，提高忍受挫折的能力，使人保持积极向上的精神状态。

在生活中，我们无时不在接受着外界的暗示，比如，电视广告对购物心理的暗示作用。广告的影像、声音都具有强烈的暗示性。人们看电视时，都是东看看西看看，是一种无意的行为。在无意中，人们缺乏警觉性，这些广告信息会悄悄地进入人们的潜意识。这些信息反复重播，在人的潜意识中积累下来。当人们购物时，人的意识就受到潜意识中这些广告信息的影响，左右你的购买倾向。比如，当你对两个品牌的东西拿不定主意时，多半会选择那已经进入潜意识中的品牌，所以当我们回到家，再注意到当初的选择时，感到莫名其妙。这就是我们经常会乱买东西的一个原因。

在生活与工作中，懂得使用积极的暗示，可以让事情更美好。而习惯使用消极的暗示，往往把事情弄糟。比如，有的女孩儿老是觉得"人家不喜欢我"，到头来发现，大家果然不再喜欢她了。因为她老是这样暗示自己，大脑的意识就停留在她那些不好的方面，她的行为就难以逃出这些不好的方面。

还有的人老是觉得自己的工作做不好，能力差，到头来，他真的差了，因为这样的暗示令他减少了努力尝试的机会。一个总是暗示自己会失败的人，最后的结果只能是失败。因此，我们要警惕自己的内心的消极自我暗示，不要被它左右，而否定了自己真实的能力。

常见的一项研究证明，当你在生气的时候，可以找一面镜子，对着镜子努力露出笑容来，持续几分钟之后，你的心情会变得好起来。彻底改变脾气不好的办法还是将你已经明白的道理付诸实施，不要一味地希望环境或社会能够完全顺自己的意。可以通过情绪控制训练的方法来尽可能地控制消极情绪或将消极情绪尽快转化为积极情绪。健康的积极情绪有利于人的身体健康，而消极情绪则会给人的机体带来损害。

心平气和的智慧

生活其实有很多美丽之处，只是当我们忙于我们追求的一切时，忽略了很多东西，不能静下心来欣赏。别让生活中那些无谓的小事影响我们自己的心情，学会控制自己的情绪，成为情绪的主人，别让坏情绪影响自己的生活。

如何宣泄坏情绪

"宣泄"即把情绪通过疏导释放出去。宣泄只是处理情绪问题的一种方法，处理情绪问题还有许多其他方法，所以不能把宣泄看作是处理情绪问题的唯一方法。实际上在不少情况下它不能彻底地解决问题，但是不良情绪有害于人的身心健康，我们只有通过宣泄来减少、排除它们，才能不受到它们的伤害，这就是我们通常所说的"情绪宜宣不宜堵"。

网络传播的出现，使话语权从少数精英手中回归到大众手中，再不是大众被动接受的年代了，对于信息的发布，不再有固定的监管渠道，各种信息充斥网络。所以，在传统媒介时代不能充分发表看法的网民们正在利用网络的随意性宣泄着自己的感情。这是媒介为人们提供的抒发情感的新方式，它有它存在而且必须存在的道理。为什么网络的宣泄越发普遍？这是个个性张扬的时代，每个人都有自己独特的情感和主张，都需要一个出口让人们了解他的主张和想法，以往的报纸、电视都不能成为这样的平台。在传统的媒介中，大众不能随心所欲地参与和互动，所以网络上的宣泄愈加泛滥。

但与此同时，很多专家都在担忧网络上的无度宣泄会对社会造成坏的影响。情绪宣泄是对自身的一种保护，但是宣泄也讲究方式方法，如果因为宣泄自己的坏情绪而影响到他人，这就是不应该的了。

英格索尔说："愤怒将理智的灯吹熄，所以在考虑解决一个重大问题时，你必须心平气和，头脑冷静。"

很多时候，一些人为了一些无关紧要的事情，在一些不大可能发火的情况下，竟然大发雷霆。这意味着，这些人不了解引起这种局面的真正原因，而是把火气都发泄在"替罪羊"身上。

有一名年轻的女教师，因其经常狂暴如雷而闻名全校，学生们都害怕她。经过心理检查才弄明白，她的举动是由于神经质造成的，因为她不得不伺候她行为古怪的老父亲。她的三个哥哥以她是个未婚女子为借口，把照顾父亲的负担全部压到她的身上。在弄清楚了她的问题并与她的哥哥们再次商量后，他们同意承担部分责任。从那以后，她在工作上振作起来了。

每个人都会发火，但是，由于个人的处理方式不同，这种心理上的反应会改变人们的举止。也就是说，会引起毛病，会限制人们行动的能力，会使个人陷于悲观失望。同时，下意识发火或者压抑怒火不仅会给个人而且会给周围的人带来害处。选择正确的方式宣泄自己的不良情绪，理智的分析问题的成因，才是我们最应该做的事情。

心平气和的智慧

情绪宣泄就是直接针对引发情绪的刺激来表达情绪，当直接发泄对于别人或自己不利时，则可以用间接发泄的方式，如自我倾诉、文娱活动等，使紧张的情绪得以缓解。但宣泄一定要注意场合、身份，注意适度，要把握"放松自我，不妨碍别人"，利己利人的原则。

用笑容点燃好情绪

微笑具有很强的情绪感染力，它是一种非常主动的信号，这比应别人情绪要求而做出的反应要有力得多。因此，微笑还传达了这样一个信息：你是一位能接受我的微笑的人。

尼尔森是一位优秀的飞行员，他曾经有一段不寻常的经历。在参加西班牙内战打击法西斯的一次战争中，他不幸被俘入狱。在狱中，尼尔森学会了抽烟。有一次，他摸出一根香烟，但是没有找到火柴。没办法，尼尔森鼓足勇气向看守借火。看守气势汹汹地打量他一眼，冷漠地拿出火柴。当看守走过来帮尼尔森点火时，两人的眼光无意中接触了，尼尔森下意识地冲着看守微笑一下。

尼尔森也不知道自己为何要对他微笑，也许是显示友好吧。然而，就在这一刹那，这抹微笑打破了两人心灵之间的隔阂。好像是受到了微笑的感染，看守的脸上也露出了一抹不易觉察的微笑。他点完火后并没有立刻离开牢房，眼睛和善地看着尼尔森，眼神也少了当初的凶气，脸上仍然带着微笑。尼尔森也以微笑回应，仿佛他是个朋友。

"你有小孩吗？"看守先开口问。"有，你看。"尼尔森拿出皮夹，手忙脚乱地翻出了全家福照片。看守也掏出照片，并且开始讲述他与家人的故事。此时，尼尔森的眼中充满泪水，说他害怕再也见不到家人，怕没有机会看到孩子长大……看守听了以后也流下了两行眼泪，突然，他打开牢门，悄悄带尼尔森从后面的小路逃离监狱。他示意尼尔森尽快离去，之后便转身走了，不曾留下一句话。

若干年后，尼尔森回忆说，如果不是那一个微笑，他不知能不能活着离开监狱。微笑竟然救了他一命。真诚的微笑如春风化雨，润人心扉。微笑的人给人的印象是热情、富于同情心和善解人意。你在出门前对镜子笑一下，自己就会获得好心情和动力。微笑其实很简单，对于微笑的理解是：没有人富到对它不需要；没有人穷到给不出一个微笑。

我们要记住：笑容是好情商的信使，你的笑容能照亮所有看到它的人。对那些整天都紧锁眉头、愁容满面、闷闷不乐的人来说，你的笑容就像穿过乌云的太阳。尤其对那些承受着上司、客户、老师、父母或子女的压力的人，一个笑容能使他们了解到，一切都是有希望的，世界上是有欢乐的。

我们从心底发出的微笑，能传达出许多情绪信息，它似乎在对人说：我喜欢你，我是你的朋友，也请你喜欢我。

心理学家分析后认为，如果你对他人微笑，对方也会回报以友好的笑脸，而在这回应式的微笑背后，有一层更深的意义，那便是对方想用微笑告诉你，你让他体会到了幸福。由于我们的微笑，使对方感觉到自己是一个值得他人表示好感的人，从而有一种被肯定的幸福感，所以他也会快乐地对你微笑，这便是为什么微笑那么容易感染人。

密西根大学心理学教授米柯纳的研究表明，面带笑容的人，比起紧绷脸孔的人，在经营、推销以及教育方面更容易取得成效。笑脸比紧绷的面孔藏有更丰富的信息，因而更有感染力，而常带笑脸更有可能在人际互动中占据主动。师生之间、夫妻之间、亲子之间、上下级之间莫不如此。研究表明，彼此相互微笑的人，他们动作也协调。动作与生理反应协调，彼此之间会觉得融洽、愉快而且情绪高昂，相处十分自在。

心平气和的智慧

微笑就是有这么大的魅力，它对你的人生大有裨益。如果你能时刻保持微笑，说不定，它就会给你带来极大的财富和成功。既然微笑有这么大的魅力，那么，我们何不经常保持微笑，让微笑来提升我们的影响力，帮助我们成就美好人生？

第十章

给欲望上把锁，贪心是与生俱来的烦恼

西方一位哲人曾说过："人的欲望是座火山，如不控制就会伤人害己。"贪欲是成功路上的障碍，因为它会自动成长、膨胀，最后喷薄而出时，就会炸伤我们，一切的荣誉、事业、成功也都将随之烟消云散。聪明的人，应该学会适当地删减一下自己的欲望，不让那些不必要的贪念支配你的生活。贪婪是耗尽人的能量，却永不让人满足的地狱。所以，我们一定要锁住自己的欲望，不要让它破坏掉我们的幸福。

欲望让你的人生烦恼不安

我们接受教育和训练的目的是什么呢？难道是为了得到别人口头上的称赞吗？当然不是。其实在这个世界上真正值得尊重的并不是那种无价值的所谓名声，而是根据自身恰当的结构推动自己，即让自己不屈服于身体的引诱，不被感官压倒，只做自己应该做的事情，而不追求其他多余的东西，即不产生任何欲望。

人的一生是短暂的，很快我们就将化为灰尘，被世界遗忘。既然生命如此短暂，那在生活中被我们高度重视的东西也就是空洞的、易朽的和琐屑的，至于在肉体和呼吸之外的一切事物，要记住它们既不是属于你的也不是你力所能及的。

有人问智者："白云自在时如何？"智者答："争似春风处处闲！"

那天边的白云什么时候才能逍遥自在呢？当它像那轻柔的春风一样，内心充满闲适，本性处于安静的状态，没有任何的非分追求和物质欲望，放下了世间的一切，它就能逍遥自在了。

如果我们被欲望俘虏，我们只能使自己的心灵处在一种烦恼不安的状态之中。就好像种植葡萄的人目的在种而不在收，如果还要希望自己的葡萄比别人大、比别人多，那他产生的这种欲望将会使自己失去心灵上的自由。因为他会变得不知足，会变得妒忌、吝啬、猜疑，会变得反对那些比他拥有更多葡萄的人。

县城老街上有一家铁匠铺，铺子里住着一位老铁匠。时代不同了，如今已经没人再需要他打制的铁器，所以，现在他的铺子改卖拴小狗的链子。

他的经营方式非常古老和传统。人坐在门内，货物摆在门外，不吆喝，不还价，晚上也不收摊。你无论什么时候从这儿经过，都会看到他在竹椅上躺着，微闭着眼，手里是一只半导体收音机，旁边有一把紫砂壶。

当然，他的生意也没有好坏之说。每天的收入正好够他喝茶和吃饭。他老了，已不再需要多余的东西，因此他非常满足。

一天，一个文物商人从老街上经过，偶然间看到老铁匠身旁的那把紫砂壶，因为那把壶古朴雅致，紫黑如墨，有清代制壶名家戴振公的风格。他走过去，顺手端起那把壶。壶嘴内有一记印章，果然是戴振公的。商人惊喜不已，因为戴振公在世界上有捏泥成金的美名，据说他的作品现在仅存三件：一件在美国纽约州立博物馆；一件在台湾"故宫博物院"；还有一件在泰国某位华侨手里，是那位华侨1993年在伦敦拍卖会，以56万美元的拍卖价买下的。商人端着那把壶，想以10万元的价格买下它。当他说出这个数字时，老铁匠先是一惊，然后很干脆地拒绝了，因为这把壶是他爷爷留下的，他们祖孙三代打铁时都喝这把壶里的水。

虽然壶没卖，但商人走后，老铁匠有生以来第一次失眠了。这把壶他用了近60年，并且一直以为是把普普通通的壶，现在竟有人要以10万元的价钱买下它，他转不过神来。

过去他躺在椅子上喝水，都是闭着眼睛把壶放在小桌上，现在他总要坐起来再看一眼，这种生活让他非常不舒服。特别让他不能容忍的是，当人们知道他有一把价值连城的茶壶后，来访者络绎不绝，有的人打听还有没有其他的宝贝，有的甚至开始向他借钱。他的生活被彻底打乱了，他不知该怎样处置这把壶。当那位商人带着20万现金，再一次登门的时候，老铁匠没有说什么。他招来了左右邻居，拿起一把斧头，当众把紫砂壶砸了个粉碎。

现在，老铁匠还在卖拴小狗的链子，据说，他现在已经106岁了。

这个故事证明，"人到无求品自高"，人无欲则刚，人无欲则明。无欲能使人在障眼的迷雾中辨明方向，也能使人在诱惑面前保持自己的人格和清醒的头脑，不丧失自我。在这个充满诱惑的花花世界里，要想真正做到没有一丝欲望，毫无牵挂的确很难。

要想做到"无欲"，首先要有一颗静如止水的心。不受外界事物打扰，好好地坚持走正确的道路，正确地思考和行动，就能消除你的欲望。心淡如水是生命褪去了浮华之后，对生活中那些细微处的感动，只有用感恩的心去体会，从而在一种幸福的平静流动中度过一生，才能在人生感悟之中找寻到生命的意义所在，才能做到不为"欲"所牵连、不为"欲"所迷惑，在欲望充斥的浊世之中仍能保持心中的一方净土。

心平气和的智慧

保持自己的理性，放下世间的一切假象，不为虚妄所动，不为功名利禄所诱惑，一个人才能体会到自己的真正本性，看清本来的自己。

欲望是一条看不见的灵魂锁链

画，远看则美。

山，远望则幽。

思想，远虑则能洞察事物本末。

心，远放则可少忧少恼。

……

在某些情境之下，距离是能够产生美的，对名利的疏远尤甚，能够给人带来清明的心智与洒脱的态度。

"天下熙熙，皆为利来；天下攘攘，皆为利往。"从古至今，多少人在混乱的名利场中丧失原则，迷失自我，百般挣扎反而落得身败名裂。古人说得好："君子疾没世而名不称焉，名利本为浮世重，古今能有几人抛？"

这世上的人，有几人能够在名利面前淡然处之，泰然自若？

"人人都说神仙好，唯有功名忘不了"，这是《红楼梦》里的开篇偈语，这一首《好了歌》似乎在诉说繁华锦绣里的一段公案，又像是在告诫人们提防名利世界中的冷冷暖暖，看似消极，实则是对人生的真实写照，即使在数百年后的今天依然如此。世人总是被欲望蒙蔽了双眼，在人生的热闹风光中奔波迁徙，被身外之物所累。

那些把名利看得很重的人，总是想将所有财富收到自己囊中，将所有名誉光环揽至头顶，结果必将被名缰利锁所困扰。

一天傍晚，两个非常要好的朋友在林中散步。这时，有位小和尚从林中惊慌失措地跑了出来，俩人见状，并拉住小和尚问："小和尚，你为什么如此惊慌？发生了什么事情？"

小和尚忐忑不安地说："我正在移栽一棵小树，却突然发现了一坛金子。"

这俩人听后感到好笑，说："挖出金子来有什么好怕的？你真是太好笑了。"然后，他们就问，"你是在哪里发现的，告诉我们吧，我们不怕。"

小和尚说："你们还是不要去了吧，那东西会吃人的。"

两人哈哈大笑，异口同声地说："我们不怕，你告诉我们它在哪里吧。"

于是小和尚只好告诉他们金子的具体地点，两个人飞快地跑进树林，果然找到了那坛金子。好大一坛黄金！

一个人说："我们要是现在就把黄金运回去，不太安全，还是等到天黑以后再运吧。现在我留在这里看着，你先回去拿点儿饭菜，我们在这里吃过饭，等半夜的时候再把黄金运回去。"于是，另一个人就回去取饭菜了。

留下来的这个人心想："要是这些黄金都归我，该有多好！等他回来，我一棒子把他打死，这些黄金不就都归我了吗？"

回去的人也在想："我回去之后先吃饱饭，然后在他的饭里下些毒药。他一死，这些黄金不就都归我了吗？"

不多久，回去的人提着饭菜来了，他刚到树林，就被另一个人用木棒打死了。然后，那个人拿起饭菜，吃了起来，没过多久，他的肚子就像火烧一样痛，这才知道自己中了毒。临死前，他想起了小和尚的话："和尚的话真对啊，我当初就怎么不明白呢？"

人为财死，鸟为食亡。可见，"财"这只拦路虎，它美丽耀眼的毛发确实诱人，一旦骑上去，便无法使其停住脚步，最后必将摔下万丈深渊。

名利，就像是一座豪华舒适的房子，人人都想走进去，只是他们从未意识到，这座房子只有进去的路，却没有出来的门。枷锁之所以能束缚人，房子之所以能困住人，主要是因为当事人不肯放下。放不下金钱，就做了金钱的奴隶；放不下虚名，就成了名誉的囚徒。

庄子在《徐无鬼》篇中说："钱财不积则贪者忧；权势不尤则夸者悲；势物之徒乐变。"追求钱财的人往往会因钱财积累不多而忧愁，贪心者永不满足；追求地位的人常因职位不够高而暗自悲伤；迷恋权势的人，特别喜欢社会动荡，以求在动乱之中借机扩大自己的权势。而这些人，正是星云大师所说的"想不开、看不破"的人，注定烦恼一生。

心平气和的智慧

权势等同枷锁，富贵有如浮云。牛前枉费心千万，死后空持手一双。莫不如退一步，远离名利纷扰，给自己的心灵一片可自由驰骋的广袤天空，于旷达开阔的境界中欣赏美丽的世间风景。

名利不过是生命的尘土

有一位高僧，是一座大寺庙的住持，因年事已高，心中思考着找接班人。

一日，他将两个得意弟子叫到面前，这两个弟子一个叫慧明，一个叫尘元。高僧对他们说："你们俩谁能凭自己的力量，从寺院后面悬崖的下面攀爬上来，谁将是我的接班人。"

慧明和尘元一同来到悬崖下，那真是一面令人望而生畏的悬崖，崖壁极其险峻、陡峭。

身体健壮的慧明，信心百倍地开始攀爬。但是不一会儿他就从上面滑了下来。

慧明爬起来重新开始，尽管他这一次小心翼翼，但还是从悬崖上面滚落到原地。

慧明稍事休息后又开始攀爬，尽管摔得鼻青脸肿，他也绝不放弃……

让人感到遗憾的是，慧明屡爬屡摔，最后一次他拼尽全身之力，爬到一半时，因气力已尽，又无处歇息，重重地摔到一块大石头上，当场昏了过去。高僧不得不让几个僧人用绳索将他救了回去。

接着轮到尘元了，他一开始也和慧明一样，竭尽全力地向崖顶攀爬，结果也屡爬屡摔。

尘元紧握绳索站在一块山石上面，他打算再试一次，但是当他不经意地向下看了一眼以后，突然放下了用来攀上崖顶的绳索。然后他整了整衣衫，拍了拍身上的泥土，扭头向着山下走去。

旁观的众僧都十分不解，难道尘元就这么轻易地放弃了？大家对此议论纷纷。只有高僧静静地看着尘元的去向。

尘元到了山下，沿着一条小溪顺水而上，穿过树林，越过山谷，最后没费什么力气就到达了崖顶。

当尘元重新站到高僧面前时，众人还以为高僧会痛骂他贪生怕死、胆小怯弱，甚至会将他逐出寺门。谁知高僧却微笑着宣布将尘元定为新一任住持。众僧皆面面相觑，不知所以。

尘元向其他人解释："寺后悬崖乃是人力不能攀登上去的。但是只要在山腰处低头看，便可见一条上山之路。师父经常对我们说'明者因境而变，智者随情而行'，就是教导我们要知伸缩退变啊！"

高僧满意地点了点头说："若为名利所诱，心中则只有面前的悬崖绝壁。天不设牢，而人自在心中建牢。在名利牢笼之内，徒劳苦争，轻者苦恼伤心，重者伤身损肢，极重者粉身碎骨。"随后，高僧将衣钵锡杖传交给了尘元，并语重心长地对大家说："攀爬悬崖，意在勘验你们的心境，能不入名利牢笼，心中无碍，顺天而行者，便是我中意之人。"

不去追求虚假的得益，实实在在地施为，高僧传达的正是这个意旨。在这个世界上，名与利通常都是人们追逐的目标。虽然人人都道"富贵人间梦，功名水上鸥"，可真正要一人放弃对名利的追求，如自断肱骨，是难而又难的。对于名利的追求，已经渗入我们的骨髓了。谁不爱名利呢？名利能给人带来优越的生活、显赫的地位。

然而，谁又能保证这种"心想事成"的梦幻生活，能保持五年、十年、甚至更久？13岁的李叔同就能写出"人生犹似西山月，富贵终如草上霜"的诗句，佛意十足。他自己也真正视名利如浮云，飘然出家。

出家，不过出的是家门，人仍在红尘内，名与利仍然如炎夏的蔓藤伸出小而软的触手，纠缠不清。做和尚也是有三六九等的，普通僧人青灯古卷，寒衣草履，有影响力的僧人也会出入高屋庙堂与政要周旋，来往前呼后拥，排场十足。弘一法师对此深感惋惜，而他自己对功名利禄则是毫无兴趣。

弘一法师出家后，极力避免陷入名利的泥沼自污其身，因此从不轻易接受善男信女的礼拜供养。他每到一处弘法，都要先立三约：一不为人师，二不开欢迎会，三不登报吹嘘。他谢绝俗缘，很少与俗人来往，尤其不与官场人士接触。

那时弘一法师在温州庆福寺闭关静修时，温州道尹张宗祥慕名前来拜访。能与道尹结交，是一般人求之不得的事情，弘一法师却拒不相见。无奈张宗祥深慕法师大名，非见不可，弘一法师的师父寂山法师只好拿着张宗祥的名片代为求情，弘一法师听到师父央告，甚至落泪："师父慈悲！师父慈悲！弟子出家，非谋衣食，纯为了生死大事，妻子亦均抛弃，况朋友乎？乞婉言告以抱病不见客可也！"

张宗祥无奈，只好怏怏而去。

一个人，心要像明月一样皎洁，像天空一样淡泊，才能做到与人无争、与世无争。人世皆无争，才能安心做一名淡泊名利的人。心安定了，才能专注于修行。弘一法师研修律宗，最后能成为一代宗师，与他淡泊名利的心境是分不开的。

慧忠禅师曾经对众弟子说："青藤攀附树枝，爬上了寒松顶；白云疏淡洁白，出没于天空之中。世间万物本来清闲，只是人们自己在喧闹忙碌。"世间的人在忙些什么呢？其实不外乎名、利两个字。万物自闲，全是因为人们自己在争名夺利。

心平气和的智慧

不入名利牢笼，才能专注于眼前事、当下事，没有烦忧，达到洒脱的精神境界。

尘世浮华如过眼云烟

人生像一场梦，无定、虚妄、短促，还要承受某些无法避免的痛苦。人生就像天气一样变幻莫测，有晴有雨，有风有雾。无论谁的人生，都不可能一帆风顺，况且，一帆风顺的人生，就像是没有颜色的画面，苍白枯燥。

一个经历过苦难的人，即使他现在的生活依旧被困境所包围，他的内心也不会有太多的痛苦，苦难之于他，早已化为过眼云烟。生命的诞生即是体味困苦的开始，而因为惧怕苦痛而躲避在尘世之外，则永远也尝不到真正的快乐。

等人老了的时候，回过头看看自己走过的路，开心的、伤心的，不都成了过眼云烟吗？一路走过来，难免会有许多辛酸的泪水，难免会有许多欢乐的笑声，当一切成为过去，谁还记得曾经有多痛，曾经有多快乐。

按照这种思路想来，一切都会过去的。那么，对于眼前的不幸，又何必过于执着？尘世的一切荣华富贵，或是苦难病痛，最终都会如云烟般消散，既然如此，无论是幸或不幸，便没有了执着的缘由。

上帝经常听到尘世间万物抱怨命运不公的声音，于是就问众生："如果让你们再活一次，你们将如何选择？"

牛："假如让我再活一次，我愿做一只猪。我吃的是草，挤的是奶，干的是力气活，有谁给我评过功，发过奖？做猪多快活，吃罢睡，睡了吃，肥头大耳，生活赛过神仙。"

猪："假如让我再活一次，我要当一头牛。生活虽然苦点儿，但名声好。我们似乎是傻瓜懒蛋的象征，连骂人也都要说'蠢猪'。"

鼠："假如让我再活一次，我要做一只猫。从生到死由主人供养，时不时还有我们的同类给他送鱼送虾，很自在。"

猫："假如让我再活一次，我要做一只鼠。我偷吃主人一条鱼，会被主人打个半死。老鼠可以在厨房翻箱倒柜，大吃大喝，人们对它也无可奈何。"

鹰："假如让我再活一次，我愿做一只鸡，渴了有水喝，饿了有米吃，住有房，还受主人保护。而我们，一年四季漂泊在外，风吹雨淋，还要时刻提防冷枪暗箭，活得多累呀！"

鸡："假如让我再活一次，我愿做一只鹰，可以翱翔天空，任意捕兔捉鸡。而我们除了生蛋、报晓外，每天还胆战心惊，怕被捉被宰，惶惶不可终日。"

女人："假如让我再活一次，一定要做个男人，经常出入酒吧、餐馆、舞厅，不做家务，还摆大男子主义，多潇洒！"

男人："假如让我再活一次，我要做一个女人，上电视、登报刊、做广告，多风光。即使是不学无术，只要长得漂亮，一句嗲声嗲气的撒娇，一个暧昧的眼神，都能让那些正襟危坐的大款们神魂颠倒。"

上帝听后，大笑起来，说道："一派胡言，一切照旧！还是做你们自己吧！"

人们总渴望获得那些本不属于自己的东西，而对自己所拥有的不加以珍惜。其实，每一个生命的个体之所以存在于这个世界上，自有它存在的意义；每一个人该得的上帝一样不会少给，不该得的，绝不会多给。因此，安心做自己，才是智慧的人。

只有安心做自己的人，才能领会放下的大意境，明天在不断更新，何必总是着眼于过去呢？其实，一切事物都是不增不减的，它有它自然循环的道理。繁华的世态看似好，让人可以过享尽荣华富贵的生活，所以人们不遗余力地追求，但它背后的真实不过如此，为了追求它，人们在不留神之际便沦为名利的玩物，失去了快乐的生活。

心平气和的智慧

看得透彻些，活在当下，坦然接受所拥有和能够拥有的一切，面对贫富的变迁少一些迷茫，多一些坦然，真正的幸福才能不请自来。

最长久的名声也是短暂的

看看周围那些你熟知的人，他们之中的一部分可能没有目标，做着一些对自己、对别人都毫无益处的事情，却不明白自己身上真正的本性是怎样的，有一点虚名就会沾沾自喜。这样的做法是不明智的，相反的，在做事情之前，我们一定要弄清楚自己的本性是什么，之后遵从自己的本性，只做符合自己本性的事情。一定要记住，你做的每一件事都要以这件事情的本身价值来进行判断，不要过分注意那些鸡毛蒜皮的小事，你将会对命运的安排和生活的赐予感到满足。

过去熟悉的一些词语现在已经不用了。同样，那些声名显赫的名字如今也被忘却了，例如卡米卢斯、恺撒、沃勒塞斯、邓塔图斯以及稍后一些时候的西庇阿、加图，然后是奥古斯都，还有哈德里安和安东尼。这些人物很快就过去了，变成了历史，甚至有可能被人们忘记了。上面提到的这些乃是在历史留下丰功伟绩的人，那么其他的人，一旦呼吸停止了，别人就不会再提起他了。如果这样的话，所谓的"永恒的纪念"是什么呢？只是虚无罢了。

居里夫人因取得了巨大的科学成就而天下闻名，她一生获得各种奖金颇多，各种奖章 16 枚，各种名誉头衔 117 个，但她对此全不在意。

有一天，她的一位朋友来访，发现她的小女儿正在玩一枚金质奖章，而那枚金质奖章正是大名鼎鼎的英国皇家学会刚刚颁给她的。这位朋友不禁大吃一惊，忙问："居里夫人，能够得到一枚英国皇家学会的奖章是极高的荣誉，你怎么能给孩子玩呢？"

居里夫人笑了笑说："我是想让孩子从小就知道，荣誉就像玩具，只能玩玩而已，绝不能够永远守着它，否则将一事无成。"

1921 年，居里夫人应邀访问美国，美国妇女为了表示崇拜之情，主动捐赠 1 克镭给她，要知道，1 克镭的价值是在百万美元以上的。

这是她急需的。虽然她是镭的母亲——发明者和所有者（但她放弃为此而申请专利），但她买不起昂贵的镭。

在赠送仪式之前，当她看到"赠送证明书"上写着"赠给居里夫人"的字样时，她不高兴了。她声明说："这个证书还需要修改。美国人民赠送给我的这 1 克镭永远属于科学，但是假如就这样规定，这 1 克镭就成了我的私人财产，这怎么行呢？"

主办者在惊愕之余，打心眼儿里佩服这位大科学家的高尚人品，马上请来一位律师，把证书修改后，居里夫人这才在"赠送证明书"上签字。

居里夫人的成就在科学史上是空前的，可是她早就看淡了名利，这并不是每个人都能做到的。人的行为都是受欲望支配的，可欲望是无穷的，尤其是对于外部物质世界的占有欲，更是一个无底深渊。现实生活中，到处都是诱惑，人的占有欲往往就这样被强烈地激发出来。但是，虽然人们承认欲望的客观存在，并不代表肯定欲望本身，永无休止的欲望只会给我们带来更深重的灾难，所以我们竭力要避免和舍弃的东西正是在欲望的支配下对名利无休无止的渴望。

心平气和的智慧

认识到了本性的人，早就放弃了对名利的追求，即使他们偶然获得了荣誉，也完全不放在心上，只会淡化自己对于名利的渴望和与人攀比的虚荣。

身外物，不奢恋

从前，有一个非常富有的国王，名叫米达斯。他拥有的黄金数量之多，超过了世上任何人。尽管如此，他仍认为自己拥有的黄金数量还不够多。他碰巧又获得了更多的黄金，这使他非常高兴。他把黄金藏在皇宫下面的几个大地窖中，每天都在那里待上很长时间清点自己有多少黄金。

米达斯国王的小女儿名叫马丽格德。国王非常喜欢这个小女儿，他告诉她："你将成为世界上最富有的公主！"但是马丽格德对此不屑一顾。与父亲的财富相比，她更喜欢花园、鲜花与金色的阳光。她大部分时间都是一个人自己玩，因为父亲为获得更多的黄金和清点自己有多少黄金忙得不可开交。和别的父亲不同的是，他很少给她讲故事，也很少陪她去散步。

一天，米达斯国王又来到他的藏金屋。他反锁上大门，将藏金子的箱子打开。他把金子堆到桌子上，开始用手抚摸，看上去他很喜欢那种感觉。他让黄金从手指缝间滑落而下，微笑着倾听它们的碰撞声，仿佛那是一首美妙的曲子。突然一个人影落到了那堆金子上面。他抬起头，发现一个身着白衣的陌生人正对着他笑。米达斯国王吓了一跳。他明明记得把门锁上了呀！他的财宝并不安全！但是陌生人继续对着他微笑。

"你有许多黄金，米达斯国王。"他说道。

"对，"国王说道，"但与全世界所有的黄金相比，那又显得太少了！"

"什么！你并不满足吗？"陌生人问道。

"满足？"国王说，"我当然不满足。我经常夜不能寐，想方设法获得更多的黄金。我希望我摸到的任何东西都能变成黄金。"

"你真的希望那样吗，米达斯陛下？"

"我当然希望如此了，其他任何事情都难以让我那样高兴。"

"那么你将实现你的愿望。明天早晨，当第一缕阳光透过窗子射进你的房间，你将获得点金术。"陌生人说完便消失了。

米达斯国王揉了揉眼睛。"我刚才一定是在做梦。"他说道，"如果这是真的，我该有多高兴啊！"

第二天米达斯国王醒来时，房间里晨光熹微。他伸手摸了一下床罩。什么也没有发生。"我知道那不是真的。"他叹了口气。就在这时，清晨的阳光透过窗户射进房间。米达斯国王刚才摸的床罩变成了黄金。

"这是真的，是真的！"他兴奋地喊道。他跳下床，在房间中跑来跑去，见什么摸什么。屋里的家具都变成了金子。他透过窗户，向马丽格德的花园望去。"我将给她一个莫大的惊喜。"他自言自语道。

他来到花园中，用手摸遍了马丽格德的花朵，把它们都变成了金子。"她一定会很高兴。"他想。他回到房间中，等着吃早饭。他拿起昨天晚上看过的书，然而他一碰到书，书就变成了金子。"我现在无法看这本书了，"他说道，"不过让它变成金子当然更好。"

就在这时，一个仆人端着吃的东西走了进来。"这饭看起来非常好吃，"他说道，"我先吃那个熟透了的红桃子。"他把桃子拿到手中，但是他还没有尝到桃子是什么滋味，它就变成了金子。米达斯国王把桃子放回到盘子中。"桃子很好看，我却不能吃！"他说道。他从盘子上拿下一个卷饼，但卷饼又立即变成了金子。他端起一杯水，但还没喝，水就变成了金子。"我可怎么办啊？"他喊道，"我又饥又渴，我既不能吃金子，也不能喝金子！"

这时，房门开了，小马丽格德手里拿着一支玫瑰花走了进来，眼里噙满了泪水。

"出了什么事，女儿？"国王问道。

"噢，父亲！你看我的玫瑰花都怎么了？它们变得又硬又丑！"

"嘿，它们是金玫瑰，孩子，你不认为它们比以前的样子更好看吗？"

"不，"她抽泣着说，"它们没有香气，也不再生长。我喜欢活生生的玫瑰。"

"不要在意了，"国王说，"现在吃早饭吧。"

马丽格德注意到父亲没有吃饭，一脸的悲伤。"发生了什么事，亲爱的父亲？"她问道，然后向他跑过来。她伸开双臂，抱住他，他吻了她。但他突然痛苦地喊了起来。他摸了一下女儿，她那漂亮的脸蛋变成了金灿灿的金子，双眼什么也看不到，双唇无法吻他，双臂无法将他抱紧。她不再是一个可爱的、欢笑的小女孩了。她已经变成了一尊小金像。米达斯低下头，大声哭泣起来。

"你高兴吗，陛下？"他听到一个声音问道。他抬起头，看到那个陌生人站在他身旁。

"高兴？你怎么能这样问！我是世界上最不幸的人！"国王说道。

"你掌握了点金术，"陌生人说道，"那还不够吗？"

米达斯国王仍低头不语。

"在食物与一杯凉水以及这些金子之间，你更愿意要哪一个？"

"噢，把我的小马丽格德还给我，我愿放弃所有的金子！"国王说道，"我已经失去了应该拥有的东西。"

"你现在比过去明智多了，米达斯国王，"陌生人说道，"跳到从花园旁边流过的那条河中，取一些河水，洒到你希望恢复原状的东西上。"说完这句话，陌生人就消失了。

米达斯一下跳起来，向小河跑去。他跳进去，取了一罐水，然后急忙返回皇宫。他把水洒到马丽格德身上，她的脸蛋立即恢复了血色。她睁开那双蓝眼睛。"啊，父亲！"她说道，"发生了什么事？"米达斯国王高兴地叫了一声，把女儿抱到怀中。从那以后，米达斯国王再也不喜欢金子了，他只钟爱金色的阳光与马丽格德的金发。

物欲太盛造成灵魂变态，精神上永无宁静，永无快乐。正如故事中的国王一样，即使手中已有大量的黄金，还仍不满足。自学会点金术后，他可以拥有更多的金子，然而，凡他手可触及的地方，无论是什么东西，包括他的爱女，均变成了金的。国王陷入了烦恼，失去了快乐，也不再认为拥有更多的金子是幸福的。要想拥有幸福的生活，就要学会控制你的欲望，也要懂得放弃。放弃是一种让步，让步不是退步。让一步，然后养精蓄锐，为的是更好地向前冲。放弃是量力而行，明知得不到的东西，何必苦苦相求？明知做不到的事，何必硬撑着去做呢？该是你的便是你的，不是你的，任你苦苦挣扎也得不到。

心平气和的智慧

有时你以为得到了，可能失去的其实更多；有时你以为失去了不少，却有可能获得了许多。"身外物，不奢恋"，这是思悟后的清醒。谁能做到这一点，谁就会活得轻松，过得自在。

可以有欲望，但不可有贪欲

伊索有句话说："许多人想得到更多的东西，却把现在所拥有的也失去了。"对于生活，普通的老百姓没有那么多言辞来形容，但是他们有自己的一套语言。于是，老人们会在我们面前念叨：做人啊，要本分，不要丢了西瓜捡芝麻。这个道理其实与文化人伊索说的是一样的。

的确，人生的沮丧很多都是源于得不到的东西，我们每天都在奔波劳碌，每天都在幻想填平心里的欲望，但是那些欲望却像是反方向的沟壑，你越是想填平，它就向下凹得越深。

欲望太多，就成了贪婪。贪婪就好像一朵艳丽的花朵，美得你兴高采烈、心花怒放，可是你在注意到它的娇艳的同时，却忘了提防它的香气，那是一种让你身心疲惫却永远也感受不到幸福的毒药。从此，你的心灵被索求占据，你的双眼被虚荣模糊。

年轻的时候，艾莎比较贪心，什么都追求最好的，拼了命想抓住每一个机会。有一段时间，她手上同时拥有13个广播节目，每天忙得昏天暗地，她形容自己："简直累得跟狗一样！"

事情总是对立的，所谓有一利必有一弊，事业愈做愈大，压力也愈来愈大。到了后来，艾莎发觉拥有更多、更大不是乐趣，反而成了一种沉重的负担。她的内心始终有一种强烈的不安笼罩着。

1995年，"灾难"发生了，她独资经营的传播公司日益亏损，交往了七年的男友和她分手……一连串的打击直奔她而来，就在极度沮丧的时候，她甚至考虑结束自己的生命。

在面临崩溃之际，她向一位朋友求助："如果我把公司关掉，我不知道我还能做什么。"朋友沉吟片刻后回答："你什么都能做，别忘了，当初我们都是从'零'开始的！"

这句话让她恍然大悟，也让她勇气再生："是啊！我们本来就是一无所有，既然如此，又有什么好怕的呢？"就这样念头一转，她不再沮丧。没想到，在短短半个月之内，她连续接到两笔很大的业务，濒临倒闭的公司起死回生。

历经这些挫折后，艾莎体悟到了人生"无常"的一面：费尽了力气去强求，虽然勉强得到，最后留也留不住；而一旦放空了，随之而来的可能是更大的能量。她学会了"舍"。为了简化生活，她谢绝应酬，搬离了150平方米的房子，索性以公司为家，挤在一个10平方米不到的空间里，淘汰不必要的家当，只留下一张床、一张小茶几，还有两只做伴的小狗。

艾莎这才发现，原来一个人需要的其实那么有限，许多附加的东西只是徒增无谓的负担而已。

在欲望的支配下，我们不得不为了权力、为了地位、为了金钱而削尖了脑袋向里钻。我们常常感到自己非常累，但仍觉得不满足，因为在我们看来，很多人生活得比自己更富足，很多人的权力比自己的大。所以我们别无出路，只能硬着头皮往前冲，在无奈中透支着体力、精力和生命。

这样的生活，能不累吗？被欲望沉沉地压着，能不精疲力竭吗？静下心来想一想：有什么目标真的非要实现不可，又有什么东西值得我们用宝贵的生命去换取？

心平气和的智慧

人人都有欲望，都想过美满幸福的生活，都希望丰衣足食，这是人之常情。但是，如果把这种欲望变成不正当的欲求，变成无止境的贪婪，那我们无形中就成了欲望的奴隶。

放弃生活中的"第四个面包"

非洲草原上的狮子吃饱以后，即使羚羊从身边经过，也懒得抬一下眼皮；瑞士的奶牛也是一样，只要吃饱了肚子，它就会闲卧在阿尔卑斯山的斜坡上，一边享受温暖的阳光，一边慢条斯理地反刍。

有一位作家非常赞赏瑞士奶牛和非洲狮子的生存哲学。他说，假如你的饭量是三个面包，那么你为第四个面包所做的一切努力都是愚蠢的。

几年前王立到一个宾馆去开会，一眼瞥见领班小姐，貌若天仙，便上前搭讪。小姐莞尔一笑，用一种很不经意的口气说："先生，没看见你开车来哦！"他当即如五雷轰顶，大受刺激，从此立志加入有车族。后来朋友和王立在一起吃饭，几杯酒下肚之后，朋友告诉王立，准备把开了一年的"昌河"小面包卖掉，换一辆新款的"爱丽舍"。然后又问王立买车了没有，王立老老实实地回答，还没有，而且在看得见的将来也没有这种可能性。他同情地看着王立："唉！一个男人，这一辈子如果没有开过车，那实在是太不幸了。"

这顿饭让王立吃得很惶惑。因为按他目前的收入水平，买辆"爱丽舍"，他得不吃不喝地攒上好几年。更糟糕的是，若他有一天终于买上了汽车，也许在他还没有来得及品味"幸福"滋味的时候，一个有私人飞机的家伙对他说："作为一个男人，没开过飞机太不幸了！"那他这辈子还有救吗？

这个问题让王立坐立不安了很长时间。如何挽救自己，免于堕入"不幸"的深渊，让他甚为苦恼。直到有一天，他无意中看到这样一段话——有菜篮子可提的女人最幸福。因为幸福其实渗透在我们生活中点点滴滴的细微之处，人生的真味存在于诸如提篮买菜这样平平淡淡的经历之中。我们时时刻刻拥有着它们，却无视它们的存在。

王立恍然大悟。原来他的朋友在用一个逻辑陷阱蓄意误导他：没有汽车是不幸的。你没有汽车，所以你是不幸的。但这个大前提本身就是错误的，因为"汽车"与"幸福"并无必然的联系。

在一个成功人士云集的聚会上，王立激动地表达了自己内心深处对幸福生活的理解："不生病，不缺钱，做自己爱做的事。"会场上爆发了雷鸣般的掌声。

成功只是幸福的一个方面，而不是幸福的全部。人们对"成功"的需求是永无止境的，没完没了地追求来自外部世界的诱惑——大房子、新汽车、昂贵服饰等，尽管可以在某些方面得到物质上的快乐和满足，但是这些东西最终带给我们的是患得患失的压力和令人疲惫不堪的混乱。

两千多年前，苏格拉底站在熙熙攘攘的雅典集市上叹道："这儿有多少东西是我不需要的！"同样，在我们的生活中，也有很多看起来很重要的东西，其实，它们与我们的幸福并没有太大关系。我们对物质不能一味地排斥，毕竟精神生活是建立在物质生活之上的，但不应被物质约束。

心平气和的智慧

面对这个已经严重超载的世界，面对已被太多的欲求和不满压得喘不过气的生活，我们应当学会用好生活的减法，把生活中不必要的繁杂除去，让自己过一种自由、快乐、轻松的生活。

过多的欲望会蒙蔽你的幸福

人很多时候是很贪心的，就像很多人形容的那样，吃自助的最高境界是"扶墙进，扶墙出"。进去扶墙是因为饿得发昏，四肢无力，而扶墙出则是因为撑得路都走不了。人愿意活受罪是因为怕吃亏。而有些时候，人总是对自己不满，这是因为太贪心，什么都想得到。

很多人常常抱怨自己的生活不够完美，觉得自己的个子不够高，自己的身材不够好，自己的房子不够大，自己的工资不够高，自己的老婆不够漂亮，自己在公司工作了好几年了却始终没有升职……总之，对于自己拥有的一切都感到不满，觉得自己不幸福。真正不快乐的原因是：不知足。

剑桥教授安德鲁·克罗斯比说：真正的快乐是内心充满喜悦，是一种发自内心对生命的热爱。不管外界的环境和遭遇如何变化，都能保持快乐的心情，这就需要一种知足的心态。知足者常乐，因为对生活知足，所以他会感激上天的赠予，用一颗感恩的心去感谢生活，而不是总抱怨生活不够照顾自己。

有一个村庄，里面住着一个左眼失明的老头儿。

老头儿9岁那年一场高烧后，左眼就看不见东西了。他爹娘顿时泪流满面，一个独生的儿子瞎了一只眼睛可怎么办呀！没料他却说自己左眼瞎了，右眼还能看得见呢！总比两只眼都瞎了要好！比起世界上的那些双目失明的人，不是要强多了吗？儿子的一番话，让爹娘停止了流泪。

老头儿的家境不好，爹娘无力供他读书，只好让他去私塾里旁听。他的爹娘为此十分伤心，他劝说道："我如今也已识了些字，虽然不多，但总比那些一天书没念、一个字不识的孩子强多了吧！"爹娘一听也觉得安然了许多。

后来，他娶了个嘴巴很大的媳妇。爹娘又觉得对不住儿子，而他却说和世界上的许多光棍汉比起来，自己是好到天上去了！这个媳妇勤快、能干，可脾气不好，把婆婆气得心口痛。他劝母亲说："天底下比她差得多的媳妇还有不少。媳妇脾气虽是暴躁了些，不过还是很勤快，又不骂人。"爹娘一听真有些道理，恼的气也少了。

老头儿的孩子都是闺女，于是媳妇总觉得对不起他们家，老头儿说世界上有好多结了婚的女人，压根儿就没有孩子。等日后我们老了，5个女儿女婿一起孝敬我们多好！比起那些虽有儿子几个，却妯娌不和，婆媳之间争得不得安宁要强得多！

可是，他家确实贫寒得很，妻子实在熬不下去了，便不断抱怨。他说："比起那些拖儿带女四处讨饭的人家，饱一顿饥一顿，还要睡在别人的屋檐下，弄不好还会被狗咬一口，就会觉得日子还真是不赖。虽然没有馍吃，可是还有稀饭可以喝；虽然买不起新衣服，可总还有旧的衣裳穿，房子虽然有些漏雨的地方，可总还是住在屋子里边，和那些讨饭维持生活的人相比，日子可以算是天堂了。"

老头儿老了，想在合眼前把棺材做好，然后安安心心地走。可做的棺材属于非常寒酸的那一种，妻子愧疚不已，而老头儿却说，这棺材比起富贵人家的上等柏木是差远了，可是比起那些穷得连棺材都买不起，尸体用草席卷的人，不是要强多了吗？

老头儿活到 72 岁，无疾而终。在他临死之前，对哭泣的老伴说："有啥好哭的，我已经活到 72 岁，比起那些活到八九十岁的人，不算高寿，可是比起那些四五十岁就死了的人，我不是好多了吗？"

老头儿死的时候，神态安详，脸上还留有笑容……

老头儿的人生观，正是一种乐天知足的人生观，永远不和那些比自己强的人攀比，用自己拥有的与那些没有拥有的人进行比较，并以此找到了快乐的人生哲学。人生不就这样吗？有总比没有强多了。

很多时候，我们就缺少老头儿的这种心境，当我们抱怨自己的衣服不是名牌的时候，是否想到还有很多人连一套像样的衣服没有；当我们抱怨自己的丈夫没有钱的时候，是否想到那些相爱但却已阴阳两隔的人；当我们抱怨自己的孩子没有拿到第一的时候，是否想到那些根本上不起学的孩子；当我们抱怨工作太累的时候，是否想到那些在街卜摆着小摊的小贩们，他们每天起早贪黑，他们根本没有工夫去抱怨……其实，我们已经过得很好了，我们能够在偌大的城市拥有着自己的房子，哪怕只是租的，我们不用为吃饭发愁，我们拥有着体贴的妻子、可爱的孩子，有着依旧对自己牵肠挂肚的父母……实际上我们已经拥有的够多了，还有什么不满意的呢？快乐也要在知足中获得。

心平气和的智慧

一个人不知足的时候，即使在金屋银屋里面生活也不会快乐，一个知足的人即使住在茅草屋中也是快乐的。

过重的名誉会压断你起飞的翅膀

有一篇名为《蜗牛的奖杯》的文章，讲的是蜗牛原先善于飞行，在一次飞行比赛中荣获冠军，得到了一个奖杯，便成天背在身上，日久天长，奖杯成了外壳，翅膀也退化了，它只能慢慢爬行。做人也是一样，不能永远背着荣誉的外壳，要学会淡忘曾经的荣誉，才能走得更远，飞得更高。

信陵君杀死晋鄙，拯救邯郸，击破秦兵，保住赵国，赵孝成王准备亲自到郊外迎接他。唐雎对信陵君说："我听人说，'事情有不可以让人知道的，有不可以不知道的；有不可以忘记的，有不可以不忘记的。'"

信陵君说："你说的是什么意思呢？"唐雎回答说："别人厌恨我，不可不知道；我厌恨人家，又不可以让人知道。别人对我有恩德，不可以忘记；我对人家有恩德，不可以不忘记。如今您杀了晋鄙，救了邯郸，破了秦兵，保住了赵国，这对赵王是很大的恩德啊，现在赵王亲自到郊外迎接您，我们仓促拜见赵王，我希望您能忘记救赵的事情。"信陵君说："我谨遵你的教诲。"

唐雎提醒信陵君谦虚谨慎、淡忘功劳，这的确是高明的处世哲学。其实不仅仅是做人，在市场经济的大潮中，同样需要淡泊曾经的功劳。

有资料称，每当年终岁末，日本的企业都要召开"忘年会"。会议上没有领导们的长篇总结报告和工作布置，也没有典型发言和表彰先进，只有简短的新年致辞：忘记昨天，新的一年继续努力吧！"忘年会"的内涵提示人们：成绩也好，荣誉也罢，代表的都是过去，在前进的道路上必须甩掉这些包袱，减轻"行囊"，创造新的业绩。与日本的"忘年会"相比，我们有些企业正好相反，总是念念不忘过去那些成绩荣誉。要么躺在荣誉上面睡大觉，满足于已有的成绩，不思进取，要么沾沾自喜地背着"过去"前进，信赖"老办法""老套路"，对新鲜事物视而不见或拒不接受，以致于销售对象总是几个老客户，管理核算还是以前的老方法，资金运作依赖贷款开场的老路子。

社会在与时俱进，市场瞬息万变，要发展就必须要创新。要创新，就得将装有"成绩""荣誉"之类的"行囊"减轻直至甩掉，不断地从新的"零"开始，在"白纸"上画新的图画。没有了"包袱"，解放了思想，放开了手脚，在技术创新、体制创新、管理创新、理论创新、经营理念创新等诸多创新中，一定能有所作为，一定能再创辉煌。

同样，在人生旅途中，我们可能会遇到坎坷和不幸，如竞争的失败、家道的中落、不测的病痛和突发的灾难；可能会遇到无端的误解和不公允的际遇；可能会有名利得失和荣辱毁誉；可能会有历史的伤痕和岁月的沧桑；可能会听到无中生有的流言蜚语，捕风捉影、飞短流长的小道新闻……

如果一切都是不可避免的，那我们不妨挥一挥衣袖，学会淡忘，淡忘应该淡忘的一切。

心平气和的智慧

淡忘功名利禄，那将使你不再高高在上，不再拥有那种孤独的高处不胜寒的悲凉；淡忘曾经的痛楚，那将有助于你寻找到另一份真正属于自己的幸福；淡忘曾经的仇恨，那将帮助你开辟另一条通往成功的大道；淡忘曾经的成功，那将有助于你攀登人生新的高峰。

给自己的欲望打折

人，是有欲望的，所以永远不会满足，永远在为自己攫取着，最后终于沦为私欲的奴隶，把自己的心灵变成了地狱。而当一个人的人生即将到达终点时，他才会发现，人，是不会从自己过多拥有的东西中得到乐趣的，而这些东西却总是以一种魔力引诱着人去追逐，失去理智也在所不辞。于是世界上成千上万的人带着这些东西走向了坟墓，悲哀而无奈。

一位虔诚的教徒受到天堂和地狱问题的启发，希望自己的生活过得更好，他找到先知伊里亚。

"哪里是天堂，哪里是地狱？"

伊里亚没有回答他，拉着他的手穿过一条黑暗的通道，来到一座大厅。在大厅的中央放着一口大铁锅，里面盛满了汤，下面烧着火。整个大厅中散发着汤的香气。大锅周围挤满两腮凹进、带着饥饿目光的人，都在设法分到一份汤喝。

但那勺子太长太重，饥饿的人们贪婪地拼命用勺子在锅里搅着，但谁也无法把汤送到自己的嘴里。有些鲁莽的家伙甚至烫了手和脸，还溅在旁边人的身上。

于是大家争吵起来，人们竟挥舞着本来为了解决饥饿的长勺子大打出手。

先知伊里亚对那位教徒说："这就是地狱。"

他们离开了这座房子，再也不忍听他们身后恶魔般的喊声。他们又走进一条长长的黑暗的通道，进入另一间大厅。这里也有许多人，在大厅中央同样放着一大锅热汤。就像地狱里所见的一样，这里的勺子同样又长又重，但这里的人营养状况都很好。大厅里只能听到勺子放入汤中的声音。这些人总是两人一对在工作：一个把勺子放入锅中又取出来，将汤给他的同伴喝。如果一个人觉得汤勺太重了，另外的人就过来帮忙。这样每个人都在安安静静地喝。当一个人喝饱了，就换另一个人。

先知伊里亚对他的教徒说："这就是天堂。"

被私欲蒙蔽心智的人在地狱中。因为只想满足自己的私欲所以谁也不懂得分享的美好，无论是谁都喝不到锅里的汤。如果你心里只有自己，就只能下地狱。这就是内心充满私欲的结局，实在是可怜。你自己的私欲往往就是你亲手为自己掘的一座坟墓。

私欲是一切生物的共性，不同的是其他生物的私欲是有限的，人的私欲是无限的。正因为如此，人的不合理的私欲必须要受到社会公理、道义、法律的制约，否则这个社会就不属正常的社会。

要求人一点私欲都没有是不可能的：我们总是在做我们内心想做的事情。从这个角度说，每个人都是自私的，但自私并不都那么可怕，可怕的是私欲太盛，利令智昏，时时处处以自己为中心，以损公肥私和损人利己为乐事，一切围着自己想问题，一切围着自己办事情，在满足其一己之私的过程中，不惜损害公益事业，不惜妨害他人利益。这样的人谁不怕？怕的时间长了，也就如同瘟疫一样，人们避之唯恐不及；怕的人多了，也就如过街老鼠一样，人人见之喊打。这样的人即便是比别人多捞取了一些利益，也不会获得真正意义上的幸福。可以说，他们也侈谈什么成功，充其量不过是鸡鸣狗盗的成功，没有任何值得骄傲和自豪的。

心平气和的智慧

"点燃别人的房子，煮熟自己的鸡蛋。"英国的这句俗话，形象地揭示了那些妨害他人利益的自私行为。而这样的人，等待他们的只有自酿的苦果。

远离名利的烈焰，让生命逍遥自由

古今中外，为了生命的自由、潇洒，不少智者都懂得与名利保持距离。

惠子在梁国做了宰相，庄子想去见见这位好友。有人急忙报告惠子："庄子来了，是想取代您的相位吧。"惠子很恐慌，想阻止庄子，派人在梁国搜了三日三夜。不料庄子从容而来拜见他，说："南方有只鸟，其名为凤凰，您可听说过？这凤凰展翅而起。从南海飞向北海，非梧桐不栖，非练实不食，非醴泉不饮。这时，有只猫头鹰正津津有味地吃着一只腐烂的老鼠，恰好凤凰从头顶飞过。猫头鹰急忙护住腐鼠，仰头视之道：'吓！'现在您也想用您的梁国相位来吓我吗？"惠子十分羞愧。

一天，庄子正在濮水垂钓。楚王委派的两位大夫前来聘请他："吾王久闻先生贤名，欲以国事相累。"庄子持竿不顾，淡然说道："我听说楚国有只神龟，被杀死时已三千岁了。楚王珍藏之以竹箱，覆之以锦缎，供奉在庙堂之上。请问大夫，此龟是宁愿死后留骨而贵，还是宁愿生时在泥水中潜行曳尾呢？"两位大夫道："自然是愿意在泥水中摇尾而行了。"庄子说："两位大夫请回去吧！我也愿在泥水中曳尾而行。"

庄子不慕名利，不恋权势，为自由而活，可谓洞悉幸福真谛的达人。

人活在世界上，无论贫穷富贵，穷达逆顺，都免不了与名利打交道。《清代皇帝秘史》记述乾隆皇帝下江南时，来到江苏镇江的金山寺，看到山脚下大江东去，百舸争流，不禁兴致大发，随口问一个老和尚："你在这里住了几十年，可知道每天来来往往多少只船？"老和尚回答说："我只看到两只船。一只为名，一只为利。"一语道破天机。

淡泊名利是一种境界，追逐名利是一种贪欲。放眼古今中外，真正淡泊名利的很少，追逐名利的很多。今天的社会是五彩斑斓的大千世界，充溢着各种各样炫人耳目的名利诱惑，要做到淡泊名利确实是一件不容易的事情。

旷世巨作《飘》的作者玛格丽特·米切尔说过："直到你失去了名誉以后，你才会知道这玩意儿有多累赘，才会知道真正的自由是什么。"盛名之下，是一颗活得很累的心，因为它只是在为别人而活着。我们常羡慕那些名人的风光，可我们是否了解他们的苦衷？其实大家都一样，希望能活出自我，能活出自我的人生才更有意义。

世间有许多诱惑：桂冠、金钱，但那都是身外之物，只有生命最美，快乐最贵。我们要想活得潇洒自在，要想过得幸福快乐，就必须做到：学会淡泊名利，割断权与利的联系，无官不去争，有官不去斗；位高不自傲，位低不自卑，欣然享受清心自在的美好时光，这样就会感受到生活的快乐和惬意。否则，太看重权力地位，让一生的快乐都毁在争权夺利中，那就太不值得，也太愚蠢了。

当然，放弃荣誉并不是寻常人能做到的，它是经历磨难、挫折后的一种心灵上的感悟，一种精神上的升华。"宠辱不惊，去留无意"说起来容易，做起来却十分困难。红尘的多姿、世界的多彩令大家怦然心动，名利皆你我所欲，又怎能不忧不惧、不喜不悲呢？否则也不会有那么多的人穷尽一生追名逐利，更不会有那么多的人失意落魄、心灰意冷了。

心平气和的智慧

只有做到了宠辱不惊、去留无意，方能心态平和，恬然自得，方能达观进取，笑看人生。

知足可以挪去你的各种贪念

老子曾说过："祸莫大于不知足，咎莫大于欲得。"这句话在今天有着尤其特殊的意义。纵观今日一些落马之人，探其原由，"祸咎"概莫能出其"不知足"和"欲得"之外。王宝森、胡长清、成克杰、王怀忠……贪婪的欲望使得一个又一个春风得意的能人从马上倏然坠地，沦为阶下囚，甚至走上"断头台"。

自老子以后，很多先哲都提倡"知足知止"的教条，这个教条也确实在紧紧地约束着中国人的行止。比如庄子就是一个清心寡欲的人，他曾告诫人们："知足者，不以利自累也。"王廷相则说："君子不辞乎福，而能知足也；不去乎利，而能知足也。故随遇而安，有天下而不与也，其道至矣乎！"吕坤也有一言曰："万物安于知足，死于无厌。"

从古至今，人类始终难以摆脱欲望。在欲望的支配下，人们会做出许多不可理解的事情。当自己的欲望得到了满足的时候，就万事顺心了；可是，当欲望没有达成的时候，人们的心理就会失衡，就会产生抱怨的情绪。所以，抱怨源自不知足，只有知足的人才能感受到人生的富足。

哲学家克里安德，当年虽已八十高龄，但依然仙风道骨，非常健壮，有人问他："谁是世上最富有的人！"

克里安德斩钉截铁地说："知足的人。"

这句话恰和老子的"知足者富"的说法如出一辙。

曾有人问当代美国最富有的石油大王史泰莱："怎样才能致富？"

这位石油大王不假思索地回答："节约。"

"谁比你更富有？"

"知足的人。"

"知足就是最大的财富吗？"

史泰莱引用了罗马哲学家塞涅卡的一句名言来回答说："最大的财富，是在于无欲。"

塞涅卡还有一句智慧的话："如果你不能对现在的一切感到满足，那么纵使让你拥有全世界，你也不会幸福。"

最妙的是，罗马大政治家兼哲学家西塞罗也曾有类似的说法："对于我们现在有的一切感到满足，就是财富上的最大保证。"

知足者常乐，知足便不做非分之想；知足便不好高骛远；知足便安若止水、气静心平；知足便不贪婪、不奢求、不巧取豪夺。知足者温饱不虑便是幸事；知足者无病无灾便是福泽。过分的贪取、无理的要求，只是徒然带给自己烦恼而已，在日日夜夜的焦虑企盼中，还没有尝到快乐之前，已饱受痛苦煎熬了。因此古人说："养心莫善于寡欲。"我们如果能够把握住自己的心，驾驭好自己的欲望，不贪得、不觊觎，做到寡欲无求，生活上自然能够知足常乐、随遇而安了。

知足不是自满和自负，不是装饰，不是自谦，而是知荣辱、乐自然。知足的人即满足于自我的人，知足者能认识到无止境的欲望和痛苦，于是就干脆压抑一些无法实现的欲望，这样虽然看起来比较残忍，但却减少了更多的痛苦。在能实现的欲望之内，知足者们拼命为之奋斗，一旦得到了自己的所求，快乐便油然而生，每上一个台阶，快乐的程度也会高出一个台阶。

心平气和的智慧

只有经常知足，在自我能达到的范围之内去要求自己，而不是刻意去勉强自己，去强迫自己，而是自觉地知足，才能心平气和去享受独得之乐。

功成身退任自如

天上月圆月缺，地上花开花谢，海中潮涨潮落，四季暑往寒来。社会也与这变化中的万物一样，难以永恒，就像登上山顶看完壮丽的日出就要下山一样，当壮志已酬之时，也就是含蓄收敛、急流勇退的时候了。

庄子曾讲过一种"真人"，他恬淡无为，行事适可而止，功成名就时态度依然平静如常。南先生说"真人"的人生既是乐观的又是高明的。他们虽然站在最高的位置，也有很高的成就，但他们所做的一切并非源自欲望驱使，而是为了天下而为之。所以他们贡献的一切从来不需要别人的感恩戴德，且会在合适的时机全身而退。

历来能够"功遂，身退，天道"的风流人物，是大多数人一直深感佩服的。南怀瑾先生就曾在《功成身退数风流》一文中说，"功遂，身退，天道"的几字真言，在一般人眼中总觉得消极意味太浓。然而，这是因为大家忘记去观察自然界的"天之道"。仔细看天道，日月经天，昼出夜没，暑往寒来，都是很自然的"功遂，身退"正常现象。植物世界如草木花果，都是默默无言完成了自己的使命，然后悄然消逝；动物世界一代交替一代，谁又能不自然地退出生命的行列呢？如果有，那是人类的心不死，不肯罢休，妄图占有，然而妄想违反自然，何其可悲。

功成身退乃天之道，入世时心怀天下，出世时不留一念，这才是正确的处世态度。许多人虽然，身在世外，却心不肯走，往往自惹烦恼和祸患。

例如东晋的抱朴子葛洪和南朝齐梁之际的陶弘景。葛洪早早抽身，自求出任"勾漏令"，以宦途当作隐遁的门面，暗暗地修炼着自己的仙道，得以善终；而陶弘景更是及早地名冠"神武门"，每天优哉乐哉地山中玩乐，做了个地道的"山中宰相"，满足自己精神领域上的追求。

韦睿是汉丞相韦贤的后裔，后来跟随了梁武帝，屡次升迁至侯爵的地位。梁武帝北伐时期，韦睿奉命统部北伐，屡建奇功，他虽身体奇弱，却用兵如神，敌人对他畏惧万分。一次，前方军情告急，梁武帝派遣亲信曹景宗与他会师。韦睿对曹景宗执礼甚谨，每每有军事上的胜利，均让景宗去领功，自己则从不争功。在与曹景宗赌博的时候，韦睿也故意输给他，好不引起景宗对他的嫉恨。

梁武帝知道韦睿厉害，所以一般不委以重任，对他始终心存顾忌。好在韦睿自知苟活乱世需要圆融的手段，退隐山林不是上策，积极进取、争名逐利也不是上策，所以即便成功之时仍深自谦退，以免猜忌。所以，韦睿平平安安地活到了79岁得以善终，遗嘱上要求穿薄服葬了，也不要陪葬品。在他身死之后，梁武帝总算被他的诚信感动了，来到他坟前痛哭流涕，为他完成了最后的挽歌。

也许生活中有许多华丽的舞台在等待你走上去，但这些舞台未必总是尽如人意般美好，也许它就是暴露你弱点的地方，让你在不知不觉间掉入陷阱。就比如秦代的名相李斯。当初他贵为秦相时，"持而盈"，"揣而锐"，最后却以悲剧告终。临刑之时，他才对其子说："吾欲与若复牵黄犬，出上蔡东门，逐狡兔，岂可得乎？"他临死才幡然醒悟，渴望带着孩子过着牵狗逐兔的返璞归真生活，在平淡中找寻幸福，但却悔之晚矣。

心平气和的智慧

进一步，容易；退一步，难。成功有时易得，安然退却成难事。少数人看透功名实质，重视过程，淡看结果，终能悠然返航，而大多数人还沉迷于名利的旋涡，越陷越深，何其可悲！

莫为名利诱，量力缓缓行

懂得知足的人往往会量力而行。即使前面有很多诱惑，他仍然能够不为所动，会仔细斟酌自己一天至多能行多远，深思熟虑之后才去安排行程。尤其是在一条从没走过的道路上，他会花费更多的心思去衡量：何处崎岖、何处坎坷、何处严寒、何处酷热，他都要弄得一清二楚。不管别人给他施加多少压力，或者前方有多少诱惑，他都不急不躁，沿着既定的路线缓缓而行。

蒋方初到广州时，曾为找工作奔波了好长一段时间，起初他见几个跑业务的同学业绩不俗，赚了不少钱，学中文专业的他便找了家公司做业务员，然而，辛辛苦苦跑了几个月，不但没赚到钱，人倒瘦了十几斤。同学们分析说："你能力不比我们差，但你的性格内向，不爱与人交谈、沟通，不善交际，因此不太适合跑业务……"

后来蒋方见一位在工厂做生产管理的朋友薪水高、待遇好，便动了心，费尽心力谋到了一份生产主管的职位，可是没做多久他就因管理不善而引咎辞职了。之后，蒋方又做过公司的会计、餐厅经理等，最终出于各种原因都被迫离职或跳槽。

最后，蒋方痛定思痛，吸取了前几次的教训，不再盲目追逐高薪或舒适的职位，而是依据自己的爱好和特长，凭借自己的中文系本科学历和深厚的文字功底，应聘到一家刊物做了文字编辑。相比以前的职位，这份工作虽然薪水不高，工作量也大，但蒋方却做得非常开心，工作起来得心应手。几个月下来，他就以自己突出的能力和表现让领导刮目相看，领导对其器重有加。回顾以往的工作历程，蒋方深有感触地说："无论是工作，还是生活，我们都应当根据自己的能力找到合适自己的位置。一味地追逐高薪、舒适的工作，曾让我吃尽了苦头，走了不少弯路。事实上，我们无论做什么事都应结合自身条件，依据自己的爱好和特长去选择相应的事来做。放弃那些不适合自己的生活，只有这样我们才会快乐。"

就如同故事里的蒋方，很多人都是受到了生活的诱惑，总觉得自己有能力可以获取更多，可是事实是我们还不具备那么多的力量，贪图得不到的，朝着更大的目标行进，只会加大我们的压力，让我们无法适从。

生活中，有人看到了巨大的利益，所以不停地调整自己的路线，甚至急躁地想要直奔利益的终点，可是急于求成的人往往会事倍功半。还有一些人，他们整天都在为了未来的事情操心，甚至几十年以后才可能面对的难处，他们现在就开始忧心忡忡了。

心平气和的智慧

命运只肯按照现实的样子向我们展示，根本不可能因为我们的急躁就提前向我们展开未来的画卷。所以，我们只能按照自己既定的生活之路，一步一步地为未来打开局面。

艳羡别人，不如珍惜自己的生活田园

生活中有些人羡慕那些明星、名人日日淹没在鲜花和掌声中，名利双收，以为世间苦痛都与他们无缘。这是羡慕别人的盲区，也是一些人只看得见别人光鲜处的原因。事实上，走进明星、名人真正的生活，他们同样有着不为人知的心酸。

俗话说，人生失意无南北，宫殿里也会有悲恸，茅屋里同样也会有笑声。只是，平时生活中无论是别人展示的，还是我们关注的，总是风光的一面，得意的一面，这就像女人的脸，出门的时候个个都描眉画眼，涂脂抹粉，光艳亮丽，这全是给别人看的。回家以后，一个个都素脸朝天。于是，站在城里，向往城外，而一旦走出了围城，就会发现生活其实都是一样的，有许多我们一直在意的东西，在别人看来也许根本就不算什么。所以，我们根本就没必要将自己的眼光一直投放到别人的生活上，多关注一下自己，欣赏一下自己的人生才能让你真实体会到生活的快意。

故事一：

在一条河的两岸，一边住着凡夫俗子，一边住着僧人。凡夫俗子们看到僧人们每天无忧无虑，只是诵经撞钟，十分羡慕他们；僧人们看到凡夫俗子每天日出而作，日落而息，也十分向往那样的生活。日子久了，他们都各自在心中渴望着：到对岸去。

一天，凡夫俗子们和僧人们达成了协议。于是，凡夫俗子们过起了僧人的生活，僧人们过上了凡夫俗子的日子。

几个月过去了，成了僧人的凡夫俗子们就发现，原来僧人的日子并不好过，悠闲自在的日子只会让他们感到无所适从，便又怀念起以前当凡夫俗子的生活来。

成了凡夫俗子的僧人们也体会到，他们根本无法忍受世间的种种烦恼、辛劳、困惑，于是也想起做和尚的种种好处。

又过了一段日子，他们各自心中又开始渴望着：到对岸去。

可见，在你眼中他人的快乐，并非真实生活的全部。每个生命都有欠缺，不必与人做无谓的比较，珍惜自己所拥有的一切就好。

故事二：

一青年总是埋怨自己时运不济，生活不幸福，终日愁眉不展。

这一天，走过一个须发俱白的老人，问："年轻人，干吗不高兴？"

"我不明白我为什么老是这么穷。""穷？我看你很富有啊！"老人由衷地说。"这从何说起？"年轻人问。老人没有正面回答，反问道："假如今天我折断了你的一根手指，给你1000元，你干不干？""不干！"年轻人回答。"假如斩断你的一只手，给你1万元，你干不干？""不干！""假如让你马上变成80岁的老翁，给你100万，你干不干？""不干！""这就对了，你身上的钱已经超过了

100万呀!"老人说完,笑吟吟地走了。

由此看来,那些总是认为自己太差的人,他们心灵的空间挤满了太多的负累,从而无法欣赏自己真正拥有的东西。

永远不要眼红那些看上去幸福的人,你不知道他们背后的悲伤。这个社会上,达官显贵不知平凡,他们的外在或许都令人羡慕,但深究其里,每个人都有一本很难念的经,甚至苦不堪言。

心平气和的智慧

不要再去羡慕别人,好好珍惜上天给你的恩典,你会发现你所拥有的绝对比没有的要多出许多,而缺失的那一部分,虽不可爱,却也是你生命的一部分,接受它且善待它,你的人生会快乐豁达许多。爱你的生命,它会焕发出更明亮的光彩。

学会控制不合理的欲望

合理、有度的欲望本是人奋发向上、努力进取的动力,但倘若欲望变质了,我们就容易上当、受骗。人的欲望一旦转变为贪欲,那么在遇到诱惑时就会失去理性。

一个顾客走进一家汽车维修店,自称是某运输公司的汽车司机。她对店主说:"在我的账单上多写几个零件,我回公司报销后,有你一份好处。"但店主拒绝了这样的要求。顾客继续纠缠道:"我的生意很大,我会常来的,这样做你肯定能赚很多钱!"店主告诉她,无论如何也不会这样做。顾客气急败坏地嚷道:"谁都会这么干的,我看你真的是太傻了。"店主火了,指着那个顾客说:"你给我马上离开,请你到别处谈这种生意。"谁知这时顾客竟露出微笑并紧紧握住店主的手说:"我就是这家运输公司的老板,我一直在寻找一个固定的、信得过的维修店,我终于找到了,你还让我到哪里去谈这笔生意呢?"

面对诱惑不动心，不为其所惑。虽平淡如行云，质朴如流水，却让人领略到一种山高海深，让人感到放心。这样的人也是真正懂得如何生存的人。

荀子说："人生而有欲。"人生而有欲望并不等于欲望可以无度。宋学大家程颐说："一念之欲不能制，而祸流于滔天。"古往今来，因不能节制欲望，不能抗拒金钱、权力、美色的诱惑而身败名裂，甚至招至杀身之祸的人不胜枚举。诱惑能使人失去自我，这个世界有太多的诱惑，一不小心往往就会掉入陷阱。找到自我，固守做人的原则，守住心灵的防线，不被诱惑，才能生活得安逸、自在。

1856年，亚历山大商场发生了一起盗窃案，共失窃8只金表，损失16万美元，在当时，这是相当庞大的数目。就在案子尚未侦破前，有个纽约商人到此地批货，随身携带了4万美元现金。当她到达下榻的酒店后，先办理了贵重物品的保存手续，接着将钱存进了酒店的保险柜中，随即出门去吃早餐。在咖啡厅里，她听见邻桌的人在谈论前阵子的金表失窃案。因为是一般社会新闻，这个商人并不当一回事。中午吃饭时，她又听见邻桌的人谈及此事，他们还说有人用1万美元买了两只金表，转手后即净赚3万美元，其他人纷纷投以羡慕的眼光说："如果让我遇上，不知道该有多好！"

然而，商人听到后，却怀疑地想："哪有这么好的事？"到了晚餐时间，金表的话题居然再次在她耳边响起。等到她吃完饭，回到房间后，忽然接到一个神秘的电话："你对金表有兴趣吗？老实跟你说，我知道你是做大买卖的商人，这些金表在本地并不好脱手，如果你有兴趣，我们可以商量看看，品质方面，你可以到附近的珠宝店鉴定，如何？"商人听到后，不禁怦然心动，她想这笔生意可获取的利润比一般生意优厚许多，便答应与对方会面详谈，结果以4万美元买下了传说中被盗的8块金表中的3块。

但是第二天，她拿起金表仔细观看后，却觉得有些不对劲，于是她将金表带到熟人那里鉴定，没想到鉴定的结果是，这些金表居然都是假货，总共值几千美元而已。直到这帮骗子落网后，商人才明白，从她一进酒店存钱，这帮骗子就盯上了她，而她听到的金表话题也是他们故意安排设计的。骗子的计划是，如果第一天商人没有上当，接下来他们还会有许多花招准备诱骗她，直到她掏出钱为止。

　　贪婪自私的人往往鼠目寸光，所以他们只瞧见眼前的利益，看不见身边隐藏的危机，也看不见自己生活的方向。贪欲越多的人，往往生活在日益加剧的痛苦中，一旦欲望无法获得满足，他们便会失去正确的人生目标，陷入对蝇头小利的追逐。

心平气和的智慧

　　贪婪者往往自掘坟墓而不自知。我们一定要随时提醒自己，控制自己不合理的欲望，因为你的贪欲很可能让你失去一切。

第十一章

和气不生财，也能生出情谊来

和气的人总让人感觉一脸福相。每个人都应该学会"和颜悦色，保持微笑"的为人处事的原则。善于微笑的人永远比不会微笑的人有更多的成功和被帮助的机会。注意培养自己的随喜心，善解人意，广交朋友。"谦卑得人缘，感恩得人助"。调整自己的心态，学会欣赏，学会赞美，学会认可，学会鼓励，无论什么样的情境发生，都保持微笑的姿态。

为了使自己快乐，请先宽容别人

宽容是一种博大，它能包容人世间的喜怒哀乐；宽容是一种境界，它能使人生跃上新的台阶。送人玫瑰，手有余香，宽容别人，善待别人，其实就是宽容和善待自己。

法国 19 世纪的文学大师雨果曾说过这样一句话："世界上最宽阔的是海洋，比海洋宽阔的是天空，比天空更宽阔的是人的胸怀。"在生活中学会宽容，你便能明白很多道理。

"处处绿杨堪系马，家家有路到长安。"宽厚待人，容纳非议，是事业成功、家庭幸福美满之道。事事斤斤计较、患得患失，活得也累，难得人世走一遭，潇洒最重要。因此说，宽容就是潇洒。

世界由矛盾组成，任何人或事都不会尽善尽美。无论是"患难之交""亲朋好友"，还是"金玉良缘""模范丈夫"，都是相对而言。他们的矛盾、苦恼常被掩饰在成功的光环下，而掩盖的工具恰恰是宽容。不必羡慕别人，更不要苛求自己，常用宽容的眼光看世界，事业、家庭和友谊才能稳固和长久。

同事的批评、朋友的误解，过多的争辩和"反击"实不足取，唯有冷静、忍耐、谅解最重要。相信这句名言："宽容是在荆棘丛中长出来的谷粒。"能退一步，天地自然宽。因此说，宽容就是忍耐。

人人都有痛苦，都有伤疤，动辄去揭，便添新伤，旧痕新伤难愈合。忘记昨日的是非，忘记别人先前对自己的指责和谩骂，时间是良好的止痛剂。学会忘却，生活才有阳光，才有欢乐。因此说，宽容就是忘却。

"小不忍，致大灾"，"忍一时之气，免百日之忧"。古往今来，人世间多少憾事、多少不幸、多少悲剧、多少恐怖都是因为人与人之间争强斗气，不能相互宽容而发生的。

很久以前，有一个老禅师夜晚出房门巡夜时，发现墙边有一把椅子，他一看就知道有小和尚违背寺规私自溜出去了。老禅师没有声张，走到墙边，移开椅子，就地蹲在那里。过了一会儿，一个小和尚在黑暗中踩着老禅师的脊梁跳进了院子。当他双脚着地时，惊觉刚才踏的不是原来放的那把椅子，而是自己的师父。小和尚顿时惊慌失措，张口结舌。出乎意料的是师父并没有厉声责备他，只是很关切地说："夜深天凉，多穿件衣服，别冻着。"听了师父的话，小和尚很惭愧，他扪心自问，决心改过自新，此后再没有犯过类似的错误。小和尚没因所犯的错误受到严厉的惩罚，却被老禅师的宽容态度感动了。

一个人的胸怀能容下多少人，就能赢得多少人的尊重和喜爱。"忍人之所不能忍，方能为人所不能为"；"大肚能容，容天下难容之事；开口常笑，笑天下可笑之人"，弥勒佛之所以能笑口常开，全仗他宽容功夫练到家了，懂得用宏大的气量去感受那一笑泯恩仇的快乐。智者总会用宽容这把智慧之剑去斩断冤冤相报这扯不完的长线。

生活中，常常会发现这样的事情：有的同学总在抱怨没有朋友，总在抱怨别人对自己的不友好。其实，你有没有想到，如果你以一颗宽容博爱的心去对待别人，是否会有意想不到的收获呢？善待别人，就是善待自己。就如一本书上说的，我们的心如同一个容器，当爱越来越多的时候，烦恼就会被挤出去。我们学会了让他人快乐就是让自己快乐，学会了善待他人就是善待自己。生活就是一幅画，当我们把思想的调色板用心的画笔勾出每一道风景时，爱是最美丽的一笔。

把自己的聪明才智，用在有价值的事情上面。集中自己的智力，去进行有益的思考；集中自己的体力，去进行有益的工作。不要总是企图论证自己的优秀、别人的拙劣，企图论证自己正确、别人错误。不要事事、时时、处处唯我独尊、固执己见。在非原则的问题和无关大局的事情上，善于沟通和理解，善于体谅和包涵，善于妥协和让步，既有助于保持心境的安宁与平静，也有利于人际关系的和谐和社会环境的稳定。

宽容不仅产生和谐，而且产生凝聚力。宽容的前提，是宽广的胸怀。所谓海纳百川，就是首先有了大海那样的胸怀，这才能够百川并蓄。人人需要宽容这一可贵的品格。

心平气和的智慧

那些所谓的厄运，只是因为对他人一时的狭隘和刻薄，而在自己前进的路上自设的一块绊脚石罢了；而那些所谓的幸运，也是因为无意中对他人一时的恩惠和帮助，而拓宽了自己的道路。

耐心倾听比说话更重要

一个时时带着耳朵的人，总是比一个只长着嘴巴的人讨人喜欢。与人沟通时，如果只顾自己喋喋不休，根本不管对方是否有兴趣听。这是很不礼貌的事情，也极易让人产生反感。

倾听有时比说话更重要。能成大事的人最重要的特质之一，就是在人际交往中善于倾听别人的谈话，他们知道，为了使自己的话语为人重视又不惹人讨厌，唯一的办法是在别人说话时少说话，安静地、耐心地倾听。

在我们身边，经常会有这样的人，他们喜欢多说话，总是喜欢显示自己怎么样，好像他博古通今似的。这样的人，以为别人会很佩服他，其实，只要有点社会阅历的人，都会不以为然。更聪明的人，或者说智慧的人，往往会根据自己的经验，知道自己要是多说，必然会说得多错得也就多，所以不到需要时总是少说或者不说。当然，到了说比不说更有效时，我们一定要说。

倾听是一种礼貌，是一种尊敬讲话者的表现，是对讲话者的一种高度的赞美，更是对讲话者最好的恭维。倾听能使对方喜欢你，信赖你。每个人都希望获得别人的尊重，受到别人的重视。当我们专心致志地听对方讲，努力地听，甚至是全神贯注地听时，对方一定会有一种被尊重和重视的感觉，双方之间的距离必然会拉近。

倾听并不只是单纯地听，而是应该真诚地去听，并且不时地表达自己的认同或赞扬。倾听的时候，要面带微笑，最好别做其他的事情，应适时地以表情、手势或点头表示认可，以免给人敷衍的印象。

经朋友介绍，重型汽车推销员乔治去拜访一位曾经买过他们公司汽车的商人。见面时，乔治照例先递上自己的名片："您好，我是重型汽车公司的推销员，我叫……"

才说了不到几个字，该顾客就以十分严厉的口气打断了乔治的话，并开始抱怨当初买车时的种种不快，例如服务态度不好、报价不实、内装及配备不对、交接车等待得过久等等。

顾客在喋喋不休地数落着乔治的公司及当初提供汽车的推销员，乔治只好静静地站在一旁，认真地听着，一句话也不敢说。

终于，那位顾客把以前所有的怨气都一股脑地吐光了。当他稍微喘息了一下时，方才发现，眼前的这个推销员好像很陌生。于是，他便有点不好意思地对乔治说："小伙子，你贵姓呀？现在有没有一些好一点的车种，拿一份目录来给我看看，给我介绍介绍吧。"

当乔治离开时，已经兴奋得几乎想跳起来，因为他的手上拿着两台重型汽车的订单。

从乔治拿出产品目录到那位顾客决定购买的整个过程中，乔治说的话加起来都不超过 10 句。重型汽车交易拍板的关键，由那位顾客道出来了，他说："我是看到你非常实在、有诚意又很尊重我，所以我才向你买车的。"

因此，在适当的时候，让我们的嘴巴休息一下吧，多听听对方的话。当我们满足了对方被尊重的心理需求时，我们也会因此而获益。在倾听对方说话的同时，我们还有几个方面需要努力避免：

（1）别提太多的问题。问题提得太多，容易致使对方思维混乱，难以集中精力。

（2）集中注意力。有的人听别人说话时，习惯想些无关的事情，对方的话其实一句也没听进去，这样做不利于沟通和交往。

（3）别匆忙下结论。不少人喜欢急于对谈话的主题做出判断和评价，往往迫使谈话者陷入防御地位，为交往制造障碍。

倾听让我们不必费心思考又能赢得人心，我们何乐而不为呢？当对方的不满需要发泄时，倾听可以缓解他人的敌对情绪。很多人气愤地诉说，并不一定需要得到什么合理的解释或补偿，而是需要把自己的不满发泄出来。这时候，倾听远比提供建议有用得多。如果真有解释的必要，也要避免正面冲突，而应在对方的怒气缓和后再进行。凡是能成就大事的人，总是能在倾听的过程中抓住对方的心。可见，用心地倾听有时比你与别人认真地交谈重要得多，也有效得多。

心平气和的智慧

西方有一句名言：雄辩是银，倾听是金。所以在人际交往中，尽可能少说多听。要想营造和谐的人际关系，必须学会耐心地倾听。

与邻居和睦相处

邻里关系是一种人们不可脱离的社会关系，互相尊重、体谅、关心是搞好这一关系不可缺少的要素。总之，"邻里好，赛金宝"，我们应该共同创造出一个令人愉快的居住环境。

邻里关系是一种以社会道德为基础，包括文化、价值观念等的社会关系，它不同于亲缘或血缘关系。邻里关系是每一个人都会碰到的一种普遍关系，好的邻里关系等于为自己添了左膀右臂，困难的时候可以得到邻里的帮助，日常生活中也可以使思想得到沟通。反之，邻里关系如果不融洽会招来许多麻烦。

清代康熙年间，人称"张宰相"的张英家与一姓叶的侍郎，两家毗邻而居，叶家重建府第，将两家共用的弄墙拆去并侵占三尺，张家自然不服，引起争端。张家立即写信给京城的张英，要求他出面干预。张英却作诗一首："千里捎书只为墙，让他三尺又何妨？万里长城今犹在，不见当年秦始皇。"张家人见信即命退后三尺筑墙，而叶家深表歉意，也退后三尺。这样两家之间即由原来的三尺巷变成了六尺巷，于是，"让一让，六尺巷"被百姓传为佳话。

如果人们之间能像张家与叶家那样处理邻居关系，那么我们的街坊四邻是不是就更容易相处了呢？"远亲不如近邻"，这句话差不多谁都会说，但真正把"近邻"处得比"远亲"还亲，并不是件容易事，这需要邻里之间共同努力，做到相互尊重、体谅和关心。

尊重，这是处好邻里关系最起码的一条。邻居的职业有不同，年龄有长幼，地位有高低，文化有深浅，不能"看人下菜碟"，应该一律以平等的态度去对待。早晚相见，要热情打招呼；唠起家常，要推心置腹。就是对待邻家的孩子，说话也要和气，如果他们做错了什么，不能随意呵斥，否则会引起家长之间的不愉快。邻里之间的尊重要发自内心，绝不能当面一副面孔，背后另一副面孔。特别要注意的是，不能在邻居间扯"长舌"，说闲话，以免引起无原则的纠纷，影响邻里团结。

和睦相处的邻里关系，是现代社会文明的一种表现，也是每个市民基本素质的体现。俗话说，"低头不见抬头见"，道出了邻里关系的密切程度。要正确处理好邻里关系必须注意以下几点：

首先，居住环境要保持宁静，在使用音响等设备时，要掌握好音量，以免影响上夜班的邻居休息。平时要教育好自己的孩子不要任意打闹。提倡互谅、互让，发扬友爱精神。

其次，居住地的公共部位要共同爱护，保持整洁，不要乱抛垃圾杂物；住在楼上的居民，不可随意向楼下倾倒污水、杂物；平时浇花、晒衣服时注意不要让水滴到楼下晒的被子上，不要随意拍打衣物，以免弄得灰尘飞扬；要固定好放在阳台上的花盆等物品，以免被大风刮落，发生意外事故。

最后，邻里间要加强团结，互相帮助，谁家有困难，应伸出援助之手。如发生矛盾，应讲清道理，以理服人，又要讲究方式方法。平时应严以律己，宽以待人。

邻里间还要做到互相体谅。人们的兴趣爱好不一样，生活习惯也就会不同。邻居中起来早的可能会惊动起来晚的，睡得晚的又可能会影响睡得早的。但是，只要能处处为别人考虑，体谅别人的困难，就会少给别人添麻烦，也不会因别人给自己带来的一点干扰而不满。尤其是公共用地，尽量要少占用、多清扫。不要人家放个罐，你就觉得吃了亏，非得放个缸不可；也不要你扫了一次，觉得不合算，要求人家也得扫一次。

邻居是我们生活中接触最多的人，相处时间较长，少则几年，多则十几年，甚至几十年，应该建立起深厚的友谊和感情。邻居家有了困难，应当积极地无私地予以帮助；邻居家有了病人，应当尽力地热情地给予关照。长辈要关怀爱护邻居家的孩子，孩子们更应当尊敬邻居家的长者。只有这样，邻里之情才能胜过"远亲"，甚至"亲如一家"。

心平气和的智慧

俗话说："人敬我一尺，我敬人一丈。"体谅所得到的回报，必然也是体谅。斤斤计较的后果，必然是让人看不起，造成邻里关系紧张。

面带微笑谈话更能拉近彼此的距离

笑对别人，别人会认为你尊重他，对他友好，而"投之以李，报之以桃"。微笑可以给自己、给他人带来快乐，是赢得良好人际关系的基础。

微笑的力量是不可抗拒的，它是协调人际关系的一朵绮丽的鲜花。人人都希望别人喜欢自己，重视自己。微笑能缩短人与人之间的距离，融化人与人之间的矛盾，生活中没有人拒绝微笑这一"贿赂"。

在人际交往中，微笑已成为友好、热情的象征。它既有助于克服羞怯的情绪和困窘的感情，同时又有助于人们之间的交往和友谊。

杰克是美国一家小有名气的公司总裁，他还十分年轻，就几乎具备了成功男人应该具备的所有优点，有明确的人生目标，又有不断克服困难、超越自己和别人的毅力与信心；他雷厉风行、办事干脆利索，从不拖沓；他的嗓音深沉圆润，讲话切中要害；而且杰克总是显得雄心勃勃，富有朝气。他对于生活的认真与投入是有口皆碑的，而且，它对于同事们也很真诚，讲求公平对待，与他深交的人都为拥有这样的好朋友而自豪。

但是，初次见到杰克的人却很少对他有好感。这令熟知他的人大为吃惊。为什么呢？仔细观察后发现，原来他几乎没有笑容。

杰克深沉严峻的脸上永远是炯炯的目光、紧闭的嘴唇和紧咬的牙关。即便在轻松的社交场合也是如此，他在舞池中优美的舞姿几乎令所有的女士动心，但是却很少有人同他跳舞。公司女员工见了他更是畏如虎豹，男员工对他的支持与认同也不是很多。事实上他只缺少了一样东西，一样足以致命的东西——一副动人的、微笑的面孔。

在对交际比较成功的人士的调查中有人发现，几乎所有的人都懂得微笑，而且是将微笑纳入了日常学习中，通过学习提高微笑的魅力。一位成功的社交家说："无论你有多高超的交际艺术，如果缺乏了微笑就像是一朵即将枯萎的玫瑰花，黯然失色。"

因为微笑是一种宽容，更是一种接纳，它缩短了人与人之间的距离，使彼此之间心心相通。喜欢微笑着面对他人的人，往往更容易走入对方的天地。始终能以微笑待人的人，在交际方面往往容易被社会选中和喜爱。

在社会竞争越来越激烈的今天，物竞天择、适者生存的规律所产生的作用，就往往有利于那些能用微笑来表达愉快兴奋状态的人。公关小姐的一个重要条件就是学会微笑。假如你留心奥运会的入场仪式，你就会发现，不同的国家和民族，不同的肤色和脸孔，不同的服装，不同的文化传统，都有一个共同之处——大家的脸上都挂着微笑。在人类进化的整个过程中，微笑已经在整个人类中牢固生根。

用微笑与人交流，是心与心的沟通。微笑是心灵之间沟通的桥梁，如果我们对别人的笑是一种机械的、假意的、甚至是很勉强的，别人就会感到不舒服，甚至会厌恶或反对，因此我们的微笑应是一种真实、热忱、发自内心的微笑，那将会给人一种温暖、舒适的感觉。

一个人的面部表情亲切、温和、充满喜气，远比他穿着一套高档、华丽的衣服更吸引人的注意，也更容易受人欢迎。微笑是无声的行动，它所表示的是："我很满意你，你使我快乐，我很高兴同你共事。"所以说，要想取得与同事交往的成功，不能缺少微笑。

"笑是人类的特权"，微笑是人的宝贵财富。微笑是自信的标志，也是礼貌的象征。人们往往会依据你的微笑来获取对你的印象，从而决定对你所需要办的事情的态度。只要我们都献出一份微笑，人与人之间的关系将会更加融洽，人与人之间的沟通也将会变得更加容易。

心平气和的智慧

不要吝啬你的微笑，它能使我们快乐，彼此之间产生好感，能在朋友中产生真诚。沟通从"心"开始，让我们用心与心交流，让微笑无处不在、真诚随处可寻。

播种美丽，收获幸福

给别人一杯水，自己会感觉有一桶水，而为了保持自己的一桶水，我们就必须时刻努力，这成为自己前进的不竭动力。其实，你给别人的愈多，自己的收获也就愈大，不是吗？种下几粒花种，你将收获整个春天。

在去美国西部的旅途中，一位老妇人时不时地从敞开的窗户中探出身去，从一个瓶子中把一些粗大的种子似的东西撒在路上，当她撒完了一个瓶子以后，又在手提包里把瓶子灌满，接着继续撒。原来这位老妇人非常喜欢鲜花，并且一贯遵守一个信念：请在你旅途所经之处撒播鲜花的种子，因为你可能永远都不会在同样的路上再次旅行。通过在自己旅途中撒播鲜花的种子，这位老妇人大大增添了原野的美丽。正是由于她热爱美、传播美，才使得许多道路两侧鲜花缤纷，生机盎然，令寂寞的旅人感到温暖。

收获是一种幸福，播种也是一种幸福。播种的过程其实就是不断创造新的喜悦的过程。收获的幸福，一半来源于收获果实本身的幸福，一半则来源于自己的辛勤耕耘终于有了回报的幸福。播种的幸福是永恒的幸福。播种时间就能收获希望，播种种子就能收获果实，播种真心能够收获真情，播种爱心就能够收获整个世界。

一日，禅师外出采回一棵野菊种于院中，三年之后满院菊香。花香怡人引来山下村民，待征得禅师同意后，山下村民接连不断来此采挖菊花，数日之间无一株留存。徒弟们满脸不悦，但禅师笑道："三年后可是一村菊香。"

学会把美好的事物与人分享，让每一个人都能感受到这种幸福。只有大家都拥有幸福，才是自己最大的幸福。不要总为自己着想，殊不知，在看到别人脸上洋溢幸福的笑容时，自己也会深深感受到，原来与人分享幸福比自己独占幸福更幸福。

施比受更幸福，因为那代表你有能力帮助别人，只要在我们能力范围之内，对他人多一分关心和付出，整个社会就会焕然一新，即使你的一个浅浅的微笑，都会让周围的人们感到很温馨！不信就从现在开始吧，你会觉得人生还是多彩多姿充满希望的！

心平气和的智慧

当你有了美好和幸福，不要独自一个人享受，而要与大家共同分享。把美好和幸福分享给每一个人，自己拥有的看似减少了，实际上是增加了许多许多。

以感恩之心善待他人

感恩，是人生的一大智慧；感恩，是人性的一大美德。常怀感恩之心，我们便能时刻感受到家庭的幸福和生活的快乐。感恩是爱和善的基础，我们虽然不可能成为完人，但常怀感恩的情怀，至少可以让自己活得更美丽、更充实。

生活中，我们经常可以见到一些不停埋怨的人，"真不幸，今天的天气怎么这样不好"，"今天真倒霉，碰见一个乞丐"，"真惨啊，丢了钱包，自行车又坏了"，"唉，股票又被套上了"……

人生在世，不可能一帆风顺，种种失败、无奈都需要我们勇敢地面对、豁达地处理。这时，是一味地埋怨生活，从此变得消沉、萎靡不振？还是对生活满怀感恩，跌倒了再爬起来？感恩不纯粹是一种心理安慰，也不是对现实的逃避，更不是阿Q的精神胜利法。感恩，是一种歌唱生活的方式，它来自对生活的爱与希望。感恩是一种处世哲学，是生活中的大智慧。

美国的罗斯福总统常怀感恩之心。一次，他家被人偷去了很多东西。朋友闻讯后，写信安慰他，劝他不必太在意。罗斯福回信说："亲爱的朋友，谢谢你来信安慰我，我现在很平安。感谢上帝，因为第一，贼偷去的是我的东西，而没有伤害我的生命；第二，贼只偷去我部分东西，而不是全部；第三，最值得庆幸的是，做贼的是他，而不是我。"对失盗这样一件不幸的事，罗斯福却找出了感恩的三条理由，倒像是因祸得福呢。

生活赐予了我们灿烂的阳光，为我们过滤掉生命中的浮躁、不安、不满和不幸。只要我们像罗斯福那样，换一种角度去看待人生的失意与不幸，时时对生活怀一份感恩的心情，对生活永远充满爱与希望，我们就能保持健康的心态、完美的人格和进取的信念，快乐地生活。

有些人把太多事情视为理所当然，因此心中毫无感恩之念。既然是当然的，何必感恩？一切都是如此，我们应该有权利得到。其实，正是因为有这样的心态，这些人才会过得一点也不快乐。

　　如果你是一个苦恼的人，你应该学会感恩，因为感恩是驱除你苦恼的一剂良方妙药；如果你是一个对生活心灰意冷的人，你应学会感恩，因为感恩的时候就是你的身心得到温暖的时候；如果你是一个郁郁不得志的人，你应学会感恩，因为感恩会使你的心情舒畅，渐渐平和；如果你是一个被生活压得喘不过气来的人，你应学会感恩，因为感恩会使你逐步释放重负、放松身心；如果你是一个只知道索取的人，你更应学会感恩，因为感恩会使你懂得适当地给予；如果你是一个快乐的人，你也应学会感恩，这样，你的快乐就会取之不尽……对别人感恩，相应的会得到他人对你的感恩，所以你得到了两份好心情。

　　在水中放进一块小小的明矾，就能沉淀所有的渣滓；如果在我们的心中培植一种感恩的思想，则可以沉淀许多的浮躁、不安，消融许多的不满与不幸。只有心怀感恩，我们才会生活得更加美好。拥有一颗感恩的心，善于发现事物的美好，感受平凡中的美丽，那么我们就会以坦荡的心境、开阔的胸怀来应对生活中的酸甜苦辣，让原本平淡的生活焕发出迷人的光彩。

　　人们常常只记得感谢给予自己关心、帮助过的人，在自己需要的时候助以一臂之力。但是很少有人去感激伤害、欺骗、打击过自己的人，常常对他们报以怨恨。其实，对那些伤害过我们、带给我们痛苦的人，我们也应该感谢：正是他们让我们对这个世界有了一个更深刻的认识。我们不仅要学会用一颗感恩的心去体会真情，更要学会用一颗感恩的心去驱逐伤害。

　　一个人如果没有一颗感恩的心，只是一味地索取着，享受着，那么，即使再多的爱也有消失殆尽的时候。所以以感恩的心态，观察自然，感激生活的馈赠，就会发现大自然四季轮回，周而复始，信守最单纯最简单的平衡法则，顺应自然、从容有常。学习、工作再苦再累，能干就是福；从失意处觅希望，随遇而安便是福；顺其自然，有容乃大。

　　因为活着，所以我们应该感恩，如果没有感恩，活着等于死去。要在感恩中活着，感恩于赋予我们生命的父母，感恩于给我们知识的老师，感恩于提供实现自我价值的企业，感恩于帮助、关心和爱护我们的那些人，感恩于我们的祖国，感恩于大自然，感谢这一切的存在让我们体验到了真实的美好。让我们以感恩的心态来面对生活中的一切幸福和苦难，享受真实的生活吧！

俗话说："滴水之恩，当涌泉相报。""感恩"，是一种生活态度，是一段内心独白，是一片肺腑之言，是一份铭心之谢。每个人都应学会"感恩"。

帮助别人就是善待自己

帮助别人就是善待自己，人生路途遥远，相识的不相识的，一个善意的举手之劳，也许可以成就自己。

人不是万能的，帮助了别人，就是善待了自己。做人之道并非秘不可解，就拿"助人即助己"来说，在成功的道路上，每一个事业有成的人，都曾经得到别人的许多帮助。因此，我们应该帮助别人作为回报，这是公平的规则。所以做人一定要抛开自私，不能心中只有一个自己，应该主动帮助别人并从别人那里求得有益的帮助，开启自己的心智。

任何一种真诚而博大的爱都会在现实中得到应有的回报。在我们进行换位思考的时候，当我们真诚地考虑到对方的感受和需求的时候，意想不到的回报便会悄然而至。

古时候，有两兄弟各自带着一只行李箱出远门，一路上，重重的行李箱将两兄弟压得喘不过气来。他们只好左手累了换右手，右手累了换左手。后来，大哥停了下来，在路边买了一根扁担，将两个行李箱一左一右挂在扁担上。他挑起两个箱子上路，反倒觉得轻松了许多。

帮助别人不仅利人，同时也提升了自己生命的价值。不论对方是否接受你的帮助，或是否感激你。想想看，如果每一个人都帮助另外一个人，世界将变得多么和谐与美好！当然，我们每一个人也都会得到别人的帮助。

在帮助别人的同时，你会收获一种十分难得的强者的感觉，正是这种感觉激励着你奋发图强，走向成功。在帮助了他人之后，你就会发现，最快乐的是你自己，并且，你从中还会增强自己处理问题的能力。

当我们遇到麻烦时，那些主动伸出援助之手的人们总能得到我们的好感，并留下深刻的印象。其实，你希望看到笑脸，你的脸上就要先有笑容。不要抱怨别人，更不要埋怨周围的环境，而应该首先主动去关心别人，主动为他人做一些事情。人总是会"投之以桃，抱之以李"的，主动关心别人的人总会得到大家的喜欢。只有付出真诚，才能得到真诚，那些不过分计较自己的得失，总是为别人着想、主动帮助别人的人，总会受到大家的尊重。

幸福并不取决于财富、权力和容貌，而是取决于你和周围人的相处。想做个幸福、快乐的人吗？那么就从善待他人开始吧！对他人多一分理解和宽容，其实就是支持和帮助自己，善待他人就是善待自己。如同那句古语说的：授人玫瑰，手留余香。让我们每个人都去体会一下这余香带给自己的快乐吧！让我们微笑地度过每一天吧！

心平气和的智慧

付出爱心，就是种下一片希望。对别人施予善行，往往能得到更加丰厚的回报。而为别人付出的时候，本身就可以体验到生命的快乐与富足。

生活因付出而快乐

即使你拥有金钱、爱情、荣誉、成功和刺激，你可能还是不会觉得快乐。快乐是人生的至高追求，只有给予和付出，才能实现这一追求。

付出本身就是快乐，付出的人也是最幸福的人。有成人之美，善待别人，你才会觉得自己原来也很伟大。学会付出是光辉灿烂人性的体现，同时也是一种处世智慧和快乐之道。

有一个生性吝啬的富翁，衣食富足，而且还有一大群人供他使唤，但他总觉得生活缺少了点什么，一点也快乐不起来。他每天醒来总是心情低落，不知道该跟谁诉说自己的心事。

于是有一天，他专程去庙里请教禅师说："我有这么多钱，要什么有什么，每个人都对我低声下气的，为什么还是觉得不快乐呢？"禅师请他站在窗子前面，问他看到了什么？富翁回答说："我看到了路上匆忙来往的人群。"禅师又请他站在镜子前面，再问他看到了什么？富翁不解地回答说："看到我自己。"禅师说："窗子是玻璃做的，镜子也是玻璃做的。透过窗子可以看到他人，而镜子因为涂抹了一层水银，所以只能看见自己。当你慢慢擦拭掉属于你身上的那层水银，可以看到别人时，你就会拥有快乐了。"

快乐和幸福不能靠外来的物质和虚荣，而是要靠自己内心的高贵与善良，善良是生命中稀有的珍珠，善良的人才能真正伟大。从一个表情、一句问候、一个眼神、一件小事开始，学会付出，善意地看待这个世界，一句善言，万两黄金难求。心存善念，学会给予和付出，快乐、幸福和丰收就会时时与我们相伴。

忙碌的我们，似乎是越来越不快乐了，忧郁紧张充斥在我们身边，让我们几乎难以透气。为什么会忧郁？为什么会绷紧神经？因为，追求功名利禄，已经将我们有限的小小的心占满了，腾不出一方小角落来容纳他人，容纳清风明月进驻心中。只要我们愿意停下脚步，仔细看看身边的人、身边的事，静下心倾听身旁的声音，关注他人的存在，进而乐于付出善意，我们就可以轻易找回遗失的快乐。

如果你慷慨大方，你所收获的总会比付出的多。当别人遇到困难时，你付出一点点你力所能及的力量，得到的回报是在帮助过程中所获得的快乐，受帮助的人快乐，自己也快乐，何乐而不为呢？

付出比得到更快乐，相信懂得付出的人会有同感。因为，快乐是有传染性的，你只有使别人快乐，才能使自己快乐。相反，你如果只活在自己的世界里，那你只会抱怨这个世界没有使你开心。

人生永远都是有失才有得的，没有付出的人将一无所得，只要有所付出，哪怕只是微不足道的，得到的也会是付出的好几倍。希望快乐的人，千万不要吝啬自己小小的一点付出，而让快乐离你而去，因为付出是快乐的前提。

美国作家欧·亨利的著名短篇小说《麦琪的礼物》中的那对年轻夫妇，一个剪掉了头发，换来了一个表链；一个卖掉了金表，买了一套发卡。他们互赠的礼物都变成了最无用的东西，但他们却得到了世界上最珍贵的爱，这就足够了。因为付出，他们快乐着。

心平气和的智慧

　　付出是一生的基石，学着去付出吧。当每个人都将付出作为自己的座右铭时，就会惊喜地发现自己正如流经山洞的泉水，付出并快乐着。生命因为付出而精彩；生活因为付出而快乐。

和陌生人接触有好处

　　一个从来没有见过的人，可以帮助我们认识自己。因为我们可以对一个陌生人说出我们时常想说、但又不敢向亲友开口的心里话，因此他们便成为我们认识自己的一面镜子。

　　你完全可以在出租车上主动与司机聊天；为买东西没有钱的陌生人出零钱；更不要介意陌生人在街口不小心与你相撞……因为，在陌生人的世界里，有着许多淳朴善良的心。一分善意，会换来十二分的感动。

　　美国总统罗斯福是一个交际能手。在还没有被选为总统时，一次宴会上，他看见席间有许多不认识的人。如何才能使这些陌生人成为自己的朋友？罗斯福找到自己熟悉的记者，从他那里把自己想认识的人的姓名、情况打听清楚后，再主动叫出他们的名字，谈一些他们感兴趣的事情。此举大获成功，这些人很快成为罗斯福竞选时的有力支持者。

　　和陌生人接触可以使彼此心灵相通，意气相投，一次邂逅会成为你以后生命的一部分。在社交场合，我们经常会遇到和陌生人打交道的时候。你会发现，有的人很容易就能和你打成一片，而有的人却始终自己在一个角落里，不知所措。这就如同，这世界上有各种各样的人，有的人相处几年你也难以了解他，而有的人刚一见面就能一见如故，这种人总是有他的绝招的，留神一下他们的方法，你一定会有所收获。那么，我们应如何与陌生人交往呢？

（1）"性情豪爽"不等于"态度随便"。

（2）学习去爱、去尊敬别人，你对他人总是怀有敬意，就可以使你们都感到快乐。

（3）注意小节，尊重对方。

（4）关怀备至，体贴入微。

（5）保持谦逊，摒弃虚荣心理。

（6）尽量找机会与跟自己毫无利害关系的人相处。

（7）改变在人际交往方面的消极态度。

（8）战胜害羞心理。

（9）记住对方的名字。

（10）有效拉近彼此的心理距离。

（11）为自己树立良好的第一印象，良好的第一印象是打开交往大门的一把无形的钥匙。

（12）抓住交际的最初 4 分钟。

（13）为自己打造"成功的外表"。

（14）培养有助于建立良好关系的能力：组织能力、协调能力、分析能力。

（15）调整好人际交往中的"期望值"。①事前要有成功与不成功的两种思想准备；②事先不妨将不利因素估计得严重一点；③在求人办事的过程中适时地调整好"期望值"；④对自己本身有个正确的评价；⑤对自己所想或所做的事以及与之相关的方方面面也须有个全面、客观的分析。

（16）不要把"世故"当作"成熟"。它们之间的区别有以下几点：①玩世不恭与直面现实；②沉沦与奋进；③虚伪与真诚；④利用和互助；⑤见风使舵与坚持原则。

与陌生人接触是搞活关系最关键的一步，朋友都是从陌生到熟悉一步一步过来的。这种能力会让你结交更多的朋友，还会让你的交际能力大为提高。一个和陌生人都能相见如故的人，那他和朋友的关系就一定不会差。

学会用幽默化解尴尬

幽默是一种理解和默契，是人与人友好相处的桥梁和纽带，会让我们的事业走向辉煌。幽默是美丽的、欢乐的，是智慧树上最耀眼的一抹绿色。

处在物欲横流的滚滚红尘之中的人不能没有幽默，没有幽默就会让我们本来丰富多彩的生活变得枯燥无味。生活中人们离不开幽默，以幽默诙谐的姿态面对生活和人生对于现今的人们来说，是极为重要的，更是不可或缺的。

学会幽默，善于幽默，才能拥有豁达的人生。欣赏幽默是人生的一种享受，欣赏卓别林的幽默表演，会让人笑得前仰后合，忘记一切烦恼。

在一辆人员拥挤的公交车上，有人说："挤什么？着什么急？想奔丧去啊！"这话让全车人心里都很反感，还是照样的拥挤不堪。又有个人说了："别挤了，我都成了相片了。"大家一笑，马上不再挤了。这时司机的紧急刹车让一个小伙子猛地撞到一个姑娘身上，姑娘误会了，以为是小伙子故意使坏，骂了句："瞧你那点德行！"在当时那种场合，小伙子是无论如何也解释不清的，但聪明的小伙子却大声说："姑娘，您错了，这不是我的德行，是车的惯性。"全车的笑声缓解了紧张的空气，聪明的小伙子用幽默语言说明了眼前发生的事情，既让自己摆脱了窘态，也让别人明白了真相，避免了一场意外的误会，还成全了姑娘的面子。

生活中有很多幽默的事情，它能让人走出无奈的窘境，摆脱因意外给自己造成的失态，让人们的生活充满了欢乐与和谐。幽默是一个人能在生活中发现快乐的特殊的品质。具有幽默感的人可以从容应付许多令人不快、烦恼，甚至痛苦悲哀的事情。

生活中出现了冲突与困境时，除了合理使用幽默以外，几乎再也找不到更合适的方法解决了。那么，我们怎样才能学会幽默呢？

第一，要具有语言艺术和表达能力。可以多浏览一些有关语言艺术方面的书籍，并在实际中加以揣摩，只要坚持，就能收到成效。

第二，要有宽广的胸怀和乐观的心态。不能气量狭小、报复心强，一旦出了丑便恼羞成怒。宽广的胸怀，可以使对方如释重负，紧张的气氛顿时消失了。

第三，要有良好的文化素养和丰富的联想力。一个人如果文化素养高，阅历丰富，自然就会有较强的联想力，从而说起话来就会妙趣横生。

学会幽默吧，你的生活将会充满阳光！

心平气和的智慧

在人际交往中，难免会遇上尴尬，如果能运用幽默，即使是身处绝境也会获得新生，既给自己一个台阶，也给对方一份安慰的赠礼。

微笑如花开放

哲人说："微笑是成功者的先锋。"微笑缩短了人们的距离，使彼此之间心心相通。无论走到哪里，微笑都是最美的礼物。

真诚的微笑是一种万能剂，它可以传达宽容、爱和信任；它可以推倒人与人之间的冷漠之墙、对峙之冰；它是一种令人会意的情感，可以作为我们与别人沟通互动的桥梁。

一位可爱的女孩打开门时，发现一个持刀的男人正恶狠狠地看着自己。

她心中一惊，微笑着说："朋友，你真会开玩笑！是推销菜刀吧？我喜欢，我要一把。"

她边说边让男人进屋，接着说："你很像我过去一位好心的邻居，看到你真的好高兴，你要咖啡还是茶……"

本来脸带杀气的歹徒渐渐腼腆起来。

他有点结巴地说："谢谢，哦，谢谢！"

最后，女孩真的"买"下那把明晃晃的菜刀。陌生男人拿着钱迟疑了一会儿，在转身离去的时候，他说："小姐，你将改变我的一生！"

你知道微笑的价值吗？

在美国，发生过这样一件事情：有一根电线断了，电触到了一个小孩的脸，虽然没有致命，可是把左边的脸颊烧坏了，因而引起了一场官司。在法院里，原告的辩护律师要小孩把脸转向陪审团笑一笑，结果只有右脸颊能笑，左脸颊因神经烧坏，根本笑不起来。只花了12分钟，陪审团就一致通过，小孩可获得两万美元的赔偿金，这就是微笑在法律上的价值。

其实，微笑的价值还远不止如此，它应该是无价的，没有人会愿意出卖它。

奇宾·当斯是底特律地区最受欢迎的节目主持人之一，追捧者几乎遍及整个美国。有的听众写信给这位主持人，说他们通过听他主持的节目听到了他的声音，并且告诉奇宾·当斯说，他们透过他的声音看到了他的微笑。

观众经常说："当斯，你的微笑跟我听你的广播时所想象的完全一样。我本来害怕会失去你的微笑，但是并没有。"

有人问当斯总是那么高兴的原因，他说他的秘诀是从来不把烦恼摆在脸上，而是深藏在心中，因为，他的工作是娱乐别人。他说："为别人创造愉快的生活，这要从微笑开始，但必须是发自内心的微笑。"

就这样，奇宾·当斯用微笑走进了千万人的心灵深处。

对于微笑的价值，曾有一则精彩广告如是说：

它不花什么，但创造了很多成果。

它使接受它的人满足，而又不会使给予它的人贫乏。

它在一刹那间发生，却会给人永远的记忆。

它为家庭创造了快乐，同时在外界建立了好感，并使朋友间感到了亲切关爱。

它使疲劳者得到休息，使沮丧者看到光明，给悲观者带来希望。

但它却无处可买，无处可求，无处可偷，因为在你给予别人之前，它没有实用价值。

生活中，微笑是一种含义深远的无声语言，可以鼓励对方树起信心，可以融化人们之间的陌生和隔阂，可以使别人刚见到你，就自然而然地产生一种亲切、信任的感觉。

无论我们周围的世界是怎样的令人痛苦不堪，无论我们心灵的天空如何阴霾密布，我们都应当微笑。平凡的生活中，一抹笑就是一道阳光，它不仅能够照亮自身阴暗的"心空"，还能温暖周围潮湿的心灵！

心平气和的智慧

没有人会喜欢和信任那些整天愁苦满面、不会微笑的人。一个有真诚的微笑面孔的人，总会有希望。因为他的笑容是他善意的信使，可以照亮所有看到他的人。

赞美是最好的通行证

赞美是拂面的春风，是需要精心呵护的鲜花，是心灵的交流和碰撞，运用好赞美能改变你的一生。

大音乐家勃拉姆斯出生于汉堡。他家境贫寒，少年时便为生活所迫混迹于酒吧。他酷爱音乐，却由于出身农家，无法得到教育的机会，所以，他对自己的未来毫无信心。然而，在他第一次敲开舒曼家大门的时候，根本没有想到，他一生的命运就在这一刻决定了。

当勃拉姆斯取出他最早创作的一首C大调钢琴奏鸣曲草稿，弹完后站起来时，舒曼热情地张开双臂抱住了他，兴奋地喊道："天才啊！年轻人，天才！……"这出自内心的由衷赞美，使勃拉姆斯的自卑消失得无影无踪。从此，他便如同换了一个人，不断地把他心底的才智和激情宣泄到五线谱上，终于成为音乐史上一位卓越的艺术家。

美国总统罗斯福有一种本领，对任何人都能给予恰当的赞誉。

林肯也是一个善于使用赞誉的高手。韦伯这样评价林肯："拣出一件使人足以自矜并引起兴趣的事情，再说一些真诚又能满足他自矜和兴趣的话，这是林肯日常必有的作为。"

林肯曾说："一滴蜂蜜比一加仑胆汁能吸引到更多的苍蝇。"

真诚地赞美别人，是洛克菲勒获得成功的秘诀之一。曾经，他的一个合作伙伴在一宗大生意中，使公司蒙受了几百万的损失。洛克菲勒并未责备他，反而称赞说，你能保住投资的 60% 已很不容易了。合作伙伴大为感动，在下一次合作中，他获得了极大的利润，并挽回了上次的损失。

人类最渴望的就是精神上的满足——被了解、被肯定和赏识。对我们来说，赞美就如同温暖的阳光，缺少阳光，花朵就无法开放。

赞扬别人是一种给予。许多人总是记得，在沮丧、绝望、萎靡不振时，别人的赞赏曾经给予他们多么大的快乐，多么大的帮助；赞扬，曾经多么神奇地帮助他们克服了自卑情结。他们认识到，周围的人，谁都渴望别人的欣赏和赞扬。所以，聪明的人从不吝惜自己对别人真诚的赞美。

某公司的一位清洁工，本来是一个最被人忽略的角色，但他在一天晚上，与偷窃公司钱财的窃贼进行了殊死搏斗。在颁奖大会上，主持人问他的动机是什么时，他的回答让人们大吃一惊。他说："公司总经理经过我身边时，总会赞美一句'你打扫得真干净'。"

学会真诚地赞美符合时代的要求，同时它也是衡量现代人素质和交际水平的一个标准。学会真诚地赞美是性情修养的需要，有助于使自己达到更高的人生境界。同时，你赞美别人就意味着你肯定了他人的优点与成绩，相对应的是，你也能逐渐意识到自己的缺点与不足。人只有不断地发现自己的缺点与不足，才能更好地完善自己，取得更大的进步。

有一位成功学大师根据他多年社交经验总结了以下几点赞美技巧：

（1）借别人之口转达赞美。

（2）赞美要真诚、公正。

（3）赞美要得体。

（4）赞美要及时而不失时机。

（5）寻找对方最希望被赞美的地方。

（6）赞美忌俗套、空洞。

朋友，学会真诚地赞美，在何时何地你都将畅通无阻，如鱼得水。它不是虚假地溜须拍马、奉承恭维，它是浇在玫瑰上的水，是博取好感、维系感情最有效的法宝，是促使人努力奋进的最神奇的兴奋剂。假如每个人都吐露内心深处的愿望，那肯定是：受到别人的赞美。

心平气和的智慧

人们对于赞扬和认可总是不设防的，往往一句简单又看似无心的赞扬，或一个认可的表情就是良好关系的开端，人与人的距离由此拉近。

对批评鞠个躬

我们走进寺庙中，会发现佛像的耳朵通常都很大。人们常讲："耳大有福。"耳大之所以有福分，是因为这样的人善于听取别人的批评、意见。请牢记：良药苦口利于病，忠言逆耳利于行。

唐朝的魏徵，在短短的十几年里，曾给唐太宗提出批评、建议二百多次，而唐太宗大多虚心接纳。在唐太宗执政的年代，出现了历史上有名的"贞观之治"。魏徵去世后，唐太宗对百官慨叹一番，大意如下："以铜为镜，可以照见衣帽是否端正；以历史为镜，可以看到国家兴亡的原因；以人为镜，可以发现自己的得失。如今魏徵去世，我就少了一面明察得失的镜子。"李世民对于批评的态度令后人盛赞不绝。

日本战国时期的堀秀政文武双全，曾经辅佐织田信长和丰臣秀吉两个霸主，当时的人都称赞他是国家的栋梁。

有一天，在他领地的城墙附近，有人竖立了一面木牌，上面列举着三十多条秀政的政治过失。家臣商量之后，决定把那面木牌拿给秀政看，并且非常愤怒地说："竖立这块木牌的人，实在太可恶了，应该立即逮捕并严厉处罚。"

秀政细观木牌上所写的"罪证"。他马上端正衣服，洗手漱口，把木牌举起来说："有人肯这样严格地指正我，实在太难得了，我应该把它看成上天的赐予，并当作传家之宝，好好收藏。"

于是，他把木牌用一只精美的袋子包起来，再装进箱子里，并召集家臣幕僚，将木牌上所列举的三十多条过失进行详细检讨。从此，秀政的政绩更加辉煌了。

由此可见，历史上成大业的人物常虚怀若谷，善于听取他人的批评、意见，以弥补自身不足。

一位政治家在演讲时，当地某个妇女组织代表站起来指责他说：

"你作为一个政治家，应该考虑到国家的形象，可是听说你竟和两个女人发生了关系，这到底是怎么回事呢？"

顿时，所有在场的人都一齐盯着政治家，等着听他如何解释这一起桃色新闻。

政治家并没有感到窘迫，反而十分轻松地说道：

"还不止两个女人，现在我还和5个女人发生关系。"

这句话，使代表和群众如坠雾中，迷惑不解。

政治家继续说：

"这5位女士，在年轻时曾照顾我，现在她们都已老态龙钟，我当然要在经济上照顾她们，精神上安慰她们。"

台下顿时掌声如雷。

历史上许多著名人物都被人骂过。法国思想家卢梭被人讽刺为："他有一点像哲学家，正如猴子有一点像人类。"英国作家王尔德曾批评萧伯纳："他没有敌人，但他的朋友都深深地恨他。"美国的国父乔治·华盛顿曾经被人骂作"伪君子""大骗子"和"只比谋杀犯好一点"。

《独立宣言》的撰写人、美国第三任总统托马斯·杰斐逊曾被人骂道："如果他成为总统，那么我们就会看见我们的妻女，成为合法卖淫的牺牲者；我们会大受羞辱，受到严重的损害；我们的自尊和德行都会消失殆尽，使人神共愤。"威廉·布慈将军被人诬告侵占了某个女人募捐而来救济穷人的 800 万元捐款。他们不但没有被批评、辱骂吓倒，反而更加乐观和自信，做出了影响深远的成就。

林肯也曾多次被责难、批评，但他坦坦荡荡，从来不以自己的好恶来批判别人。他任命的高职位的人物中，就有不少是曾经批评过他的。

生活中，狗看见你怕它，便愈加追赶你，恐吓你。批评如狗，如果某种批评把你吓住了，你便会日夜都痛苦不安。但是如果你回转头来对着狗，狗便不再吠叫了，反而摇着尾巴，让你来抚摸。只要你正面迎击对你的批评，到头来，它反而会为你融化、克服。

我们怕批评，是因为批评中会有真的事实，愈真实我们就愈害怕而去逃避。然而批评之所以可贵，就是因为里面包含着真实的缘故。回避批评实际上是回避自身成长中潜藏的矛盾，对我们修养的提高、品格的历练、人身的完善毫无益处。

如果我们能时时努力改掉缺点，便没有空闲时间对那些细枝末节过于斤斤计较了。

善意的批评是朋友，而对于那些恶意的责难，我们可以置之不理，也可针锋相对，巧妙化解。

心平气和的智慧

金无足赤，人无完人。当别人批评你时，你应该感谢他，有则改之，无则加勉，你将不断获得成功。古人云："闻过则喜。"人因为不完美而需要批评，这正是批评的价值所在。

爱他人，就是爱自己

爱人者，人必从而爱之；利人者，人必从而利之。

有一对夫妇开了一家小饭店。

刚开张时，生意冷清，全靠朋友和街坊照顾，但两个月后，夫妇俩便以待人热忱、收费公道而赢得了大批的"回头客"。小饭店的生意也一天一天地好起来。

几乎每到吃饭时间，这座小城里的大小乞丐，都会成群结队地到处行乞。他们去的最多的地方是各家饭店。人们从未见过小城里其他店主能够像这夫妇俩一样宽容平和地对待这些乞丐。其他店主一见到乞丐上门，就会拉下脸来严厉地呵斥辱骂；而这夫妇俩则每次都会笑呵呵地给这些肮脏邋遢的乞丐高举到面前来的那些锅碗瓢盆里盛满热饭热菜。而且这些饭菜，都是从厨房里盛来的新鲜饭菜，并不是顾客用过的残汤剩饭。在施舍乞丐的时候，他们没有丝毫的做作之态，表情和神态十分自然，就像他们所做的这一切原本就是分内的事情。

一天深夜，街上一家经营丝绸的店铺，由于老板过分沉迷麻将而忘了将烧水的煤炉熄灭，引发了一场大火，殃及了该饭店。

这一天，恰巧丈夫去外地进货，一无力气二无帮手的女店主，眼看着辛苦张罗起来的饭店就要被熊熊大火所吞没。情急万分之时，只见那帮平常天天上门乞讨的乞丐，不知从哪里钻了出来，在老乞丐的率领下，冒着生命危险将一个个笨重的液化气罐及时搬运到了安全地段。紧接着，他们又冲进店内，将那些易燃物品也全都搬了出来。消防车很快到了，饭店由于抢救及时，虽然也遭受了一点损失，但大部分都给保住了。而周围的那些店铺，却因为得不到及时的救助，货物早已烧得精光。

火灾过后，人们都感叹说是夫妇俩平时的善行得到了回报。

正所谓：爱人者，人恒爱之。

春秋时，晋公子重耳在外逃亡，所经之处，有些国君看不起这个落难公子，待他很不礼貌。在曹国时，曹共公听人说重耳生有重叠的两排肋骨，顿生好奇，本不想接待重耳，却让他留下，趁他沐浴时，与夫人偷窥他，把重耳当作奇物观玩。重耳知道了怀恨在心。曹大夫僖负羁对共公说："晋公子贤，又同姓，穷来过我，奈何不礼！"共公不听，也不招待饮食。负羁便派人送给重耳及其随从饭肴，放玉璧于其中。重耳受其饭肴，送还玉璧。后来重耳回国即位，是为晋文公。他改革内政，整顿军旅，国力大盛。后来，他跟楚国争霸时，起兵尤攻楚国的盟国曹国，俘虏曹共公，责骂其非礼之行，并下令三军不要进入僖负羁家，以报其德，因此负羁一族得保平安。

这真是辱人者害己，爱人者利己。

印度谚语说："帮助你的兄弟划船过河吧！瞧！你自己不也过河了？"人与人之间的互相关怀是可以互利互惠的。

有一位盲人，走夜路时经常打着灯笼。

人们十分奇怪地问："你双目失明，灯笼对你一点用处也没有，你为什么要打灯笼呢？不怕浪费灯油吗？"

盲人慢条斯理地回答道："我打灯笼并不是为给自己照路，而是因为在黑暗中行走，别人往往看不见我，我便很容易被撞倒。我提着灯笼走路，灯光虽不能帮我看清前面的路，却能让别人看见我。这样，我就不会被别人撞倒了。"

这位盲人用灯火为他人照亮了原本漆黑的路，为他人带去了方便，同时也因此保护了自己。

爱自己，也爱别人，才能活出生命的最大价值。

心平气和的智慧

任何一种真诚的爱都会在现实中得到应有的回报。学会敞开心扉去爱他人，别人也会喜欢你。付出一点点，你将收获更大的快乐和满足。

给人留一个面子

面子可以遮掩身价，它有大有小。给别人面子的人，将获益匪浅。

滑铁卢战役后，英国政府为打败拿破仑的英雄威灵顿举办了一场祝捷酒会。除上层人士之外，主办方还特意邀请了一批作战勇敢的士兵，酒会自然是热烈隆重的。不想，一位从乡下入伍的士兵不懂酒席上的一些规矩，捧着面前的一碗供洗手用的水就喝，顿时引来达官贵人的一片讥笑声。那士兵一下子面红耳赤，无地自容。此时，威灵顿将军慢慢地站起来，端起自己面前的那碗洗手水，面向全场贵宾，真诚说道："我提议，为我们这些英勇杀敌，舍身报国的士兵们干了这一碗。"说完，他一饮而尽，全场的嘉宾肃然起敬，人人均仰脖而干。此时，这位士兵已是泪流满面。

可见，适时地给人一个台阶下，不仅保住他的面子，不能消除尴尬，融洽气氛。

南朝时，齐高帝曾与当时的书法家王僧虔一起研习书法。有一次，高帝突然问王僧虔说："你和我谁的字更好？"

这问题比较难回答：说高帝的字比自己的好，是违心之言；说高帝的字不如自己，又会使高帝的面子搁不住，弄不好还会将君臣关系弄得很糟糕。

王僧虔的回答很巧妙："我的字臣中最好，您的字君中最好。"

高帝领悟了其中的涵义，哈哈一笑，也没有再多问了。

给人面子，也是给自己面子，它既悦人又利己。

生活中，谁都可能有失误或犯错，谁都有可能陷入尴尬的境地。所以，给别人一个面子，是宽容的体现，能显示出一个人的良好修养。

一句或几句包容体谅的话，就可以保住他人的面子，减少对别人的伤害。

当然，一切以"面子"为重，养成死顾面子不讲原则的人生态度也是要不得的。

心平气和的智慧

良好的人际关系是一个人立足于社会的重要资本，更是一个人走向成功所不可或缺的重要因素。当他人处于尴尬境地时，我们给一个面子和"台阶"，维护他的尊严，他一定会对你产生非同一般的好感。而你的举手之劳，也许会对你未来的人生产生积极影响。

第十二章

治家先治"气"，坏脾气是家庭幸福的
头号杀手

　　家庭是一个情绪整体，每个家庭成员之间在情绪上不可能完全独立，必然相互影响，相互感染。某一成员因故产生不良情绪，势必影响家中亲人，也会使他们情绪低落，甚至焦虑不安，而且关系越亲密，感情越深厚，这种影响越大。当我们认清这些道理之后，就不该只把坏脾气看成是个人的私事或小事了。有坏脾气者固然自己是首要的受害者，同时也不免殃及家人。

早一点宽恕，会避免悲剧的发生

　　这是令人羡慕的一对情侣，他们的故事让人深思，让人反省，让人无限感慨。让我们来看看这个故事：

　　男人和女人相爱在校园，她嫁他，这是现代版的七仙女下凡。女人的父亲是那所大学所在地的政府显要，母亲是一家研究所卓有成就的研究员。而男人呢，是一位农民的儿子。但是她却死心塌地地跟了他，放弃亲情和前途跟他回到了他的家乡。两个人在同一个乡村中学里教书。他们很满足，最重要的是她安心现在的生活状况，两相厮守，不慕浮华。

　　由于他的工作出色，又是名牌大学生，很快便脱颖而出。短短10年内，他从教导主任、副校长、教育局副局长、局长直到县长，一帆风顺。当县长那年，他才39岁。对于丈夫的升迁，她感到宽慰，觉得自己当年没有看错人；而他也感谢妻子在他最需要爱情的时候给了他最需要的。

一次酒醉后，一位崇拜他已久的靓丽而年轻的女人主动向他献身。事发后，他诚惶诚恐，觉得对不起自己的妻子。第二次，被他妻子发现了，但是他妻子没有大吵大闹，而是微笑着放那个姑娘走，并且关照她不必太紧张，说着还帮那个吓得脸色铁青的姑娘理好零乱的衣裙。那姑娘走了，她却沉默了，从此不再单独和他说一句话。只有当他的下属来时，或是儿子在家时，她才会和他说话，而且显出十分恩爱的样子。别人一走，她就又变成了"哑巴"。其实他挺后悔的，他知道自己之所以能有今天，妻子的爱是最重要的条件之一。他是爱她的，他为自己的行为感到羞耻，他跪在她的面前，苦行僧式地向她忏悔，请求她饶恕。他这样努力地坚持了12年。12年中，他憔悴不堪。但是无论如何，妻子就是不说话。12年后的一天，妻子第一次主动开口和他说话，她说："我患了乳腺癌，医生说现在部分细胞已经扩散，我时日不长了。"他听完，泪如雨下，他抱住她一遍遍地问："为什么不告诉我，咱们可以找最好的医院去治呀！"他把妻子送到了医院，但一切都已为时太晚。妻子弥留之际，对他说："现在，我承认我错了，这些年，我不应该这样对你。我死以后，你就再找一个合适的女人，一起过吧。"男人号啕大哭。女人死后三个月，男人也去世了。他患的是胃癌，是在一年前的一次体检中发现的，但他也没有告诉她。他临死前对儿子说了一句让儿子莫名其妙的话："你妈妈原谅我了，我死而无憾。"后来，他们的一位医学专家朋友对他们的儿子说："你爸爸和你妈妈的病，都是因心情长期抑郁造成的。假如你妈妈早一点儿表现出她的宽容，事情也许完全是另一种结果……"

故事中的妻子惩罚了丈夫，却以失去自己的幸福和生命为代价。从妻子12年的沉默中，我们能感觉到她滴血的心灵。她受的伤害的确是深重的，她要让丈夫也承受同样的伤痛。而当她醒悟时，生命已不再等待。

人非圣贤，孰能无过？惩罚从来就不能解决问题。婚姻是两个人共同经营的事业，如果出现了漏洞应当及时修补。否则，洞就会越来越大，最后让婚姻的大厦轰然倒塌。

有句俗话说："婚姻如饮水，冷暖自知。"当你原谅了对方时，困在你心里的囚犯便获得了自由。

如果你只是不断地怨恨，那么真正受折磨的人其实是你自己。因为怨恨是一种具有侵袭性的东西，使我们失去欢笑，损害我们的健康。怨恨，伤害更多的是怨恨者自己，而不是被仇恨的人。

心平气和的智慧

"幸福的家庭是相似的，不幸的家庭各有各的不幸。"幸福的家庭中不能缺少包容，正因为包容，才让你爱的人感觉到了你的温情；正因为包容，家里才充满着温馨的气氛；正因为包容，你们的爱情才会走得更深更远。

换位思考，走入他心灵的栖息之地

每天油盐酱醋茶，天天面对，少了激情，少了浪漫，少了先前相互之间的体贴。这种平淡让你错以为自己不再爱对方，可是到头来才觉醒"蓦然回首，那人却在，灯火阑珊处"。

女人有了外遇，要和丈夫离婚。丈夫不同意，女人便整天吵吵闹闹。没有办法，丈夫只好答应妻子的要求。不过，离婚前，他想见见妻子的男朋友。妻子满口答应。第二天一大早，女人便把一个高大英俊的中年男人带回家来。

女人本以为丈夫一见到自己的男朋友必定气势汹汹地讨伐。可丈夫没有，他很有风度地和男人握了握手。然后，他说他很想和她男朋友谈一谈，希望妻子回避一下。女人只得听从丈夫的建议。站在门外，女人心里七上八下，生怕两个男人在屋内打起来。然而结果证明，她的担心完全是多余的。几分钟后，两个男人相安无事地走了出来。

送男友回家的路上，女人忍不住问："我丈夫和你谈了些什么？是不是说我的坏话？"男人一听，停下了脚步，他惋惜地摇摇头说："你太不了解你丈夫了，就像我不了解你一样！"女人听完，连忙申辩道："我怎么不了解他，他木讷，缺少情趣，家庭保姆似的，简直不像个男人。""你既然这么了解他，就应该知道他跟我说了些什么。""说了些什么？"女人非常想知道丈夫说的话。"他说你心脏不好，但易暴易怒，结婚后，叫我凡事顺着你；他说你胃不好，但又喜欢吃辣椒，叮嘱我今后劝你少吃一点辣椒。""就这些？"女人有点吃惊。"就这些，没别的。"听完，女人慢慢低下了头。男人走上前，抚摸着女人的头发，语重心长地说："你丈夫是个好男人，他比我心胸开阔。回去吧，他才是真正值得你依恋的人，他比我和其他男人更懂得怎样爱你。"说完，男人转过身，毅然离去。

自从这次风波过后，女人再也没提过"离婚"二字，因为她已经明白，她拥有的这份爱，就是世界上最好的那份。

每个人都期盼能和生命中的另一半演绎一场轰轰烈烈的爱情，然后在漫长的生活中成为能读懂彼此的知己。但是，生活久了，你会发现，在这个世界上能找个心心相印的异性非常不容易，找个一辈子相依相守的伴侣更是难上加难。

心平气和的智慧

有时候，我们也不该总是对别人寄托太多的期望，总是要求别人去为你做事，体贴你，照顾你，这样，时间久了，自然会给对方带来很大的心理压力，同时也可能会产生逆反心理。试着从对方的角度想一想，从对方的角度出发，你就会发现，原来很多时候的争吵，都是不值得的。多一分理解，你的生活也就多了一分甜蜜。

猜疑、嫉妒是咬噬爱情之树的蛀虫

诗人纪伯伦曾说："恋爱和疑忌是永不交谈的。"

100多年前，拿破仑三世，即巨人拿破仑的侄子，爱上了全世界最美丽的女人——特巴女伯爵玛利亚·尤琴，并且和她结了婚。

他们拥有财富、健康、权力、名声、爱情、尊敬——是一段十全十美的浪漫史。他的爱情从未像这一次燃烧得这么旺盛、狂热。

不过，这样的圣火很快就变得摇曳不定，热度也冷却了——只剩下了余烬。拿破仑三世可以使尤琴成为皇后，但不论是他爱的力量也好，帝王的权力也好，都无法阻止这位法兰西女人的猜疑和嫉妒。

由于她具有强烈的嫉妒心理，竟然藐视他的命令，甚至不给他一点私人的时间。当他处理国家大事的时候，她竟然冲入他的办公室里；当他讨论最重要的事务时，她却干扰不休。她不让他单独一个人坐在办公室里，总是担心他会跟其他的女人亲热。

她常常跑到她姐姐那里，数落她丈夫的不好。她会不顾一切地冲进他的书房，不停地大声辱骂他。拿破仑三世虽然身为法国皇帝，拥有十几处华丽的皇宫，却找不到一个安静的地方。

尤琴这么做，能够得到些什么？莱哈特的巨著《拿破仑三世与尤琴：一个帝国的悲喜剧》中这样写道：

于是，拿破仑三世常常在夜间，从一处小侧门溜出去，头上的软帽盖着眼睛，在他的一位亲信的陪同之下，真的去找一位等待着他的美丽女人，再不然就出去看看巴黎这个古城，放松一下自己压抑的心情。

的确，尤琴是坐在法国皇后的宝座上，也是世界上最美丽的女人。但在猜疑和嫉妒的毒害之下，她的尊贵和美丽并不能保持住她那甜蜜的爱情。

人们常说，恋爱中的人们，智商趋近于零，特别是热恋中的人。

心平气和的智慧

恋爱中最为常见的两种表现是嫉妒过多和猜忌过重，这两种心态，不仅影响爱情的顺利发展，同时也关涉到个人形象问题，它直接损害一个人的自我形象，是有损于爱情生活的。因此，每一个恋爱中的人，都要警惕这两只咬噬爱情之树的蛀虫。

在爱情的天平上,迁就等同于包容

婚姻是人生最重要的结盟。它是心、身和经济的联系,家庭就是最佳的智囊团,当一对夫妇心灵一致、目标一致时,这个无价的结合可以令他们飞向无限的高峰。

每一个成功男人的背后都有一个默默支持他的女人。

香港金王胡汉辉正是这样一位成功而幸运的男人。

胡汉辉与太太杨铭榴在抗日救亡运动中相识后,俩人感情日益深厚。每每讲起自己的太太,胡汉辉就立即变得眉飞色舞。

"我老婆好迁就我。我中意游泳,她不会,就猛学。暑期日日去金银贸易场泳棚苦练。""我家里,除了我再没人吃辣子,但是我就中意川菜,于是她又去学,专煮川菜,同咖喱一起给我吃。她完全适应着我的嗜好。"

那时,胡太太从师范毕业以后,一直在学校教书,后来又做香港的职业学校的女校长,对教育事业很有感情。但胡汉辉的业务日益庞大,便向太太求助,要她先别教书来帮忙。"这样她连退休金都不要,辞了职就来帮我。"

除了这些为了丈夫事业的"牺牲"外,她对胡汉辉事业也有过不小帮助。

胡汉辉是在广州读的书,起初英文知识很有限,而杨铭榴是香港的高才生,所以起初胡汉辉与外商谈判时,身边总少不了太太"保驾",久而久之,她便成了金王得力的"外交大臣"。胡汉辉大富后,她与以前一样,一点没有阔太太的架子,不但持家朴素,上班也依旧坐公交车,也很少披金挂银。

胡汉辉在事业如日中天时因病去世,可以令他含笑九泉的是,他的太太继承了他的事业,并把他的事业推上了一个更高的台阶。

在婚姻中,互相迁就是维系婚姻关系的一项重要原则。对对方的迁就其实也是对对方的一种尊重与欣赏,是相互之间的体谅。这样的婚姻能令双方都有愉悦的心情工作与生活。

中国自古崇尚夫妻间的相敬如宾,举案齐眉,讲的就是夫妻间能够做到相互体谅，互相尊重。在迁就对方的同时，应该保持一定的自我原则，不可事无对错都一味忍让。盲目服从的爱情并不能称其为伟大的爱情，真正的爱情是相爱双方有原则地妥协与体谅，单方面的牺牲，只能造成单方面的爱。

心平气和的智慧

在婚姻里，很多事情分不清对错，但还是要为对方想一想，不要因为自己的任性或是奢华而破坏家庭的幸福。婚姻是爱情的归宿，我们都要学会经营，从心底学会善待对方。

爱情需要温柔的滋润

挖苦和讽刺并不会让婚姻变得幸福，相反，只会使婚姻走向死亡。不过下面的这位夫人，却为我们上了一堂生动的婚姻课。

法国著名微生物学家路·巴斯德，在他27岁时，写信给洛郎先生，向他女儿玛丽小姐求婚。他在信里坦率地说，他家境贫寒，没有财富，算是一个穷汉。同时，他还给玛丽小姐写了一封求爱信，也说明自己很穷，并说："小姐，我要请求您，不要判断得太快。判断得太快是会犯错误的……"3个月后，巴斯德如愿以偿，和玛丽小姐结婚了。

结婚后，巴斯德夜以继日地工作着，忘却了一个丈夫的责任和应有的殷勤。巴斯德从事许多奇异的、似乎愚蠢的实验。巴斯德夫人，整夜地等候着、惊异着……巴斯德确实很穷，工作条件很差，没有助手，连一个洗瓶子的人都没有。巴斯德夫人总是温柔地坐在他的身旁。每晚，她坐在直背椅上，身靠小桌，为他记录科学论文……

巴斯德夫人所做的一切，使巴斯德深深感动，当他问及夫人，同他结婚是不是苦了她，她是不是后悔时，他夫人回答说："结婚前你已经告诉我这一切，我现在更了解了你的一切。"

了解，使巴斯德夫人理解了她丈夫的一切行动。渐渐地，她学会了摘记巴斯德记事簿里的潦草的速记，并整理成文。很快，她的生命也逐渐融入他的工作里去了。

巴斯德结婚后，没有给妻子带来更多的体贴、恩爱和富足，但是，他的夫人对他却那样忠诚，毫无怨言。这种温柔让巴斯德无比感激，也无比珍爱。他虽然还是很忙，但是在忙中总是偷闲来安慰自己的妻子。

爱情需要温柔而非责难，"柔能克刚"这是亘古不变的道理。可是在现实生活中，很多人都擅长责备，擅长给别人施压，而不乐于去用心理解，用心去温润彼此。

也许我们在对方面前表现得很强势，说的话也句句在理，可是对方在保持沉默的同时，一定会产生逆反的心理，甚至于以后不管发生了什么事情，都会刻意地回避我们，不跟我们说。时间久了，夫妻之间就会产生隔阂，甚至形成裂痕。

婚姻生活里，两个人都是平等的，如果一方总是习惯于指责，那么另一方一定会觉得对方贪图的太多，或者对于爱情，一方已经感觉到了厌倦，一旦这样想，另一方就会对生活感觉到疲倦，从而有可能放弃掉了彼此之间的爱情。

心平气和的智慧

只有温柔才能温润爱情，强硬的攻击只会让相爱的人彼此误会，彼此伤害。所以，要想两个人幸福地走在一起，就应该给对方一些理解和鼓励，而非连珠炮似的责难。

家庭是人生的幸福天堂

法国启蒙思想家伏尔泰曾经说过："对于亚当来说，天堂就是他的家；然而对于亚当的后裔来说，家则是他们的天堂。"

聪明的人是懂得如何找到工作和家庭的平衡点的，他们不会为了工作舍弃家庭，使自己变得疲惫、沮丧。当工作和家庭发生矛盾时，聪明人往往把家庭放在第一位，因为他们明白，家庭只有一个，而工作可以再找。

爱琳·詹姆是一个积极主张简单生活的女作家，她说："最近，我和一群拥有'实权'的专业人士聚会。我们谈论到种种休闲时的目标，以及我们是否很少真正地去享受那种属于自己的宁静时刻。我们每个人都在纸上列出我们真正想做的事，这些纸条上的内容大致是：看夕阳，看日出，在海滩上散步，穿过公园，山上旅行，和家人聊天，和另一半度过宁静时光，和孩子度过快乐时光……"

而另一位作家鲍勃也说，他特别喜欢停电，因为每逢这时，他的全家人就会顺应情势，名正言顺地把手上永远做不完的工作停下来。本来各忙各的，各自在自己的房间里读书、写作或温习功课，现在全家都聚集一堂，庆幸多出了一段宽裕的家庭时间。有时听女儿们弹钢琴或拉小提琴；有时关上门一家人一起去散步……

可见，家庭的温馨和亲情的馥郁，永远都是我们最渴望、最迷恋的生活内容。推开那些不必要的应酬和令人头痛的聚会，把更多的时间花费在与家人共处上，这对任何一个有家的人来说都是非常必要的。聪明的人都懂得这其中的道理。

然而，由于现代社会快节奏生活与工作的逼迫，越来越多的人已经变得不再重视家庭了，他们把全部心思都放在工作或应酬上了。他们的钱包是鼓起来了，可是他们幸福吗？从他们疲倦的面容上我们便可以得出答案。

岚就是陷溺于其中的一族。让我们来看看岚的一天。

早8点：来到公司，打开电脑，浏览新闻，处理邮件。

9点：召开15分钟左右的部门工作会议。

9点20分：与客户谈判。

11点：去总经理室参加部门经理会议，商谈公司产品展示会筹备事项。

12点10分：盒饭午餐外加一杯咖啡，在公司解决。

下午2点：赶到飞机场，出差海口两天。

每天总是这样马不停蹄，一年大概有1/3的时间在外奔波。为了这份高薪工作，岚结婚6年了一直不要孩子。岚喜欢这样的生活，她说甚至不知道如果有一天忽然闲下来，自己会是怎样地度日如年。虽然有时她也会不由自主地流露出她的愿望：关了手机和老公去度假，摆脱工作养个宝宝……但她实在舍不得今天这来之不易的职位。

岚精致的妆容后面有掩饰不住的疲惫，这使做出另外一种选择的女人们庆幸：她们的薪水不多，但足够维持自己悠闲但不太富足的生活，工作之余有大量的时光属于自己，让自己有时间和家人共享天伦之乐。工作着快乐着，生活着享受着，决不会因为工作耽误建设自己的美好家庭，耽误自己去细细品味生活中的每一个美好瞬间。这样的女人和岚相比，的确可以算是聪明的女人了。

美国著名的作家马克·吐温说："乘在一条陌生的船上，处在一帮陌生人当中，无论你出多大的价钱都买不到重新回到家里的安宁感。"法国启蒙思想家卢梭也说："家庭是世界最美丽的景象。"德国大诗人歌德则告诉我们："能在自己的家庭中寻求到安宁的人是最幸福的人。"由此可见，无论何时何地，我们都应该把家庭放在第一位！

我们从出生到老去，谁能离得开家的怀抱？谁能挣得脱家那永远不变的炽热情怀？小时候，家是母亲；长大了，家是父亲。我们就是被父亲从鸟笼中放飞，却又被时时牵挂着的那只雏鹰，脆弱而又坚强，翅膀虽稚嫩但却怀有崇高的理想。结婚后，家是妻子那温情脉脉的眼神，家是孩子那甜甜的醉人之吻。再往后，家是子孙绕膝的天伦之乐，是风雨同舟几十载的老伴的唠叨。

只有家才是我们生命中永恒的歌谣。无论我们是在茫茫黑暗中，还是在冰天雪地里，充满祝福与爱的歌声永远会萦绕在我们的耳畔，给我们带来希望，带来真正的温暖！

家，像车船，它默默无言地载着你和你的家人，纵横于高山平原、江河湖海。

家，更像一座大厦：爱是基石，深深地沉在心灵的深处，毫不动摇地承受着一切；宽容是墙壁，无论是严寒还是酷暑，都把你拢在温暖的怀中；尊重是屋顶，狂风、暴雨、寒霜、暑热统统被挡在外面；责任是房梁，横穿时间的始末，成为整个大厦的脊梁；积极是炉火，它使屋内四季如春，舒适宜人；知足是门窗，可以让你看到外面的风景，可以让你走向莺飞蝶舞的丰腴平原，走向日升月落的巅峰绝顶；赞美是吹进来的暖风，它可以使你如沐春光，可以使你更加自信地走向社会。

完美婚姻需要用心呵护

如果只看到太阳的黑子，那你的生活将缺少温暖；如果你只看到月亮的阴影，那么你的生命历程将难以找到光明；如果你总是发现朋友的缺点，你么你的人生旅程将难以找到知音，只看我所有的，不看我所没有的，就能活在阳光里，找到生命的真谛。

有人曾把婚姻分为四种类型：可恶的婚姻、可忍的婚姻、可过的婚姻和可意的婚姻。第一种因为其质量的低劣让人忍无可忍，肯定是要解散的；而最后一种则是理想的婚姻，我们常用一个词来形容：神仙眷侣。但是这种婚姻就像一见钟情的爱情，可遇而不可求。我们的婚姻，大多是可忍或可过的。它是不完美的，有缺陷的，是让人心酸而无奈的，继续下去不甘心，放弃又有太多的牵绊。它是我们心头的一个刺，隐隐地痛着，又拔不去。

放弃可恶的婚姻能轻易为自己找到足够的理由，并因此获得勇气。但放弃可过、可忍的婚姻，则需要一点破釜沉舟的果断。当然，还要有一些冒险精神——谁知道，这是给自己一个机会，还是把自己逼向更危险的悬崖。许多离了数次婚又结了数次婚的人，还是没有找到他们理想的生活伴侣，这样的局面让他们沮丧，甚至没有再试一次的勇气。

现在离婚一般不需要什么理由了，如果非得给自己找理由，那就是："我们在一起，没有感觉。"也许，在我们看来，他们的婚姻至少是风平浪静的，是可以心平气和过下去的，但当事人却觉得快窒息了，要逃离出来。他们是一群完美主义者，他们在寻找一种理想的婚姻状态，他们采取的是一种置之死地而后生的做法——先断掉自己所有的退路之后，再去找一条通向幸福的捷径。

选择婚姻就像是射箭，无论你感觉自己瞄得有多准，在箭射出去之后，它能否正中靶心，谁也不敢肯定。如果当时起了一阵微风，或者箭本身有些小故障。总之，一些不可预知的小意外，常常令结果扑朔迷离。

其实，婚姻是一种有缺陷的生活，那些所谓的完美无缺的婚姻只存在于恋爱时的遐想里。你总希望自己完美无缺，假设你的这一愿望真的能如愿以偿，那么你最大的缺点就是没有缺点。

当然，那些婚姻屡败者也许还固守着这个残破的理想。上帝总有些苛刻，或者说公平，他不会把所有的幸运和幸福降临在一个人身上，有爱情的不一定有金钱，有金钱的不一定有快乐，有快乐的不一定有健康，有健康的不一定有激情。向往和追求美满精致的婚姻，就像希望花园里的玫瑰不会在一个清晨全部怒放。

放弃或破坏婚姻不如建设婚姻。许多被大家看好的婚姻因为当事人的漫不经心、吹毛求疵、急不可耐可能很快就破碎了；而那些在众人眼里并不被看好的婚姻，因为两个人用心、细致、锲而不舍地经营，就如一棵纤弱的树，后来居然能枝繁叶茂、郁郁葱葱。可忍或可过的婚姻大抵也是如此，当事人稍一怠慢，它可能很快就会枯萎、凋零。而双方如果用一种积极的心态去修补、保养、维护，也许奇迹就会发生。

有人说，静物是凝固的美，动景是流动的美；直线是流畅的美，曲线是婉转的美；喧闹的城市是繁华的美，宁静的村庄是淡雅的美。生活中处处都有美，只要你有一双发现美的眼睛，有一颗感悟美的心灵。美满的家庭生活需要悉心经营，我们不仅要爱家人，还要讲究爱的方式和技巧。

心平气和的智慧

婚姻是一座花园，是需要用心呵护和耕耘的，如果随意对待，花园内就会杂草丛生，一片荒芜。而要想花园内四季风景怡人，花草鲜美，你就要成为一个辛勤的园丁，精心地培育这块芳草地。

包容与理解是美满婚姻的保障

婚姻是一份承诺、一份责任，夫妻之间应该互相关爱、互相信任、互相了解、互相包容，要像光一样地照耀对方，像火一般温暖另一半。婚姻需要的是一点点忍让，一点点相依和相知，这样的婚姻才能长久。

曾有人说："不管你是才华横溢，还是富甲一方，就像船只总要靠岸一样，我们每个人都需要一个为自己遮风挡雨的港湾，那便是家。当你快乐时，家是乐园；当你痛苦时，家是心灵的诊所，家的温暖会抚平你那受伤的心。"我们从家庭中得到无尽的真情和关爱，家庭修正着我们的劣性，治疗着我们的创伤。没有家庭，我们便感受不到生命的温馨。然而是不是每一个家庭都充满温馨呢？恐怕不尽然。

家庭的形成，先是由夫妻双方进行结合而开始。没有夫妻就没有子女，也就很难称得上是一个家。所以婚姻的美满是家庭幸福的伊始和关键。一段美好的婚姻能够成全男女双方，因为他们在感情上美满，情绪自然高昂，做起事来也就顺畅，即便遇到困难，但在爱人的鼓励下，也会变得再次充满干劲。而一段失败的婚姻，往往会毁了两个人，甚至整个家庭。

俄国大文豪托尔斯泰和他的夫人都出身名门望族，原本家庭的优越应是每个人都感到自豪的事情，却恰恰成了托尔斯泰与夫人之间产生难以逾越的鸿沟的罪魁祸首。托尔斯泰是历史上著名的小说家之一，他的《战争与和平》和《安娜·卡列尼娜》两部小说，在文坛享誉盛名。

托尔斯泰备受人们爱戴，他的赞赏者甚至于终日追随在他身边，将他所说的每一句话都快速地记了下来。即使他说了一句"我想我该去睡了！"这样平淡无奇的话，也都给记录了下来。除了美好的声誉外，托尔斯泰和他的夫人有财产、有地位、有孩子。他们的结合，似乎是太美满、太热烈，所以他们跪在地上，祷告上帝，希望能够继续赐给他们这样的快乐。然而托尔斯泰渐渐地改变了。他变成了另外一个人，他对自己过去的作品竟然感到羞愧。就从那时候开始，他把剩余的生命贡献于写宣传和平、消弭战争和解除贫困的小册子。他曾经替自己忏悔，自己在年轻时候，犯过各种不可想象的罪恶和过错。他要真实地遵从耶稣基督的教训。他把所有的田地给了别人，自己过着贫苦的生活。他去田间工作、砍木、堆草，自己做鞋、自己扫屋，用木碗盛饭，而且尝试尽量去爱他的仇敌。

托尔斯泰的一生是一幕悲剧，而拉开这幕悲剧的便是他不幸的婚姻。他的妻子喜爱奢侈、虚荣，可是他却轻视、鄙弃这些。她渴望着显赫、名誉和社会上的赞美，可是托尔斯泰对这些却不屑一顾。她希望有金钱和财产，而他却认为财富和私产是一种罪恶。妻子时常吵闹、谩骂、哭叫，因为托尔斯泰坚持放弃他所有作品的出版权，不收任何的稿费、版税。可是，她却希望得到那方面带来的财富。当托尔斯泰反对她时，她就会像疯了似的大喊大叫，倒在地板上打滚。她手里拿了一瓶鸦片烟膏，要吞服自杀，同时还恫吓丈夫，说要跳井。本来托尔斯泰的家庭是非常美满的，然而从妻子开始吵闹的那一刻起，他的心灵从没一刻获得安静。经过48年的婚姻生活后，他已无法忍受再看自己妻子一眼。在某一天晚上，这个年老伤心的妻子渴望着爱情。她跪在丈夫膝前，央求他朗诵50年前他为她所写的最美丽的爱情诗章。当他读到那些描述以往美丽、甜蜜日子的语句，想到现在一切已成了逝去的回忆时，他们都激动地痛哭起来。在托尔斯泰82岁的时候，他再也忍受不住家庭折磨的痛苦，在1910年10月的一个大雪纷飞的夜晚，离开他的妻子走出了家门，走向酷寒、黑暗，不知去向。11天后，托尔斯泰患上了肺炎，病倒在一个车站里。他临死前的请求是，不允许他的妻子来看他。

托尔斯泰的妻子这时才对当初自己的行为感到深深地悔恨。在她临死前，她向她女儿忏悔说："你父亲的去世，是我的过错。"她的女儿们没有回答，而是失声痛哭起来。她们知道母亲说的是实在话。她们的父亲是在母亲不断地抱怨、长久的批评中去世的。

有人曾这样看待家庭中的争吵，笑称它是家庭中"激烈的沟通方式"。其实这种看法不无道理。在每一个家庭中，摩擦不可避免，若是将对彼此的不满都埋在心头，日积月累，便如沉寂的火山在积淀岩流，很有可能在某一天于一个小小的裂缝中进出，然后一发不可收拾。然而这种"激烈的沟通方式"也要选择形式，若是无理取闹，任何人都无法忍受。

心平气和的智慧

夫妻双方偶尔的摩擦实属寻常，毕竟生活是在磨合中度过的，不过婚姻最需要的就是温馨。相互恩爱，相互诚恳，相互理解，相互容忍，付出真情，不杂私心，这才是真正的爱情，才是真正在一纸契约下的婚姻。有了这样的婚姻生活，人们还何愁生活不美满，日子不快乐呢？

婚前睁两只眼，婚后闭一只眼

很多女人都会感慨，结婚以前和结婚以后生活会发生很大的变化，心理上也会跟着发生调整。比如，结婚以前，因为担心自己的未来，总是格外地挑剔自己的另一半。可是结婚以后，就开始专心经营自己的这份感情，慢慢地变得宽容和温柔了。其实，这样做是对的。女人就应该在婚前睁两只眼，婚后闭一只眼，对丈夫宽容，给予他足够的心理空间，这样的婚姻才能幸福。

男人在外打拼，劳累、委屈他都可以不在乎，但他不能失去男人的尊严。许多女孩在谈恋爱时，她们的男朋友可能会用玩笑般的口气告诉她们，在人后我听你的，在人前你可得给我留点面子。确实，男人就是这样好面子的动物。女孩只要不违背原则，暂时委屈一下，给男人一点面子又何妨呢？常言说："量大福大。"大度的女人也更令男人加倍地尊重她。

但是，在现实生活中，有些妻子并不了解男人的这种心理，有时候，自觉不自觉地把在家里的威风也带到家外，当众显示自己对丈夫的管束，自以为很舒服。这样做便会出现两种结果：一是，如果丈夫当众听命于夫人，丈夫就会感到很狼狈，威信扫地，使他们成为交际场合中被人戏弄的对象，这自然有损于他们的交际形象。二是，如果丈夫不满她们的指使，做出反抗的表示，又难免产生矛盾，甚至成为家庭矛盾的导火索。总之，不管哪一种情况，结果都是不好的。造成上述后果都与妻子在公众场合下不注意给丈夫面子有关。

聪明的女人是绝不会这样做的。聪明的女人懂得在什么场合、在什么时候应该给丈夫一点面子，把握这种分寸也是有技巧的。大家不妨把以下几条作为参考。

1. 适当时候不妨示弱

有一位先生在北京开了一家餐馆，生意兴隆。一日餐厅打烊又遇妻子河东狮吼。该先生情急之中逃至桌下，恰好客人返回来寻找丢失的东西，正好撞上，进退两难甚感尴尬。这时八面玲珑的妻子急中生智拍了拍桌子："我说抬，你要扛，正好来帮手了，下次再用你的神力吧！"该先生顺坡下驴直夸夫人想得周到，一场面子危机轻松得到化解。

2. 待他不妨谦和些

对于男人，不要以为你告诉了他，他就会按照你的要求去做，当我们希望得到既定的结果时，一定要考虑对方的接受程度。比如他在刷过牙后总忘记把牙膏盖盖上，你就多说几句"请记得盖上"，而不要向他频频甩出"不要""不准"之类的话语，只有这样，他才会欣然接受，而不会恼羞成怒。

3. 家里家外有所区别

不管你在家里把老公当作电饭煲还是当作吸尘器，一旦涉及他的面子时，一定要小心谨慎，给他足够的面子，才能获得"高额回报"。

4. 不妨陪他一起流泪

其实男人很累，睁开眼便是各种责任和义务，他们不敢承认自己也有非常脆弱、需要关怀的时候。在他志得意满时，请给予他足够的欣赏；当他遭遇了不公和挫折时，不妨陪他一起流泪，然后尽快忘却，旧事不提。

5. 多练心

记住，不是操心是练心，如果你想给足男人面子，要多多练心。你的修养、你的谈吐、你的风韵、你的容颜、你的智慧、你的笑容，都是帮衬男人面子的重要组成部分。要不然只有玉树临风，没有佳人相伴，那面子最外层的金边该怎么贴呢？

总之，妻子给丈夫一点面子，这样做不论对于丈夫的交际形象的树立、还是对于家庭的和睦，都是有益的。

心平气和的智慧

在婚姻中，给丈夫面子，不是让女人委曲求全，而是要给丈夫体面的自尊，这样既有助于家庭和睦，同时女人也会得到丈夫更多的关心和体贴。

夫妻吵架，本没什么成王败寇

关于夫妻之间的争吵，普遍认为这是一件正常的事情——正如马勺碰锅沿。甚至还有人们认为：打是亲骂是爱，不打不骂是祸害。

其实，和谐的婚姻，并不在于两个人志同道合，完全没有争吵，而在于争吵发生后，彼此如何处理与面对，这是婚姻生活中很重要的一门学问。夫妻之间争吵时应遵循以下三个原则：

一是争吵时先调整心情，再处理事情。夫妻吵架往往不在于谁对谁错，而在于双方的心情好坏。心情好，能把坏事看成好事；心情不好，能把好事看成坏事。一些夫妻往往把对方的优点、长处忽略不计，或看作理所当然，而单单斤斤计较对方的缺点、毛病，总是将这些看在眼里，烦在心里，就会挑剔、指责不断，吵架不止。夫妻间如果一方长期被挑剔、否定、指责，一定会导致心情沮丧，想要发泄不快，夫妻吵架就在所难免，而且会由小吵到大吵，由善意转变成恶意。

二是不要企图改变对方，而要先努力改变自己。夫妻之间在一起共同生活，但是二人的兴趣、爱好、性格以及思维模式和行为习惯很少有完全相同的，所以，各自对待生活的态度、处理事情的思想和方法会有很多不同之处。恩爱夫妻都有着共同的特点，都能互相包容和顺应，而不会企图抹杀或改变，更不会企图把自己的兴趣、爱好、思维模式及行为习惯强加给对方。

三是夫妻争吵时不求胜利，只求沟通。夫妻吵架不必争谁输谁赢，只要在吵架中把自己心中的不满"吵"给对方就够了。有时大家说，吵架是一种强烈的沟通形式，因为通过吵架，即使对方没有完全接受你的观点、想法或意见，也已起到了交流感受、想法、意见的作用。尽管吵架是一种被动的沟通，但是，它比夫妻间有气发不出来而闷在心里好得多。

夫妻吵架不求胜利,只求沟通的另一个方面是:"不讲道理"是真道理。因为夫妻吵架,很少由原则问题引起,不必较真。如果凡事都较真,非要争出个谁对谁错来,那么"较真"本身就已经错了。夫妻吵架时,彼此都处在不冷静的状态,脑子一热,什么事都干得出来,什么话也都说得出来。双方却不愿意去考虑:有些事做了,有些话说了,也许是自讨没趣,也许是劳民伤财,也许就会无法收场,也许会给对方的心灵造成永远无法弥补的创伤。

记住,以下的话以及与之相类似的话,属于争吵中的忌语,这些话是最容易伤害夫妻感情的。如果你希望自己的爱情能够天长地久,夫妻能够白头偕老,不管你当时怎样生气与动怒,也不能将之说出口。

(1)窝囊废(真没用)。

(2)跟你结婚真是倒了八辈子霉。

(3)人家好,你就跟人家过去吧。

(4)当初我真是瞎了眼,竟然嫁给你!

(5)要不是看在孩子的份儿上,告诉你,我早和你离婚了,我一分钟都不想在你们家多待!

(6)你给我滚蛋!滚得远远的,我再也不想看见你!

(7)我对你已经绝望了,你爱怎么着就怎么着吧,我不管了,还不行吗?

心平气和的智慧

十全十美的婚姻不是没有,只是极少,所以身处婚姻中的男女没有必要将生活中的吵架当作是一件多么了不得的事情,甚至因此认为你们的婚姻已进入危机,应以一颗平常心对待彼此之间的分歧和争吵。

婚姻如鞋子,只有经过磨合才能合脚

当结束一段感情的时候,我们常常会在好友聚会中抱怨自己为何总是遇人不淑,可是,却没有太多的人会从自己身上寻找原因。

在许多童话故事中经常可以看到这样的情节:公主和王子相恋了,然后结了婚，接下来是"从此以后，就过着幸福快乐的生活"了。然而，现实生活并非如此，在现实生活中我们的家庭是需要经营的，而且需要用心地经营，否则便没有幸福可言。

江天和方惠是自由恋爱，后来"有情人终成眷属"。但是两人却没有像童话故事那般，从此过上了快乐和幸福的生活。结了婚，不知怎么会有那么多的事情要做，有那么多的琐碎要打理，而江天身上更是突然间冒出了许多毛病，让方惠应接不暇。方惠本是满腔热情、心怀憧憬地投入到小家庭建设当中的，可是丈夫经常出现的一些"小打小闹"却似给她当头泼了一盆凉水，浇熄了她的热情，浇灭了她的憧憬。

丈夫在外面时堪称帅哥白领，西服笔挺，干净利落。可回到家里，却"原形毕露"，穿着短裤，光着膀子，甚至一天都不梳头不洗脸。他会把烟灰弹得到处都是，衣物随地乱放。他会小便完不冲水就立即奔到电视机前观看球赛或上网冲浪。他每次看书写文章时，总是把书和纸摊得满屋都是，把原本整洁的房间弄得乱七八糟，让她看到就心烦。好心为他收拾以后，反而引起他的不满，不是哪页纸丢了就是哪本书不见了，总要和她争得面红耳赤。他睡觉时梦话连篇，有时还会"夜半歌声"。有一回睡到半夜，江天不知道梦见了什么暴力事件，突然起腿踹了方惠一脚，差点把她踹到床下。这件件桩桩，真是和他有数不完的气要生。

那天，方惠买了葱回家，本来是想留作葱花用的。可是江天倒好，还没等晚饭出锅，那一捆葱已经被他"报销"得差不多了，早就蘸着大酱吃起来了，他嘴里的那个味道别提多冲了。晚上两个人躺在床上时，他竟还笑嘻嘻地凑了过来，非要搂着她亲热，气得她一把将他推开，跑到客厅里睡去了。

而江天对妻子也是有一肚子的不满，特别是对妻子每次出门时都拖拖拉拉、磨磨蹭蹭的做法很有意见。虽然嘴上没说，心中却老大不舒服，总想找机会刺激一下妻子，消消积怨。

有一天晚上，江天买好了妻子最喜欢的音乐会门票，兴冲冲赶到家里时，方惠正在做晚饭。江天一进门就嚷："快，快，晚饭快别做了，快换好衣服上路。这是你最喜欢的，速度快一点，否则来不及。"方惠听到丈夫把"你最喜欢的"

说得特别响，把"快"强调得非常突出，感到很不自然，没吭一声，继续做饭。

"嗨，你怎么啦，想不想去啊！？"江天看到她不为所动，不由得有点急了。"不想。"方惠冷冷地、轻轻地回答。

这下可惹怒了江天，他满心不平，为了她，他才下班后就急急忙忙赶到音乐厅买票，人多极了，费了九牛二虎之力才买到了两张，又怕误时，打了出租车赶回来，到门口时一着急还差点儿摔了一个跟头，结果落了个吃力不讨好，真倒霉！江天一怒之下，当着妻子的面把门票撕了，丢进了垃圾桶，独自回房看书了。

在这之后，类似的矛盾不断发生，而江天和方惠都没有及时想办法解决，最终导致了他们婚姻的解体。

夫妻关系是一个家庭的基础关系，也可以称得上是家庭关系中最微妙也最难处理的一种关系。两个原本陌生、没有任何渊源的人，只因情投意合，便共同构筑了一个家庭的城堡，心甘情愿地将自己禁锢在了围城之内。可是，两个人毕竟来自不同的环境，拥有不同的背景，要长期地共同生活在一起，自然会产生许多摩擦与碰撞，引起各种矛盾与冲突。所以，夫妻间有一段不合拍的过程是正常的，为生活琐事拌几句嘴、小打小闹是不可避免的。这时应该学会忍耐，不要互相埋怨、数落对方的不是。当双方发生冲突和摩擦时，要设身处地地为对方着想，避免自己在情绪恶劣的状态下做出伤害对方的事情来。

其实现实生活中我们很容易给爱人套上自己想象的帽子，单方面地认为他或她应该怎么样、不应该怎么样，然而我们内心的标准常常只是无端的猜测而已。所以，你应该爱你看上他的那一点，对于不喜欢的方面，要多给予宽容和理解。夫妻在家庭中的地位是平等的，无论是在经济上还是在心理情感方面，都应如此，没有谁理所当然地高出对方一头。

相爱的夫妻间，不论哪一个人都不应盛气凌人地指责对方，而应该在心理上互相接纳，在生活习性上彼此宽容。即使双方性格迥然，情趣相异，但只要相爱，彼此就会有相当大的相容性。

心平气和的智慧

婚姻就像一双鞋子，只有经过一段时间的磨合才能合脚，所以夫妻双方不要怨恨自己找错对象，要明白真正的金婚银婚，多是走过了一个漫长的磨合之路。

低头的瞬间成全了爱

如果走在一起的两个人，个性完全不同，那么婚姻中总会出现各式各样的摩擦，夫妻之间也一直矛盾不停，麻烦不断。琐碎的事情是最折磨人的，稍微处理不当，就可能引发更大的麻烦，甚至可能会影响到正常的婚姻生活。

其实，夫妻之间的问题很多都是因为彼此都不愿意让步，不愿意先向对方低头，所以才将问题越积累越多，到了最后陷入了无法挽回的地步。所以，如果真正地爱对方，想要跟对方一起幸福地生活下去，就要先学会向对方低头。

1983年的冬天，一对夫妇的婚姻正濒于破裂的边缘。为了重新找回昔日的爱情，他们打算来一次浪漫之旅，如果能找回就继续生活，如果不能就友好分手。他们来到加拿大魁北克的一条南北走向的山谷。这个山谷没有什么特别之处，唯一能够引起人们注意的是它的西坡长满松、柏、女贞等树，而东坡只有雪松。这一奇异景观是个谜，许多地质学家一再对其进行研究，都一直没有令人满意的结论。

晚上的时候，突然下起了大雪。这对夫妇支起了帐篷，望着满天飞舞的大雪，发现由于特殊的风向，东坡的雪总比西坡的雪来得大，来得密。不一会儿，雪松上就落了厚厚的一层雪。不过当雪积到一定的程度，雪松那富有弹性的枝丫就会向下弯曲，直到雪从枝上滑落。这样反复地积、反复地弯、反复地落，雪松完好无损。可其他的树因没有这个本领，树枝被压断了。西坡由于雪小，总有些树挺了过来，所以西坡除了雪松，还有松、柏和女贞之类。

帐篷中的妻子发现了这一景观，对丈夫说："东坡肯定也长过杂树，只是不会弯曲才被大雪摧毁了。"丈夫点头称是。少顷，两人像突然明白了什么似的，紧紧拥抱在一起。

对于婚姻的压力要尽可能地去承受，在承受不了的时候，学会"弯曲一下"，像雪松一样让一步，这样就不会被压垮。婚姻中，不要总是去苛求对方做到完美，因为你也不是完美的，向他（她）低一下头，你们的婚姻就会自有一番风景。

在中国，大男子主义的作风成为爱情婚姻中一道不和谐音符。很多男人都觉得自己的任何做法都是无可挑剔的，所以若是和妻子发生争执，那也必须是妻子先低头，不然自己就太没面子了。可是妻子也会有自己的委屈，她们也在希望丈夫能够给予理解。这个时候，如果相互之间没有一个人肯低头认错，那么无疑会让僵持的氛围一直延续。时间长了，自然会影响夫妻之间的感情。

当然，在现实生活中，不理解丈夫的妻子也大有人在。她们只是一味追求家庭幸福、夫妻美满，沉醉于卿卿我我的夫妻生活中，对丈夫一心想干好事业的思想不怎么理解，对丈夫兢兢业业为事业操劳的行动不理解，埋怨丈夫回家晚，埋怨丈夫不知道买家具，甚至同丈夫吵架，不体谅丈夫，使丈夫的精力不能集中。做女人的要知道，一些男人之所以那么钟爱自己的妻子，就是因为他感到妻子很理解自己，体谅自己，支持自己。有的男人说："最了解我的是妻子，最支持我的也是妻子。"

心平气和的智慧

生活中，我们已经活得很累了，不管是男人还是女人，都不容易。当感受到对方已经身心疲惫的时候，就应该低下头去，握住对方的手，用自己的体贴温暖对方。虽然有时候，问题的发生并不是我们故意的，或者能够导致矛盾的产生，也不完全是我们的错，但是能够在对方疲惫的时候，给予一点体贴和谅解，才能更加温润彼此脆弱的心。

欣赏你的爱人

婚姻中大妻双方要相互欣赏，欣赏会使夫妻间的爱越来越醇厚。

有一位画家以其作品富有生命气息而闻名，同时代的画家无人能比。他运用色彩的技巧非同一般。人们看了他的画，都说他画得活灵活现、栩栩如生。

的确，他绘画技艺娴熟。他画的水果似乎在诱你取食，而他画布上开满春花的田野让你感觉身临其境，仿佛自己正徜徉在田野中，清风拂面，花香扑鼻。他画笔下的人，简直就是一个有血有肉、能呼吸、有生命的人。

一天，这位技艺出众的画家遇见了一位美丽的女士，心中顿生爱慕之情。他细细打量她，和她攀谈，越来越有好感。他对她一片赞扬，殷勤关怀，无微不至，女士终于答应嫁给他。

可是婚后不久，这位漂亮的女士就发现丈夫对她感兴趣原来是从艺术出发而非来自爱情，他投入地欣赏她身上的古典美时，好像不是站在他矢志终身相爱的爱人面前，而是站在一件艺术品前。不久，他就表示非常渴望把她的稀世之美展现在画布上。

于是，画家年轻美丽的妻子在画室里耐心地坐着，常常一坐就是几个小时，毫无怨言。日复一日，她顺从地坐着，脸上带着微笑，因为她爱他，希望他能从她的笑容和顺从中感受到她的爱。

有时她真想大声对他说："爱我这个人，要我这个女人吧，别再把我当成一件物品来爱了！"但是她却没有这样说，只说了些他爱听的话，因为她知道他画这幅画时是多么快乐。画家是一位充满激情，既狂热又郁郁寡欢的人。他完全沉浸在绘画中的时候便能只看见他想看见的东西。他一点都没有发现，也不可能发现，尽管她微笑着，但她的身体却在衰弱下去，内心正在经受着折磨。他没有发现，画布上的人日益鲜润美好，而他可爱模特脸上的血色却在逐渐消退。

这幅画终于接近尾声了，画家的工作热情更为高涨。他的目光只是偶尔从画布移到仍然耐心地坐着的妻子身上。然而只要他多看她几眼，看得仔细些，就会注意到妻子脸颊上的红晕消失了，嘴边的笑容也不见了，这些全部被他精心地转移到画面上去了。

又过了几周，画家审视自己的作品，准备做最后的润色——嘴巴还需用画笔轻轻抹一下，眼睛还需仔细地加点色彩。

女士知道丈夫几乎已经完成了他的作品，精神抖擞了一阵子。当画家画完最后一笔时，倒退了几步，看着自己巧手匠心在画布上展示的一切，画家欣喜若狂！

他站在那儿凝视着自己创作的艺术珍品，不禁高声喊道："这才是真正的生命！"说完他转向自己的爱人，却发现她已经死了。

画家的悲剧在于，他不会欣赏妻子的温情与美丽。婚姻不是工作，画家忘记了在婚姻中他是丈夫，却在用职业的眼光欣赏妻子，而那不是她需要的欣赏，她需要的是对方的爱。

生活中的小事，往往能让我们理解何为欣赏的真谛。

心平气和的智慧

欣赏对方想让你欣赏的那部分，这就是学会欣赏的诀窍。她对你展现出柔情妩媚、风情万种，你就欣赏并赞美她的柔情；他对你表示出关心、关爱，你就赞美和欣赏他的细心体贴；他对你宽容放纵，就不失时机地夸奖他的雍容大度……

用包容的心去对待你的伴侣

为什么情人眼里出西施？你可以说是热切的感情蒙蔽了理智的双眼，所以对方的一切瑕疵都可以视而不见，一切错误都可以被包容。而反过来，如果你能始终拥有一颗宽容的心，包容对方的缺点和纰漏，那么你不是一样拥有了这双"情人的眼"？而夫妻双方都用情人的眼睛互相看待，婚姻才能持久保鲜。

挑剔对方的瑕疵可能是婚姻最大的敌人之一。当夫妻双方都失去了情人眼，看到的都是对方的缺点和不尽如人意的地方，那么就会产生厌恶感。久而久之，你会变得更加挑剔，而你们的婚姻也会岌岌可危。而明智的婚姻守护者懂得如何包容对方。

英国著名政治家狄斯瑞利是在35岁时才向一位有钱的、比他大15岁的寡妇恩玛莉求婚的，恩玛莉既不年轻也不美貌，更不聪明，她说话充满了使人发笑的文字上的与历史上的错误。例如，她"永远不知道希腊人和罗马人哪一个在先"，她对服装的品位古怪，对屋舍装饰的品位奇异，但狄斯瑞利也同样地没有过分挑别这些。无论恩玛莉在公众场所显出如何无意识，或没有思想，狄斯瑞利永不批评她；他从未说过一句责备的话；如果有人讥笑她，他立即起来忠诚地护卫她。

狄斯瑞利也并不是毫无瑕疵的，但30年的婚姻生活中，恩玛莉也从未厌倦谈论她的丈夫，她总是在不断地称赞他。恩玛莉也常常幸福地告诉他与她的朋友们："谢谢他的恩爱，我的一生简直是一幕很长的喜剧。"正如美国著名的心理学家詹姆斯所说的："与家人交往，第一件应学习的是，不要只注意对方的瑕疵，如果那些东西并不是激烈得与我们相冲的话。"

让自己在婚姻里变得更有包容心的几种方法：

1. 想他所想

当你们发生摩擦时，设身处地地站在对方的立场上想想，你会发现也许自己也有50%的责任。认识到他并不是所有麻烦的制造者，会让你减少对他的责怪。

2. 求同存异

没有人是和你受过完全相同的教育和有着完全相同的生活经历的，每个人都会以自己的方式去行事或以自己的观念去考虑和评价问题，要承认有与你不同想法的好人是存在的。而你的另一半自然也是如此。他不可能总是与你持同样的想法，所以有些时候如果意见不同就随它去。

3. 在例数他的缺点之前，先罗列他的优点

婚姻中，妻子往往喜欢数落丈夫的种种不是。当你也有这样的想法时，请先想一想他的优点。不要以"他一无是处"为借口，每个人都有优点。当你能正视这些优点时，你也才能客观地与他谈论他的缺点，而不会让他觉得你在无理取闹。

心平气和的智慧

对你的伴侣多一些宽容，人的生活中就会多一分阳光，多一分温暖。宽容你的伴侣就是解放自己。只要我们远离妒忌和怨恨，就会远离痛苦、绝望和愤怒。

第十三章

心宽路更宽，好心态让你迅速
走出失败的沼泽

　　人生有顺境也有逆境，不可能处处是逆境；人生有巅峰也有谷底，不可能处处是谷底。因为顺境或巅峰而趾高气扬，因为逆境或低谷而垂头丧气，都是浅薄的人生。面对挫折，如果只是一味地抱怨、生气，那么你注定永远是个弱者。一位哲人说过："你的心态就是你的主人。"我们不能控制自己的遭遇，却可以控制自己的心态；我们不能改变别人，却可以改变自己。其实，人与人之间并无太大的区别，真正的区别在于心态。所以，一个人成功与否，主要取决于他的心态。

每一条成功之路都会有挫折

　　每一条成功之路都会有挫折，没有谁能够真正地一帆风顺。

　　荣膺"世界十大知名美容女士""国际美容教母"称号的香港蒙妮坦集团董事长郑明明在谈起自己的成功时，说这要得益于父亲的"不倒翁理论"："我父亲很爱玩不倒翁，他说，奋斗的过程，会不断碰到一大堆困难，只要像不倒翁一样不断站起，理想就会实现。"也正是这样一种信念激励着她在悲观失望的时候，能够勇敢地站起来，重新开始。

　　1973 年，郑明明经历了事业上的一次重大挫折。当时，她的"贵夫人"化妆品已经在印尼打开了市场。就在雅加达分支机构即将开张时，一场大火将存放化妆品的仓库毁于一旦，她因此耗光了老本还欠了银行一屁股的债。那时，郑明明觉得上天太不公平了！她不仅两手空空，脑海里也似乎空荡荡的了。她在床上躺了两天，不吃也不喝，只想抱怨。就在她极度悲观的时候，她想起了父亲的"不倒翁理论"。她思来想去，没有别的办法，也没有别的路可走，只有依靠自己的双手重新创造一切，把失去的一切再补回来。

事后整整一年，郑明明在香港的店里带领大家埋头苦干，白天做生意，晚上教学生，谢绝一切应酬，一切从简，每天只限一个半小时处理私事，其余除了吃饭、睡觉全部花在工作上。在一次又一次克服困难之后，她理解了苦难的意义。一年以后，她终于还清了银行贷款，手上逐渐有了积蓄，脸上的阳光驱散了阴影。

挫折似乎是人生必备的大餐，经历过挫折后人才会成长。每个人的一生都会经历很多挫折，而对挫折的认知水平决定了人们未来的发展，我们可以这样说，问题不在于发生了什么，而在于如何对待它。

一个极度渴望成功的年轻人却在他短短的人生旅途中接二连三地受到打击和挫折，他处于崩溃的边缘，几乎就要绝望了。苦闷的他仍然心有不甘，在彷徨和迷茫中，去请教了一位智者。

见到智者后，他很恭敬地问："我一心想有所成就，可总是失败，遇到挫折。请问，到底怎样才能成功呢？"

智者笑笑，转身拿出一个东西递给年轻人，他吃惊地发现躺在自己手心的竟然是一颗花生。年轻人困惑地望着智者。

智者问道："你有没有觉得它有什么特别之处呢？"

年轻人仔细地观看了一番，仍然没有发现它和别的花生有什么差别。

"请你用力捏捏它。"智者见年轻人没有说话，接着说。年轻人伸出手用力一捏，花生壳被他捏碎了，只有红色的花生仁留在了手中。

"请你再搓搓它，看看会发生什么事。"智者又说，脸上带着微笑。

年轻人虽然不解，但还是照着他的话做了，就在他轻轻地一搓之中，花生红色的皮脱落了，只留下白白的果实。

年轻人看着手中的花生，不知智者是何意思。

"再用手捏它。"智者又说。

年轻人用力一捏，他发觉他的手指根本无法将它捏碎。

"用手搓搓看。"智者说。

年轻人又照做了，当然，什么也没搓下来。

"虽屡遭挫折，却有一颗坚强、百折不挠的心，这就是成功的一大秘密啊！"智者说。

年轻人蓦然顿悟：遭遇几次挫折就要崩溃、绝望了，这样脆弱的心理又怎么能够成功呢？从智者那里出来，他又挺起了胸膛，心中充满了力量。

俗话说："山不转，路转；路不转，人转。"我国古书《易经》上也说："穷则变，变则通。"的确，天无绝人之路，上天总会给有心人一个反败为胜的机会。

我们在做某一件事之前，应该对自己的行为以及能力进行切合实际的评估，预先设想可能会发生的种种状况以及应对的方法。这样的话，即使遭遇挫折也不会太过慌张。如果所遇到的困难是没有预想到的，也不要急躁行事或唉声叹气、怨天尤人，乐观地面对、积极地解决问题才是最重要的。

心平气和的智慧

只要你已经尽了最大努力去干一件事，即使最终失败了也没有关系。过程比结果更重要。但是无论如何，绝对不能失去重新开始一切的勇气。

人生的挫折不能省略

在人生的岔道口面前，若你选择了一条平坦的大道，你可能会拥有一个舒适而享乐的青春，但你可能失去一个很好的历练机会；若你选择了坎坷的小路，你的青春帽许会充满痛苦，但人生的真谛也许就此被你知晓。

蝴蝶的幼虫是在一个洞口极其狭小的茧中度过的。当它的生命要发生质的飞跃时，这个天定的狭小的通道对它来讲无疑成了"鬼门关"，那娇嫩的身躯必须竭尽全力才可以破茧而出。许多幼虫在往外冲杀的时候力竭身亡，不幸成了飞翔的悲壮祭品。

有人怀了悲悯恻隐之心，企图将那幼虫的生命通道修得宽阔一些。他们用剪刀把茧的洞口剪大，这样一来，所有受到帮助而见到天日的蝴蝶都不是真正的精灵——它们无论如何也飞不起来，只能拖着丧失了飞翔功能的双翅在地上笨拙地爬行！原来，那"鬼门关"般的狭小茧洞恰恰是帮助蝴蝶幼虫两翼成长的关键所在。穿越的时候，通过用力挤压，血液才能被顺利输送到蝶翼的组织中去；唯有两翼充血，蝴蝶才能振翅飞翔。人为地将茧洞剪大，蝴蝶的双翅就没有了充血的机会，爬出来的蝴蝶便永远与飞翔绝缘。

人成长的过程恰似蝴蝶的破茧过程，在痛苦的挣扎中，意志得到磨炼，力量得到加强，心智得到提高，生命在痛苦中得到升华。当你从痛苦中走出来时，就会发现，你已经拥有了飞翔的力量。如果你没有经受挫折，也许你就会像那些受到"帮助"的蝴蝶一样，萎缩了双翼，平庸一生。

有个渔夫有着一流的捕鱼技术，被人们尊称为"渔王"。依靠捕鱼所得的钱，"渔王"积累了一大笔财富。然而，年老的"渔王"却一点也不快活，因为他三个儿子的捕鱼技术都极其一般。

于是他经常向人倾诉心中的苦恼："我真想不明白，我捕鱼的技术这么好，我的儿子们为什么这么差？我从他们懂事起就传授捕鱼技术给他们，从最基本的东西教起，告诉他们怎样织网最容易捕捉到鱼，怎样划船最不会惊动鱼，怎样下网最容易'请鱼入瓮'。他们长大了，我又教他们怎样识潮汐、辨鱼汛……凡是我多年辛辛苦苦总结出来的经验，我都毫无保留地传授给他们，可是他们的捕鱼技术竟然赶不上技术比我差的其他渔民的儿子！"

一位路人听了他的诉说后，问："你一直手把手地教他们吗？"

"是的，为了让他们学会一流的捕鱼技术，我教得很仔细、很有耐心。"

"他们一直跟随着你吗？"

"是的，为了让他们少走弯路，我一直让他们跟着我学。"

路人说："这样说来，你的错误就很明显了。你只是传授给了他们技术，却没有传授给他们教训，对于才能来说，没有教训与没有经验一样，都不能使人成大器。"

人们往往把外界的折磨看作人生中纯粹消极的、应该完全否定的东西。当然，外界的折磨不同于主动冒险，冒险有一种挑战的快感，而我们忍受折磨总是迫不得已的。但是，人生中的折磨总是完全消极的吗？清代金兰生在《格言联璧》中写道："经一番挫折，长一番见识；容一番横逆，增一番器度。"由此可见，那些挫折和横逆的折磨对人生不但不是消极的，而是一种促进成长的积极因素。如果一路都是坦途，那只能像渔夫的儿子那样，沦为平庸之人。

你还在遭受工作的折磨吗？

你还在遭受老板和上司的折磨吗？

你还在遭受失恋的折磨吗？

你还在遭受家人和师长的折磨吗？

你还在遭受病痛的折磨吗？

……

如果你现在还在遭受这样那样的折磨，你就该庆幸，因为命运给了你战胜自我、升华自我的机会。换一种眼光来看待这些折磨吧，感谢那些在工作和生活上折磨你的人，你就会获得幸福。唯有以这种态度面对人生，才能获得真正的成功。

心平气和的智慧

　　生命是一次次的蜕变过程。唯有经历各种各样的折磨，才能拓展生命的宽度。通过一次又一次与各种折磨握手，历经反反复复的较量，人生的阅历就在这个过程中日积月累、不断丰富。

惨败的局面是大捷的前奏

在人们看来往往悲惨的局面，却被命运安排成了大捷的前奏。许多时候，眼前的悲惨并不是最终的结果，只有等到所有事情的结束，幸运才会凸显出来。

一天夜里，一场雷电引发的山火烧毁了美丽的"万木庄园"，这座庄园的主人迈克陷入了一筹莫展的境地。面对如此大的打击,他痛苦万分,闭门不出,茶饭不思,夜不能寐。

转眼间,一个多月过去了,年已古稀的外祖母见他还陷在悲痛之中不能自拔,就意味深长地对他说:"孩子,庄园成了废墟并不可怕,可怕的是,你的眼睛失去了光泽,一天一天地老去。一双老去的眼睛,怎么能看得见希望呢?"

迈克在外祖母的劝说下,决定出去转转。他一个人走出庄园,漫无目的地闲逛。在一条街道的拐弯处,他看到一家店铺门前人头攒动。原来是一些家庭主妇正在排队购买木炭。那一块块躺在纸箱里的木炭让迈克的眼睛一亮,他看到了一线希望,急忙兴冲冲地向家中走去。在接下来的两个星期里,迈克雇了几名烧炭工,将庄园里烧焦的树木加工成优质的木炭,然后送到集市上的木炭经销店里。

很快,木炭就被抢购一空,他因此得到了一笔不菲的收入。他用这笔收入购买了一大批新树苗,一个新的庄园初具规模了。

几年以后,"万木庄园"再度绿意盎然。

灾难会让懦弱的人颠簸,却不会让有勇气的人倒下去。而眼前的悲惨,只是命运给懦弱的人制造的一种假象,因为只要我们有勇气再向前一步,就可能等到大捷的结果。

懦弱的人是看不到成功的,更不会从失败中获得甜美的成果。因为成功是从不断的挫折和失败中建立起来的,它不仅是一种结果,更是一种不怕失败,在磨难中永不屈服的能力。

松下幸之助说:"成功是一位贫乏的教师,它能教给你的东西很少;我们在失败的时候,学到的东西最多。"因此,不要害怕失败,失败是成功之母。没有失败,你不可能成功。那些不成功的人是永远没有失败过的人。

若每次失败之后都能有所"领悟",把每一次失败都当作成功的前奏,那么就能化消极为积极,变自卑为自信。作为一个现代人,应具有迎接失败的心理准备。世界充满了成功的机遇,也充满了失败的风险,所以要树立持久心,以不断提高应付挫折与干扰的能力,调整自己,增强社会适应力,坚信失败乃成功之母。

在成功的道路上难免会遭遇坎坷和曲折,有些人把痛苦和不幸作为退却的借口，也有人在痛苦和不幸面前寻得复活和再生。只有勇敢地面对不幸和超越痛苦，永葆青春的朝气和活力，用理智去战胜不幸，用坚持去战胜失败，我们才能真正成为自己命运的主宰，成为掌握自身命运的强者。

要战胜失败所带来的挫折感，就要善于挖掘、利用自身的"资源"。当今社会已大大增加了这方面的发展机遇，只要敢于尝试，勇于拼搏，就一定会有所作为。虽然有时个体不能改变"环境"的"安排"，但谁也无法剥夺其作为"自我主人"的权利。

你是否在遭遇困难与痛苦时，总是认为自己根本无力承担，更没有办法去解决？假若你这样认为，就是极大的错误。就像文中的迈克一样，如果他在失去一切后没有积极思考，没有想办法克服重重困难，那也就不会有后来辉煌的人生。你有相当好的经历，而且也有着丰富、宝贵的才华，为什么发生在你身上的事，就无法解决呢？其实，最主要的还在于，你是否能够在面对困难的时候，既不被眼前的悲惨局面迷惑，也不为可能面临的失败感到沮丧，而是正视困境，寻求解决的办法，坚忍执着地走下去。

心平气和的智慧

只有经历了风雨的彩虹才会放出美丽的光彩，只有从困境中走出的人才是真正的强者。

信心面前，什么困难都会溃退

只要有信心，你就能移动一座山。只要坚信自己会成功，你就能成功。

宋朝，有一段时期战争频繁，国患不断，大将军狄青带领人马杀赴疆场，不料自己的军队势单力薄，寡不敌众，被困在小山顶上，眼看将被敌军吞没。就在士气大减，甚至将要缴械投降之际，大将军狄青站在大家面前说："士兵们，看样子我们的实力是不如人家了，可我却一直都相信天意，老天让我们赢，我们就一定能赢。我这里有9枚铜钱，向苍天企求保佑我们冲出重围。我把这9枚铜钱撒在地上，如果都是正面，一定是老天保佑我们；如果不全是正面的话，那肯定是老天告诉我们不会冲出去的，我就投降。"

此时，士兵们闭上了眼睛，跪在地上，烧香拜天祈求苍天保佑，这时狄青摇晃着铜钱，一把撒向空中，落在了地上，开始士兵们不敢看，谁会相信9枚铜钱都是正面呢！可突然一声尖叫："快看，都是正面。"大家都睁开了眼睛往地上一看，果真都是正面。士兵们跳了起来，把狄青高高举起喊道："我们一定会赢，老天会保佑我们的！"

狄青拾起铜钱说："那好，既然有苍天的保佑，我们还等什么，我们一定会冲出去的！各位，鼓起勇气，我们冲啊！"

就这样，一小队人马竟然奇迹般战胜了强大的敌人，突出重围，保住了有生力量。过些时候，将士们谈起了铜钱的事情，还说："如果那天没有上天保佑我们，我们就没有办法出来了！"

这时候狄青从口袋掏出了那9枚铜钱，大家竟惊奇地发现，这些铜钱只有正面的！

虽然只是几枚小小的铜钱，却让这小队人马的命运因此而改变。细细体味故事时，我们能够醒悟到，战斗胜利的根源其实是在于：信心。

信心比金钱、势力、出身、亲友更有力量，是人们从事任何事业的最可靠的资本。拥有信心能让你排除各种障碍、克服种种困难，能使事业获得完满的成功。有的人最初对自己有一个恰当的估计，坚信能够处处胜利，但是一经挫折，他们却又半途而废，这是因为他们自信心不坚定的缘故。所以，树立了自信心，还要使自信心变得坚定，这样即使遇到挫折，也能不屈不挠、向前进取，绝不会因为一时的困难而放弃。

心平气和的智慧

那些成就伟大事业的卓越人物在开始做事之前，总是具有充分信任自己能力的坚定自信心，深信所从事之事业必能成功。这样，在做事时他们就能付出全部的精力，破除一切艰难险阻，直达成功的彼岸。

不要灰心，除非你达到目的

探险家大卫·利文斯顿曾经说过："不管我的前方面临的是什么，我都不会灰心，除非我达到了自己的目的。"因为这种精神，他在一次又一次的探险中发掘出了别人不曾看到的价值，并给后人留下了非常宝贵的精神财富。

不管做任何的事情，都可能会遇到困难，尤其是我们确定了生活的目标，朝着一个方向迈进的时候，困难总是会阻隔我们前行的脚步。这时候，如果我们没有坚定的信念和锲而不舍的精神，那么我们将一事无成。

在美国，有一位穷困潦倒的年轻人，即使在身上全部的钱加起来都不够买一件像样的西服的时候，仍全心全意地坚持着自己心中的梦想，他想做演员，拍电影，当明星。

当时，好莱坞共有500家电影公司，他逐一数过，并且不止一遍。后来，他又根据自己认真划定的路线与排列好的名单顺序，带着自己写好的为自己量身定做的剧本前去拜访。但第一遍下来，所有的500家电影公司没有一家愿意聘用他。

面对百分之百的拒绝，这位年轻人没有灰心，从最后一家被拒绝的电影公司出来之后，他又从第一家开始，继续他的第二轮拜访与自我推荐。

在第二轮的拜访中，500家电影公司依然拒绝了他。

第三轮的拜访结果仍与第二轮相同。这位年轻人咬咬牙开始他的第四轮拜访，当拜访完第349家后，第350家电影公司的老板破天荒地答应愿意让他留下剧本先看一看。

几天后，年轻人获得通知，请他前去详细商谈。

就在这次商谈中，这家公司决定投资开拍这部电影，并请这位年轻人担任自己所写剧本中的男主角。

这部电影名叫《洛奇》。

这位年轻人的名字就叫席维斯·史泰龙。现在翻开电影史，这部叫《洛奇》的电影与这个日后红遍全世界的巨星皆榜上有名。

在史泰龙的身上，我们看到了一种百折不挠的精神和勇气，也正是因为这种坚持，他才取得了最后的胜利。可是在生活中，我们很多人都不曾有他这种对于梦想的执着和坚持到底的信念。当我们开始确立梦想的时候，可能会面对很多的困难。这些困难让我们感到沮丧，于是我们在浅浅地尝试了之后，就放弃了自己的梦想。

其实，这样的做法是不对的。当困难来袭的时候，就灰心丧气，把曾经的梦想看作是一场不经意的游戏，意味着你永远都不可能接近成功。

成功是需要持之以恒地去追求的，即使是名人也不例外。大歌唱家鲁宾斯坦曾说过："若是我一天不练嗓子，我自己会觉得诧异；若是我两天不练嗓子，我的朋友会觉得诧异；若是我三天不练嗓子，所有人都会觉得诧异。"同理：如果经历了一次放弃，我们就离成功远了一步，两次三次之后，我们就再也不会追上成功的脚步了。

心平气和的智慧

在困境面前，不要灰心，更不要沮丧，而应该一直坚持，直到你达成自己的目的。

相信积极思想的力量

2008 年年底，在一片肃杀的气氛中，美国华尔街三一教堂忽然热闹了起来，穿着西装、提着公文包来祷告的信徒越来越多。"对比前几年，现在金融从业者来教堂的数量有所回升，"牧师马克·琼斯说，"这不足为奇，因为人们不知道他们明天是否还在位。"在此后几周内，这个教堂举办了讲习班和研讨会，主题包括"在不确定时期如何应对压力"和"职业生涯导航"等。与此同时，梵蒂冈圣彼得教堂的神父彼得·麦迪根也发现来祷告的人数逐渐多了起来，他说："过去几天，人们焦虑和不安的情绪非常严重。面对暗淡的前景，能帮助我们渡过困境的就是信念。"

英国思想家、哲学家斯图尔特·米尔曾说过："一个有信念的人，所发出来的力量，不亚于 99 位仅心存兴趣的人。"这也就是为何信念能使人渡过难关，并开启卓越之门的缘故。由此可见，困境之下，由信念所带来的信心就是一剂灵丹妙药，即使它不能在短期内帮我们解决燃眉之急，但却能给我们心灵带来慰藉，给我们生活带来力量，帮助我们积极乐观地前行。有了信心的指引，生活中的任何磨难都会变得微不足道。

这是一个发生在美国内战期间最奇特的故事。

那个时候的艾迪太太认为生命中只有疾病、愁苦和不幸。她的第一任丈夫，在他们婚后不久就去世了；她的第二任丈夫抛弃了她，和一个已婚妇人私奔，后来死在一个贫民收容所里。她只有一个儿子，却由于贫病交加，不得不在 4 岁那年就把他送走了。她不知道儿子的下落，整整 31 年都没有再见到他。

她生命中戏剧化的转折点，发生在马萨诸塞州的林恩市。一个很冷的日子，她在城里走着的时候，突然滑倒了，摔倒在结冰的路面上，而且昏了过去。她的脊椎受到了伤害，不停地痉挛，甚至医生也认为她活不久了。医生还说即使是奇迹出现而使她活命的话，她也绝对无法再行走了。

躺在一张看来像是送终的床上，艾迪太太打开她的《圣经》。

她后来说，耶稣的这几句话使她产生了一种力量，一种信仰，一种能够医治她的力量。使她"立刻下了床，开始行走"。

"这种经验，"艾迪太太说，"就像引发牛顿灵感的那只苹果一样，使我发现自己怎样好了起来，以及怎样能使别人也做到这一点。我可以很有信心地说：一切的原因就在你的思想，而一切的影响力都是心理现象。"

这不是神话，也不是偶然。我们活得越久，就越深信信心的力量。生命中总有一些转折点，抓住这样一个转折点，我们的人生就会有突破和进展。

信心不能给我们需要的东西，却能告诉我们如何得到。给自己一个信心，你的生活就会多一分希望。

真的，世界上没有任何力量能像信心那样影响我们的生活。人生到底是喜剧收场还是悲剧落幕，是成功辉煌还是黯然神伤，全在于你是否拥有信心。一个没有信心的人，就好比少了马达的渡轮，注定要在汪洋中沉没。

在竞争激烈、强手如林的现代社会，我们总有陷入困境的时候，或事业不顺，或经济困窘，这时，我们就应该把消极悲观扔在背后，满怀信心地积极争取，这样才有希望和机会渡过难关。这个世界上，所有的成功者无一例外都是满怀信心的人，都是坚信自己可以成功的人，都是在任何时候也不放弃自己的人。一个失去信心的人，没有办法全力以赴，自然也就成了一个失败者。

心平气和的智慧

信心是决定我们潜能发挥程度的关键，有信心在人生之路上为你牵引，无论你身处什么样的艰难境地，你都能克服，最终走出不利局面。

不要性急地想跑在失败的前面

生活里，很多人害怕面对失败，所以在还没有失败的结果出现以前，自己就先放弃了。这样的人注定了会一事无成，因为纵观世界上那些成功人士的生平经历就会发现，那些声振寰宇的伟人，都是在经历过无数的失败后，又重新开始拼搏才获得最后的胜利的。

1510 年，帕里斯出生在法国南部，他一直从事玻璃制造业，直到有一天看到一只精美绝伦的意大利彩陶茶杯。这一下，改变了他一生的命运。

"我也要造出这样美丽的彩陶。"这是他当时唯一的信念。

他建起烤炉，买来陶罐，打成碎片，开始摸索着进行烧制。

几年下来，碎陶片堆得像小山一样，可他心目中的彩陶却仍不见踪影，他甚至无米下锅了。他只得回去重操旧业，挣钱来生活。

他赚了一笔钱后，又烧了三年，碎陶片又在砖炉旁堆成了山，可仍然没有结果。

以后连续几年，他挣钱买燃料和其他材料，不断地试验，都没有成功。

长期的失败使人们对他产生了看法。都说他愚蠢，是个大傻瓜，连家里人也开始埋怨他，他也只是默默地承受。

试验又开始了，他十多天都没有换衣服，日夜守在炉旁。燃料不够了，他拆了院子里的木栅栏，怎么也不能让火停下来呀！又不够了，他搬出了家具，劈开，扔进炉子里。还是不够，他又开始拆屋子里的木板。劈劈啪啪的爆裂声和妻子儿女们的哭声，让人听了鼻子都是酸酸的。马上就可以出炉了，多年的心血就要有回报了，可就在这时，只听炉内"嘭"的一声，不知是什么爆裂了。所有的产品都沾染上了黑点，全成了次品。

眼看到手的成功，又失之交臂了！帕里斯也感受到了巨大的打击，他独自一人到田野里漫无目地走着。不知走了多长时间，优美的大自然终于使他恢复了心里的平静，他平静地又开始了下一次试验。

经过 16 年无数次的艰辛历程，他终于成功了，而这一刻，他却一片平静。他的作品成了稀世珍宝，价值连城，艺术家们争相收藏。他烧制的彩陶瓦，至今仍在法国的罗浮宫上闪耀着光芒。

帕里斯的成功之路是艰辛而漫长的。他的成功来得何等不易。在一次又一次的失败中又一次重新站起来，这正是帕里斯成功的原因所在。

奋斗者不会在失败以前就放弃，即使是面对失败的结果，也会把它当作是学习和发展新技能及策略的机会。有人认为失败一无是处，只会给人生带来阴暗。其实恰恰相反，人们可以从每次的错误中学习到很多东西，并调整自己的路线，重新回到正确的道路上来。错误和失败是不可避免的，甚至是必要的；它们是行动的证明——表明你正在做着事情。你犯的错误越多，你成功的机会就越大，失败表示你愿意尝试和冒险。奋斗者应该明白：每次的失败都使你在实现自己梦想的道路上前进了一步。

西奥多·罗斯福说："最好的事情是敢于尝试所有可能的事，经历了一次次的失败后赢得荣誉和胜利。这远比与那些可怜的人们为伍好得多，那些人既没有享受过多少成功的喜悦，也没有体验过失败的痛苦，因为他们的生活暗淡无光，不知道什么是胜利，什么是失败。"在这个世界上，有阳光，就必定有乌云；有晴天，就必定有风雨。从乌云中解脱出来的阳光比以前更加灿烂，经历过风雨洗礼的天空才能更加湛蓝。人们都希望自己的生活如丝顺滑，如水平静，可是命运却给予人们那么多挫折坎坷。此时，我们要知道，困难和坎坷只不过是人生的馈赠，它能使我们的思想更清醒、更深刻、更成熟、更完美。

心平气和的智慧

不要性急地在失败的结果出现之前就放弃，更不要害怕失败。在失败面前，只有永不言弃者才能傲然面对一切，才能最终取得成功。

坚持不懈，才能取得最大的奖赏

比尔·撒丁是挪威小有名气的音乐家，他的代表作是《挺起你的胸膛》。多年前，比尔·撒丁一人来到法国，准备报考著名的巴黎音乐学院。考试的时候，他竭力将自己的水平发挥到最佳状态，但主考官还是没能看中他。身无分文的比尔·撒丁来到学院外不远处一条繁华的街上，勒紧裤带在一棵榕树下拉起了手中的琴。他拉了一曲又一曲，吸引了无数人驻足聆听，围观的人们纷纷掏钱放入琴盒。一个无赖鄙夷地将钱扔在他的脚下。他看了看无赖，最终弯下腰拾起地上的钱递给无赖说："先生，你的钱丢在地上了。"无赖接过钱，重新扔在他的脚下，再次傲慢地说："这钱已经是你的了，你应该收下！"比尔·撒丁再次看了看无赖，深深地对他鞠了个躬说："先生，谢谢你的资助！刚才你掉了钱，我弯腰为你捡起。现在我的钱掉在了地上，麻烦你也为我捡起！"无赖被他出乎意料的举动震撼了，最终捡起地上的钱放入他的琴盒，然后灰溜溜地走了。围观的人群中有一双眼睛一直默默关注着比尔·撒丁，他就是那位主考官。最终，他将比尔·撒丁带回学院，录取了他。

西方有位哲人指出："人生长期考验我们的毅力，唯有那些能够坚持不懈的人，才能得到最大的奖赏。毅力到此地步可以移山，也可以填海，更可以让人从芸芸众生中脱颖而出。"当我们陷入生活低谷的时候，往往会招致许多无端的蔑视。这时，只要我们理智地应对，以一种平和的心态去维护我们的尊严，你就会发现，任何邪恶在正义面前都无法站稳脚跟，而有尊严的人终会走出人生的低谷。

1917年10月的一天，在美国堪萨斯州洛拉镇，一家小农舍的炉灶突然发生爆炸。当时，屋里有一个8岁的小男孩，很不幸的是，他没有逃过这次劫难，孩子的身体被严重灼伤。虽然父母迅速将孩子送进医院，伤势得到了及时的控制，但医生最终仍然表示无能为力，他无奈地告诉孩子的父母："孩子的双腿伤势太严重，恐怕以后再也无法走路了。"医生的话犹如晴天霹雳，孩子的父母伤心欲绝，他们不敢面对这个事实，也不敢将这个坏消息告诉儿子。但是，能隐瞒多久呢？随着双腿越来越没有知觉，小男孩终于知道了自己将要面对的悲惨现实。

生活就是这么残酷！在成长的某个阶段，也许命运会对我们不公，会让我们陷入许多难以预料的困境，但同样是面对困难，人们所收获的结果有时却大相径庭。面对如此的不幸，男孩没有哭，也没有就此消沉，他暗暗下定决心：一定要再站起来。男孩在病床上躺了好几个月，终于可以下床了。他拒绝坐轮椅，坚持要自己走。但是，他连站起来的力气都没有，怎么可能走路呢？男孩试了一次又一次，都没有成功。看着男孩倔强的样子，医生劝他："还是坐在轮椅上吧！以你现在的身体状况，是绝对不可能站起来的。"听到这话，孩子的母亲忍不住大声痛哭起来。男孩颓然地倒在床上，他一动不动地盯着天花板，没有任何表情，谁也不知道他在想什么。

在以后的日子里，父母看见儿子终日试图伸直双腿，不管在床上，还是在轮椅上，累了就歇一会儿，然后接着练。就这样足足坚持了两年多，男孩终于可以伸直右腿了。这下，家人对他都有了信心，只要有机会，大家都会帮着男孩练习。一段时间后，男孩竟然可以下地了，但他只能一瘸一拐地走路，很难保持平衡，走几步就会摔倒。又过了几个月，男孩能正常走路了，虽然拉伸肌肉让他疼得说不出话来，但这已是生命的奇迹，也是信心的奇迹，更是钢铁般意志所创造的奇迹。精神的力量到底有多大，谁也说不清楚，但有一点可以肯定，那就是：精诚所至，金石为开。这时，男孩想起医生说过自己再也不可能走路的话，但现在，自己做到了，他不由得脸上露出笑容。这个胜利促使他做出了一个更大胆而伟大的决定：从明天开始，每天跟着农场上的小朋友跑步，直到追上他们为止。

经过不懈锻炼，男孩腿上松弛的肌肉终于再次变得健康起来。多年之后，他的腿和从前一样强壮，仿佛从来没有发生过那次意外。男孩进入大学后，参加了学校的田径赛，他的项目是一英里赛跑，因为他立志成为一名长跑选手。从此以后，男孩的一生都和长跑运动紧密相连。这个被医生判走永远不能再走路的男孩，就是美国最伟大的长跑选手之一——格连·康宁罕。

厄运是不幸的，但是如果我们选择逃避，那么它就会像疯狗一样一直追逐着我们；如果我们直起身子，挥舞着拳头向它大声吆喝，它就只有夹着尾巴灰溜溜地逃走。只要你拥有对生命的热爱，苦难就永远奈何不了你。

心平气和的智慧

人的一生，都会遇到生命的低谷，这是人生用来考验我们的一份含金量最高的试卷，只有经历过磨砺的人生，才会光芒四射！因为，命运在赐予我们各种打击的同时，往往也把开启成功之门的钥匙放到了我们的手中。

磨难让我们变得更加坚韧

在每个人的生命中，每一年都会发生各种各样的事情，或大喜或大悲，无论如何，这些事情就像我们生命中的坐标一样，它们或深或浅或明媚或暗淡的色调，构成了我们的人生画卷。

在人生的岁月里，起伏不定无法给人安全感。所以，人们常常抱怨磨难，抱怨那些让我们的生活变得艰苦的事情，抱怨那些让我们的内心承受煎熬的经历。可是，人们在抱怨的时候并没有想到，这些磨难就像烈火，我们只有在经过锤炼之后，才会变得更加坚韧、更加刚强。

德国有一位名叫班纳德的人，在风风雨雨的50年间，他遭受了200多次磨难的洗礼，成为世界上最倒霉的人，但这些也使他成为世界上最坚强的人。他出生后14个月，摔伤了后背；之后又从楼梯上掉下来，摔残了一只脚；再后来爬树时又摔伤了四肢；一次骑车时，忽然不知从何处刮来一阵大风，把他吹了个人仰车翻，膝盖又受了重伤；13岁时掉进了下水道，差点窒息；一次，一辆汽车失控，把他的头撞了一个大洞，血如泉涌；又有一辆垃圾车，倒垃圾时将他埋在了下面；还有一次他在理发屋中坐着，突然一辆飞驰的汽车驶了进来……他一生遭遇无数灾祸，在最为晦气的一年中，竟遇到了17次意外。

令人惊奇的是，老人至今仍旧健康地活着，心中充满着自信。他历经了200

多次磨难的洗礼，还怕什么呢？

"自古雄才多磨难，从来纨绔少伟男。"人们最出色的成绩往往是在挫折中做出的，我们要有一个辩证的挫折观，经常保持充足的信心和乐观的态度。挫折和磨难使我们变得聪明和成熟，正是不断从失败中汲取经验，我们才能获得最终的成功。我们要悦纳自己和他人，要能容忍不利的因素，学会自我宽慰，情绪乐观、满怀信心地去争取成功。

如果能在磨难中坚持下去，磨难实在是人生不可多得的一笔财富。不要做在树林中安睡的鸟，要做在雷鸣般的瀑布边也能安睡的鸟，就是这个道理。生命的磨难并不可怕，只要我们学会去适应，那么磨难带来的逆境，反而会让我们拥有进取的精神和百折不挠的毅力。

我们在埋怨自己生命坎坷，人生多磨难时，不妨想想这位老人的经历，或许还有更多多灾多难的人们，与他们相比，我们的困难和挫折算什么呢？只要我们内心足够自信与强大，生命就能屹立不倒。

心平气和的智慧

人生不可能一帆风顺。对生命来说，困境有时并非意外，而是常态。对人生，这是锻炼；对生命，这是磨炼。经常接受磨炼的人才能创造出崭新的天地，这就是所谓的"置之死地而后生"。

低谷的短暂停留，是为了向更高峰攀登

随着最后一棒雷扎克触壁，美国队在 2008 年北京奥运会游泳男子 4×100 米混合泳接力比赛中夺冠了，并打破了世界纪录！泳池旁的菲尔普斯激动得跳起来，和队友们紧紧拥抱在一起。这也是菲尔普斯本人在北京奥运会上夺得的第 8 枚金牌，可谓是前无古人。菲尔普斯已经彻底超越了施皮茨，成为奥运会的新王者。

如果说一个人的一生就像一条曲线，那么，北京奥运会上的菲尔普斯无疑达到了人生的一个新高峰；如果说一个人的一生就像四季轮回，那么，北京奥运会

上的菲尔普斯必定是处在灿烂热烈、光芒四射的夏季。在北京的水立方体育馆，菲尔普斯创造了令人大为惊叹的8金神话，无比荣耀地登上了他人生的巅峰。

而2009年2月初，当北半球大部分国家还被冬天的低温笼罩时，从美国传出了一条让菲迷们更觉冰冷的消息：菲尔普斯吸食大麻！菲迷们伤心了，媒体哗然了，菲尔普斯竟以"大麻门"的方式再次让人们瞠目结舌。

北京奥运会后，菲尔普斯完全放弃了训练，流连于各个俱乐部、夜店，继而沉醉于赌城拉斯维加斯豪赌，私生活可谓堕落。他也不再严格控制饮食，导致体重增加了至少6公斤。《纽约时报》说，"这是有史以来最胖的菲尔普斯，他更像是明星，而不是运动员"。

尽管"大麻门"曝光后，菲尔普斯痛心疾首，向公众真诚致歉并表示会痛改前非，很多热爱"菲鱼"的菲迷们都采取了宽容的态度，美国泳协也仅对菲尔普斯禁赛三个月。但事情既然发生，就不得不引发人们深深的思考。

相比于风光无限的2008年夏季，2008年年底到2009年初的冬天，菲尔普斯似乎在走下坡路，他的人生也似乎走进了寒冷的冬季。喜欢他的人们帮他开脱，比如年少无知、交友不慎，比如生活单调、压力过大。其实和菲尔普斯相比，现实生活中很多人的生活轨迹又何尝不是如此呢，春风得意，自我膨胀，然后屡犯错误，最后跌入人生的低谷。无论是主观原因还是客观因素，成功的背后总会有失败的影子，得意过后总会伴着失意。有顺境就有逆境，有春天也会有冬季，这似乎是人生无可置疑的辩证法。

人生就像四季，有着寒暑之分，也会有冷暖交替的变化。情场失意、工作不得志、与家人无法沟通、在同事中不被认同、亲人病危……当我们面临人生的"冬季"时，不可避免地会陷入情绪的低潮，并经常在低潮与清醒中来回摇摆。

其实，当一个人处于人生的中"冬季"时，正是好好反省、重新认识自己的时候，因为在所谓清醒的时刻，往往并非是真正的清醒。不管是刻意压抑或是在潜意识中，都会在有意或无心的时候，否定了内心种种孤寂、空虚的感受，也压抑了由恐惧所引起的各种负面情绪。当然，一般人也想通过各种办法来解决这样的问题，有人尝试各种各样的方法，只是到了最后，还是不忘提醒自己这样的话："书上写的、朋友说的我都懂，不过，懂是一回事，能不能做又是另外一回事！"就这样，不是畏惧改变，而是不耐于等待，错失了反省自己的机会！

生活中的"冬季"就像开车遇到红灯一样，短暂的停留是为了让你放松，甚至可以看看是否走错了方向。人生是长途旅行，如果没有这种短暂的休息，也就无法精力充沛地走完整个旅程。生命有高潮也有低谷，低谷的短暂停留是为了整顿自我，向更高峰攀登。

心平气和的智慧

人在顺境时得意是非常自然的事情，但是能在低谷中苦中寻乐，或是让心情归于平静去认识平常疏于了解的自己，帮助自己成长。

冬天里会有绿意，绝境中也会有生机

我们知道，事情的发展往往具有两面性，犹如每一枚硬币总有正反面一样，失败的背后可能是成功，危机的背后也有转机。

1974年，第一次石油危机引发经济衰退时，世界运输业普遍不景气，但当时美国的特德·阿里森家族却收购了一艘邮轮，成立了嘉年华邮轮公司，后来这家公司成为世界上最大的超级豪华邮轮公司；世界最大的钢铁集团米塔尔公司，在20世纪90年代末，世界钢铁行业不景气的时候，进行了首次大规模兼并，然后迅速扩张起来。所以说，危机中有商机，挑战中有机遇，艰难的经济发展阶段对企业来说是充满机会的，对企业如此，对个人、对民族、对国家也是如此。

2008年经济危机爆发后，美国很多商业机构和场所顿时萧条了，但酒吧的生意却悄悄地红火起来。原来，精明的酒商们发现美国人开始越来越喜欢喝战前禁酒令时期以及大萧条时期的酒品，比如由白兰地、橘味酒和柠檬汁调制成的赛德卡鸡尾酒。酒商们迅速嗅出了新商机，推出了一款改进的老牌鸡尾酒。美国一个酒业资深人士指出，人们在困难时期，往往会从熟悉的东西那里寻求安慰，老式鸡尾酒自然而然会走俏。这种酒品，不仅让酒商们大赚了一笔，而且还使疲于应对经济危机的美国人民得到慰藉。

"危中有机，化危为机。"一些中外专家认为，如果危机处置得当，金融风暴也有可能成为个人、企业或国家迅速发展的机遇。所以，冬天里会有绿意，绝境里也会有生机。

危机之下，谁都不希望面临绝境，但绝境意外来临时，我们挡也挡不住，与其怨天尤人，还不如奋力一搏，说不定，还会创造一个奇迹。

有人说过这样一句话："瀑布之所以能在绝处创造奇观，是因为它有绝处求生的勇气和智慧。"其实我们每个人都像瀑布一样，在平静的溪谷中流淌时，波澜不惊，看不出蕴涵着多大的力量：往往当我们身处绝境时，才能将这种力量开发出来。

下面是一个在绝境里求生存的真实故事：

第二次世界大战期间，有位苏联士兵驾驶一辆重型坦克，非常勇猛，一马当先地冲入了德军的心腹重地。这一下虽然把敌军打得抱头鼠窜，但他自己渐渐脱离了大部队。

就在这时，突然轰隆隆一声，他的坦克陷入了德军阵地中的一条防坦克深沟之中，顿时熄了火，动弹不得。

这时，德军纷纷围了上来，大喊着："俄国佬，投降吧！"

刚刚还在战场上咆哮的重型坦克，一下子变成了敌人的瓮中之物。

苏联士兵宁死也不肯投降，但是现实一点儿也不容乐观，他正处于束手待毙的绝境中。

突然，苏军的坦克里传出了"砰砰砰"的几声枪响，接着就是死一般的沉寂。看来苏联士兵在坦克中自杀了。

德军很高兴，就去弄了辆坦克来拉苏军的坦克，想把它拖回自己的堡垒。可是德军这辆坦克吨位太轻，拉不动苏军的庞然大物，于是德军又弄了一辆坦克来拉。

两辆德军坦克拉着苏军坦克出了壕沟。突然，苏军的坦克发动起来，它没有被德军坦克拉走，反而拉走了德军的坦克。

德军惊惶失措，纷纷开枪射向苏军坦克，但子弹打在钢板上，只打出一个个浅浅的坑洼，奈何它不得。那两辆被拖走的德军坦克，因为目标近在咫尺，无法发挥火力，只好像被驯服的羔羊，乖乖地被拖到了苏军阵地。

原来，苏联士兵并没有自杀，而是在那种绝境中，被逼得想出了一个绝妙的办法。他以静制动，后发制人，让德军坦克将他的坦克拖出深沟，然后凭着自身强劲的马力，反而俘虏了两辆德军坦克。

其实，每个人皆是如此，虽然我们的生活并不会时时面临枪林弹雨，但总有身处绝境的时候，每当此时，我们往往会产生爆发力，而正是这种爆发力将我们的力量激发了出来。

> **心平气和的智慧**
>
> 面临绝境的时候，不要灰心、不要气馁，更不要坐以待毙，勇往直前，无所畏惧，你我都可以"杀出一条血路"。

站起来，可以拥抱挫折

《易经》曰："天行健，君子以自强不息。"也许有时候，我们无奈于生命的长度，但是坚强能够让我们选择生命的宽度与厚度。在这个世界上，我们会遇到赏罚不公，我们会遇到就业压力，我们会遇到竞争，我们会遇到病魔……但是，我们可以运用自己手中坚强的画笔，为自己在逆境中描绘一片属于自己的蓝天，为自己绘出红花绿草，清风习习。

2004年3月8日晚上，中央电视台《半边天》节目对6位女性做了访谈。

第一位是一个阿姨辈的女人——王自萍，54岁。但是她的状态，也可以说是心态，丝毫不亚于年轻人，甚至强过年轻人。她的乐观、自信、热情瞬时感染了现场及电视机前的观众，也让人们羡慕不已。她是退休后，在不惑之年闯北京的。在这之前，她坚决地结束了一段不幸的婚姻。到了北京，种种努力自不必说，她换了做上了一家会计事务所的经理，通过了二项非常困难的资格认证考试。工作之余，她有着同样精彩的业余生活。她的幸福是每个人都可以感受到的，我们从她风趣的话语中知道了幸福的来源——坚强。

还有一个残疾姑娘，她身上所拥有的自信同样让她光彩照人。她来自石家庄，尽管残疾，但偏偏是个不服输的人。为了做一名职业歌手，她坐着轮椅跑到了北京，要实现自己的梦想。

我们设想一下，一个四肢健全的人假若要到北京生活，都那么的艰难，何况她一个残疾人。她有一千个不会成功的理由，但就有一千零一个成功的理由给予了她成功。她现在是一名签约歌手。这一千零一个理由便是永不放弃。主持人问："上帝为什么要给你一个这样的命运？"她说命运只是要她活得更艰难一点儿。她在地铁站中的歌声嘹亮而高亢，远远地听去，就像是对命运的宣战。坚强是她的武器，任何困难都不能逃过她的冲击。

出场的女性大多是拥有一种白领的优雅，她们心底深处的倔强被温柔所掩盖。直到最后一位。她是云南昆明一家饭店的老板，手下有200余名员工，有2000多平方米的大楼。主持人关于她身家的渲染并没有引来多少人的羡慕，大家的心情很快被她的叙述所吸引。她有一个不幸的童年，险些被母亲以400元的价钱送人，从此她与母亲断绝了关系。这之后便是如何努力，如何奋斗，才有今天的成就。在她身上，所洋溢的依然是"坚强"二字。

很多人遭遇生命的变故时，总会不停埋怨老天："为什么是我？""为什么我就这么倒霉？"……即使哭哑了嗓子，事情也不会无缘无故地好转，所以要坚强地面对。碰到令人伤心的事情发生时，你第一个念头要告诉自己："它来了！这是必经的进程，只有自己能帮助自己，所以我要勇敢面对，现在就想办法处理！"不断用心灵的力量来为自己打气，然后要比平时更精神百倍，才能让自己走过生命的黑暗期，迎向灿烂的明天。遇到困难时，越是坚强的人，越有一股让人尊敬与心疼的魅力。唯有自己表现得更坚强，别人才能帮助你。

坚强也是一把双刃剑，多则盈，少则亏。少了坚强做伴的人，或是唯唯诺诺，没有自我；或是哀哀怨怨，陷在一件可小可大的事里，挣扎在一段越理越乱的感情里不能自拔。只有坚强的人，为了坚强而追求着坚强，从不停下脚步，坚强是一种习惯。

心平气和的智慧

人要活得幸福，坚强是第一要素。因为它就是一把开山的斧，一片远航的帆。面对挫折或者失败，人更需要的是从失败中站起来，微笑着面对风霜的袭击，用宽阔的胸怀去拥抱挫折。

苦楚也可掩埋在微笑之下

命运不会吝啬给我们苦楚，可是如果我们保持乐观的心态，那么即便是有再多的苦楚，我们也能将其掩埋在微笑之下。

钟爱东，百庙鱼塘的主人，被评为省"巾帼科技兴农带头人"。

从一名普通的下岗女工到身价千万的养殖大王，不惑之年的钟爱东仍然勤劳淳朴。事业几经起落，她说，横下一条心，没有过不去的坎儿。

1997年1月1日，是钟爱东不能忘却的日子。这天，本以为捧上"铁饭碗"的她却下岗了。在这家工厂工作了近20年，还成了厂里的"一把手"，钟爱东说，她把全部的心血、最好的青春年华都奉献给了工厂，甚至没有时间照顾年幼的孩子。"当时觉得，心里有什么东西被人硬掰了下来"，钟爱东说，那天，她哭了。

下岗后，她接到的第一个电话，是花都区妇联打来的。她说，就是这个电话，在最艰难的时候教会她"用笑容去迎接困难"。钟爱东在当厂长的时候就经常与周围的农民接触，知道养殖水产有赚头，看准这一点，她拿出了仅有的2000元"箱底钱"，又东奔西走借了些钱，一咬牙承包了200亩低洼田，资金不够，就赚一分投入一分，滚动式周转。几年下来，钟爱东天天"泡"鱼塘、搞技术，200亩低洼田变成了水产养殖地。钟爱东说，那时鱼塘就是全部的生活了，她每天早上都要花一个小时绕鱼塘走上一圈。

钟爱东没想到，生活中的第二次打击来得这么快。1997年5月8日，是钟爱东伤心的日子。那天，一场大洪水淹没了她刚刚兴旺的鱼塘。站在堤坝上，看着不断上涨的洪水一点点吞没了鱼塘，钟爱东绝望地回了家。"哪里跌倒就从哪里爬起来。"钟爱东说，这是当时丈夫说的唯一的话，倔强的她这次没有流泪。她开始带着工人挖塘、养苗，引进新技术、新鱼种，被洪水淹没的鱼塘一点点"回来"了。

钟爱东成了远近闻名的"鱼王"，鱼塘越做越大，还办起了企业。多年的艰难经营，"养鱼为生"的钟爱东对技术情有独钟：一个没有创新、没有新产品的企业，就像脱水的鱼。

钟爱东有个温暖的四口之家，她说："在最困难的时候，家人的支持成了我的精神支柱。当初好多次想到放弃，是他们帮我挺过了难关。"屡经磨难，钟爱东说最重要的是要学会如何看待失败，"下岗、失败都不用怕，路是自己走出来的，认定目标走下去，一定会成功"。

生命，有起有落，有悲有喜，起伏不定，然而，生命依然会有着更美丽的色彩，亟待我们去开发。明天，总是美好的，只要我们有心，只要我们在艰难中咬紧牙关，我们就能够在痛苦中盼来新一轮的朝阳。

心平气和的智慧

用微笑面对人生中的苦难，你将迎来生命的转机。

人生的冷遇也是一种幸运

想实现自己的梦想，就要有胆识有胆量，要勇敢地面对挑战，做一个生活的攀登者，只有这样才能攀上人生的顶峰，欣赏到无限的风景。有时候，白眼、冷遇、嘲讽会让弱者低头走开，但对强者而言，这也是另一种幸运和动力。

她从小就"与众不同"，因为小儿麻痹症，不要说像其他孩子那样欢快地跳跃奔跑，就连平常走路都做不到。寸步难行的她非常悲观和忧郁，当医生教她做一些运动，说这可能对她恢复健康有益时，她就像没有听到一般。随着年龄的增长，她的忧郁和自卑感越来越重，甚至，她拒绝所有人的靠近。但也有个例外，邻居家那个只有一只胳膊的老人却成了她的好伙伴。老人是在一场战争中失去一只胳膊的，老人非常乐观，她非常喜欢听老人讲故事。

这天，她被老人用轮椅推着去了附近的一所幼儿园，操场上孩子们动听的歌声吸引了他们。当一首歌唱完，老人说道："我们为他们鼓掌吧！"她吃惊地看着老人，问道："我的胳膊动不了，你只有一只胳膊，怎么鼓掌啊？"老人对她笑了笑，解开衬衣扣子，露出胸膛，用手掌拍起了胸膛……

那是一个初春，风中还有几分寒意，但她却突然感觉自己的身体里涌动起一股暖流。老人对她笑了笑，说："只要努力，一个巴掌一样可以拍响。你一样能站起来的！"

那天晚上，她让父亲写了一张纸条，贴到了墙上，上面是这样的一行字："一个巴掌也能拍响。"从那之后，她开始配合医生做运动。无论多么艰难和痛苦，她都咬牙坚持着。有一点进步了，她又以更大的受苦姿态来求更大进步。甚至在父母不在时，她自己扔开支架，试着走路。蜕变的痛苦是牵扯到筋骨的。她坚持着，她相信自己能够像其他孩子一样行走，奔跑。她要行走，她要奔跑……

11岁时，她终于扔掉支架向另一个更高的目标努力着，她开始锻炼打篮球和参加田径运动。

1960年罗马奥运会女子100米决赛，当她以11秒18第一个撞线后，掌声雷动，人们都站起来为她喝彩，齐声欢呼着这个美国黑人的名字：威尔玛·鲁道夫。

那一届奥运会上，威尔玛·鲁道夫成为当时世界上跑得最快的女人，她共摘取了3枚金牌，也是第一个黑人奥运女子百米冠军。

生活中，我们能够听到这样的话："立即干""做得最好""尽你全力""不退缩""我们能产生什么""总有办法""问题不在于假设，而在于它究竟怎样""没做并不意味着不能做""让我们干""现在就行动"。这些都是攀登者热爱的语言。他们是真正的行动者，他们总是要求行动，追求行动的结果，他们的语言恰恰反映了他们追求的方向。

心平气和的智慧

生活中，当我们遭到冷遇时，不必沮丧，不必愤恨，唯有尽全力赢得成功，才是最好的答复与反击。

将失败像清理蜘蛛网一样轻轻拂去

在这个世界上，没有任何东西可以替代坚韧：教育不能替代，父辈的遗产和有力者的垂青也不能替代，而命运则更不能替代。

坚韧可以使柔弱的女子养活她的全家；坚韧使穷苦的孩子努力奋斗，最终找到生活的出路；坚韧使一些残疾人，也能够靠着自己的辛劳养活他们年老体弱的父母。除此之外，山洞的开凿、桥梁的建造、铁道的铺设，没有一样不是靠着坚韧而成功的。人类飞天的梦想也要归功于一代代开拓者的坚韧。

作为命运的主宰者——人，我们应该学会坚韧，因为它常会带来意想不到的收获。人在现实中生活，犹如驾一叶扁舟在大海中航行，巨浪和旋涡就潜伏在你的周围，随时会袭击你，因此，你要当个好舵手，还得具有克服艰难的毅力和勇气，设法绕过旋涡，乘风破浪前进。换言之，坚韧也是面对磨难的一种手法，可以让人以不变应万变；坚韧更是一种力量，它能打磨钝刃使其重显锋芒。

第二次世界大战时期，在纳粹集中营里，一个犹太女孩写过这样一首诗：

这些天我一定要节省，虽然我没有钱可节省；

我一定要节省健康和力量，足够支持我很长时间；

我一定要节省我的神经、我的思想、我的心灵和精神的火；

我一定要节省流下的泪水，

我需要它们安慰我；

我一定要节省忍耐，在这些风暴肆虐的日子，

在我的生命里，我多么需要温暖的情感和一颗善良的心。

这些东西我都缺少，

这些我一定要节省。

这一切，上帝的礼物，我希望保存。

我将多么悲伤，

倘若我很快就失去了它们。

在恶劣的环境下，小女孩一直用稚嫩的文字给自己弱小的灵魂取暖，用坚韧面对逆境。很多人在绝望中死去，而这个小女孩终于等到了战争结束，看到了新生的曙光。

人生是一个漫长的过程，实现人生的目标需要数十年的奋斗·长时期地向着既定目标奋进、拼搏，必须具有坚忍的意志。鲁迅先生在"风雨如磐"的旧社会，特别强调要坚持"韧性的战斗"。许多卓有成就的革命家、科学家、文艺家之所以取得成功，他们除了才能之外，无一例外都具有意志坚韧这一心理品质。正是这种坚韧，使他们克服种种艰难险阻，百折不挠地向前搏击。

已过世的克雷吉夫人说过："美国人成功的秘诀，就是不怕失败。他们在事业上竭尽全力，毫不顾及失败，即使失败也会卷土重来，并立下比以前更坚韧的决心，努力奋斗直至成功。"有些人遭到了一次失败，便把它看成拿破仑的滑铁卢，从此失去了勇气，一蹶不振。可是，在坚毅者的眼里，却没有所谓的滑铁卢。那些一心要得胜、立志要成功的人即使失败，也不会视一时失败为最后的结局，还会继续奋斗，在失败后重新站起，比以前更有决心地向前努力，不达目的决不罢休。

世界上有无数强者，即使丧失了他们所拥有的一切东西，也还不能把他们叫作失败者，因为他们有不可屈服的意志，有一种坚韧不拔的精神，有一种积极向上的乐观心态，而这些足以使他们从失败中崛起，走向更伟大的成功。

心平气和的智慧

在我们学习那些坚韧不拔、百折不挠的生活强者时，我们也能将失败像清理蜘蛛网那样轻轻拂去。只要我们心里有阳光，只要我们面对失败也依然微笑，我们就能说："命运在我手中，失败算得了什么！"

从失败的阴影里走出来

生命中，失败、内疚和悲哀有时会把我们引向绝望。但不必退缩，我们可以爬起来，重新开始。

最糟的事情莫过于当危机来临时，找不到一个摆脱的办法。我们有种种逃避的方法——饮酒、沾染毫无意义的嗜好，或者干脆无精打采地转悠以消磨时光。但这些丝毫不能减轻你的痛苦，反而会使痛苦更加刻骨铭心。为此，我们必须使劲站起来再次迈开前行的脚步，走出失败的阴影，重新开始生活，因为我们身体中的每个细胞都是为了在生命中奋斗而存在的。生命是一支越燃越亮的蜡烛，是一份来自上帝的礼物，是一笔留给后代的遗产。

那么，怎样才能再次站起来？怎样才能战胜内疚、忧伤、失败带来的疲惫而重新生活呢？要做到这些，你就必须：

1. 原谅自己，也原谅别人

不管造成麻烦的原因是什么，我们总能在自己身上发现一些事实上和想象出来的错误。要纠正这些我们已犯过的错误，现成的方法是首先正视它，诚心诚意决不犯第二次。如果可以弥补，就弥补起来，然后，把自己的过失和错误抛在脑后，用新的计划和新的热情，重新注满生活的水池。

同样，不要责备别人对你做的事。别人对你的伤害，如果是你应得的，就从中学一些东西；如果是委屈的，就忘掉它。

2. 恢复自尊

要从放弃防御面具开始，我们中的许多人正是戴着它生活的。相信自己的价值；对自己说话要好言好语，响亮而刚强；努力做到对自己像对别人一样宽宏大量。

然后停止"会失败"的考虑。多想你拥有的，少想你缺少的。在失败的深渊中，这是尤为重要的，相信自己能给生活增添一些美好的东西。

3. 回到众人的世界

我们害怕别人的关心会刺痛我们的伤疤，我们确实需要孤独的时光。但我们不能在那孤岛上待太长的时间，因为重新生活的路最终要通过我们与别人的亲密关系和共同努力才能获得。为了站起来重新走，我们必须爱。没有什么东西比爱更能慰藉那跟随灾难而来的痛苦。

4. 伸出手去帮助别人

花时间去帮助别人，借此治疗自己的创伤。

5. 相信奇迹

许多人曾陷于极度迷惘的困境中，可一旦摆脱了它，却能得到意想不到的欢乐和力量。欢迎奇迹的来临吧！准备新生不是一次，而是多次。到生活最接近你的地方去——海边、山巅，倾听它们蕴藏着新生和重回生活的声音。

6. 一次迈一步

如果你身上没有出现奇迹，静下心来做接着到来的事情，因为一次只能迈一步。

7. 学会感谢

每天，特别是心绪不好时，要寻找感谢的理由："谢谢上帝，四季运转无穷无尽；谢谢书本、音乐和促使我们成长的生活之力。"这样赞美，有时你会发现自己说："谢谢上帝，你创造的生活正像它应该是的那样，痛苦伴随着欢乐。"你会发现自己在想："人生是多么美好啊！"

心平气和的智慧

走出失败的阴影，重新开始生活并不难，关键在于你有没有这样的决心。

击败逆境，你就能笑到最后

人生在世，与命运抗争几个回合后，便臣服于逆境、挫折，你将输掉一生的幸福。

1997 年 12 月，英国报纸刊登了一张英国皇室查尔斯王子与一位街头游民合影的照片。这是一段戏剧性的相逢！原来，查尔斯王子在寒冷的冬天拜访伦敦穷人时，意外遇见了以前的校友。这位游民克鲁伯·哈鲁多说："殿下，我们曾经就读同一所学校。"王子反问在什么时候。他说，在山丘小屋的高等小学，俩人还曾经互相取笑彼此的大耳朵。

曾经，哈鲁多出生于金融世家、就读于贵族学校，后来成为作家。老天爷送给他两把金钥匙——"家世"与"学历"，让他可以很快进入成功者的俱乐部。但是，在两度婚姻失败后，哈鲁多开始酗酒，最后由一名作家变成了街头游民。

我们不禁要问，打败哈鲁多的是两度失败的婚姻吗？不是，而是他的态度。从他放弃正面的态度那刻起，他就输掉了一生。

法国伟大的批判现实主义作家巴尔扎克，一生创作了96部长、中、短篇小说和随笔，他的作品传遍了全世界，对世界文学的发展和人类进步产生了巨大的影响。他曾被马克思、恩格斯称赞为"超群的小说家""现实主义大师"。

在成名之前，巴尔扎克曾经过着困顿和狼狈的日子，很少有人能够想象得出，那种窘迫与艰辛曾经是怎么折磨他的。

巴尔扎克的父亲一心希望儿子可以当律师，将来在法律界有所作为。但巴尔扎克根本不听父亲的忠告，学完四年的法律课程后，他偏偏想当作家，为此把父子关系弄得相当紧张。盛怒之下，父亲断绝了巴尔扎克的经济来源。而此时，巴尔扎克投给报社、杂志社的各种稿件被源源不断地退回来。他陷入了困境，开始负债累累。

然而，他丝毫没有向父亲屈服的意思。有时候，他甚至只能就着一杯白开水吃点干面包。但他依然那么乐观，对文学的热爱已经深深地种植在他的内心，他觉得没有什么困难可以阻挡自己向缪斯女神朝圣的脚步。他想出一个对抗饥饿与困窘的办法：每天用餐，他随手在桌子上画上一只只盘子，上面写上"香肠""火腿""奶酪""牛排"等字样，在想象的欢乐中，他开始狼吞虎咽。

为了激励自己，穷困潦倒的巴尔扎克还花费700法郎买了一根镶着玛瑙石的粗大的手杖，并在手杖上刻了一行字：我将粉碎一切障碍。正是手杖上这句气壮山河的名言支持着他。他夜以继日，不断地向创作高峰攀登。最终，他获得了巨大的成功。

哲人尼采曾放言："那些能将我杀死的事物，会使我变得更有力。"在逆境中挣扎奋斗过，你终会窥见幸福的真谛。成功人士并不是天生的强者，他们的坚强、韧性并非与生俱来，而是在后天的奋斗中逐渐形成的。

心平气和的智慧

弱者亦有自己生存的方式，只要相信自己不弱，勇敢面对人生的诸多大敌，我们同样能笑到最后。